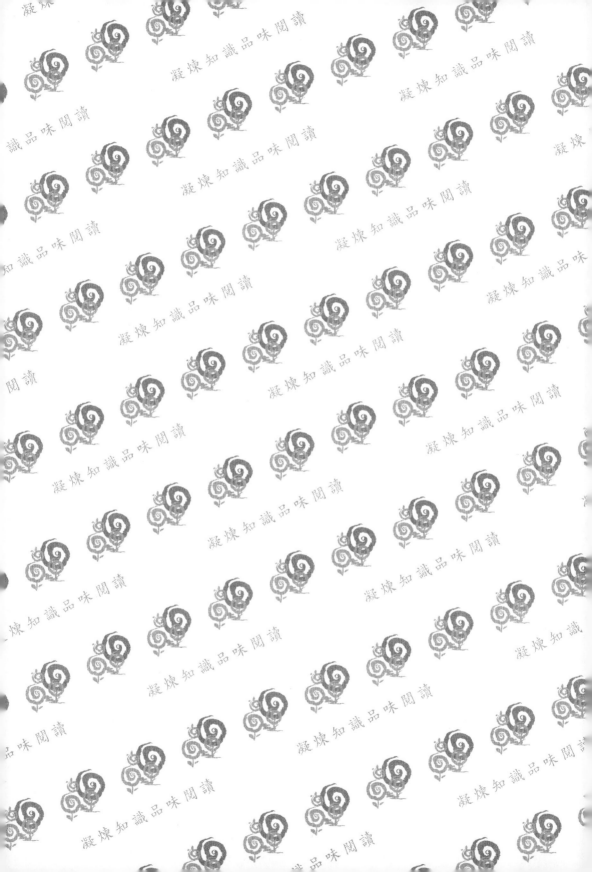

圖解系列

圖解

五南圖書出版公司 印行

商用微積分

黃大偉 / 著

閱讀文字

理解內容

觀看圖表

圖解讓
商用微積分
更簡單

序

由本書的書名「圖解商用微積分」可看出這本書之特質：

1. 圖解：本書是國內第一本以圖解方式（diagram approach）將微積分及其在商學應用做簡明扼要介紹的微積分教材。全書針對關鍵重點透過圖解之比較、歸納，得以更清晰之理解而有利於記憶及應用。不僅如此，對一些讀者可能疏忽或模糊處，附有一小框框提點，以使本書充分發揮「圖解」的功能。本書有許多地方都有粗體句，讓讀者能立刻抓到重點。

2. 商用：本書在商用這塊有二個著力點，一是和一般商用微積分教材一樣加入了商學應用之例子，一是顧及商科學生在微積分教學之實際需要，一般學校商用微積分多是2個學分，因此教學時數有限，在內容上必須有所取捨，不僅必須滿足學生修習專業課程對微積分應用所需具備之基本學力之需求，同時難度上應使中等商科學生能吸收。因此，本書不大有艱澀之內容和問題。

3. 微積分：無庸置疑地微積分應是本書之主體，在顧及商學之教學及應用上，有許多原屬微積分古典之課題，如弧長、表面積、旋轉體體積、極座標、參數方程式等只好割捨，有興趣的讀者可參考微積分之原文教材，因此在這本全書不到300頁之微積分教材應是商科生都必須熟稔之核心內容。

這是我嘗試摸索而完成之教材，個人學歷有限，希望讀者對本書之任何謬誤、需要再加強部分或其它善意建議，我都心存感激。

第1章
預備知識

1.1 簡易邏輯（命題代數）

學習目標
- 命題之意義
- 命題連詞與真值表
- 充分條件、必要條件與充要條件
- 量詞

相信大家都聽過一句話「數學是科學之母」，這是因為數學是一門古老而相當成熟之學問，更重要的是它還不斷地創造一些新的理論，並在自然及社會科學各領域都有廣泛之應用。數學有相當多的分支，除微積分外，還有線性代數、機率、**最適化理論**（Optimalization theory）等，這些數學工具也散見於商學之風險分析、生產與作業管理、作業研究、財務管理、計量行銷分析等。

因為**邏輯**（Logic）在數學之理論及應用上均扮演了重要之角色，因此，本書便以邏輯中之命題代數做為全書之序幕。

命題

凡是能判斷真偽的**語句**（Statement）便稱為**命題**（Propostion）。因此一個無法從中判斷真偽（即對或錯）的語句便不能稱為命題。最簡單的命題稱為**原子命題**（Atom propostion），通常以 $p, q, r...$ 表之。

例 1. "1 + 2 = 3" 是個命題，"1 + 2 = 4" 也是個命題，因為我們可判斷這二個語句之真偽。反之，我們無法從 "1 + 2 是 3 嗎？" 這個語句得知真偽，因此這就不是一個命題。一般而言，疑問句、感歎句、祈使句多不是命題。

聯結詞和複合命題

原子命題透過命題代數之聯結詞可形成**複合命題**（Composite proposition）。

讀者要記住的是不論原子命題或複合命題，它們的值永遠只有**真**（True, T）與**偽**（False, F）二種，因此**命題代數又稱二元邏輯**。

真值表（Truth table）是將不同原子命題經連結詞作用後之所有結果。在說明真值表前，我們先介紹命題之連結詞。

五個命題連結詞

下面是五個常用的命題連結詞，我們先談其中之或則、且則與否則，p, q 為原子命題：

1. **「或」**（Or）：複合命題 p 或 q 以 $p \lor q$ 表之。

   p 或 q（$p \lor q$）除了 p, q 均為偽（F）外，$p \lor q$ 均為真（T）

2. **且**（And）：複合命題 p 且 q 以 $p \land q$ 表之。

   p 且 q（$p \land q$）除了 p, q 均為真（T）$p \land q$ 為真外，其餘之結果均為偽（F）

3. **否**（Negative）：p 之否定以 $\neg p$ 表之。當 p 為真（T）時，$\neg p$ 為偽（F），p 為偽（F）時，$\neg p$ 為真（T）它們的真值表如下：

或則			且則			否則	
p	q	$p \lor q$	p	q	$p \land q$	p	$\neg p$
T	T	T	T	T	T	T	F
T	F	T	T	F	F	F	T
F	T	T	F	T	F		
F	F	F	F	F	F		
p, q 均為 F 時 $p \lor q$ 方為 F，其餘為 F			p, q 均為 T 時 $p \land q$ 方為 T，其餘為 F			$\neg p$ 之 p 為 $\begin{array}{l} T \to F \\ F \to T \end{array}$	

以上之真值情形不需強記，只須與你的生活體驗相結合，就不難記住。

例 2. 指出下列複合命題之真偽

(1) 東京在日本或 $1 + 2 = 4$

(2) 東京不在日本或 $1 + 2 = 4$

(3) 東京不在日本且 $1 + 2 = 3$

(4) 東京在日本且 $1 + 2 = 3$

解 (1) 東京在日本為真（T），$1 + 2 = 4$ 為偽（F）　∴東京在日本或 $1 + 2 = 4$ 為真（T）

(2) 東京不在日本為偽（F），$1 + 2 = 4$ 為偽（F）　∴東京不在日本或 $1 + 2 = 4$ 為偽（F）

(3) 東京不在日本為偽（F），$1 + 2 = 3$ 為真（T）　∴東京不在日本且 $1 + 2 = 3$ 為偽（F）

(4) 東京在日本為真（T），$1 + 2 = 3$ 為真（T）　∴東京在日本且 $1 + 2 = 3$ 為真（T）

接著是二個很重要的連結詞，若 **p 則 q**（If p then q）和**若且惟若 p 則 q**（p if and only if q）許多數學命題如定義、定理都和它們有關。

4. **若 p 則 q**：若 p 則 q 通常寫成 $p \to q$，這是一個**條件命題**（Conditional proposition），在這個命題中 p 為**前提**（Premise），q 為**結果**（Consequence）。$p \to q$ 只當 p 為眞（T），q 為僞（F）時 $p \to q$ 方為僞（F），其餘均為眞（T），其中值得注意的是 **p 為僞（F）時，$p \to q$ 一定為眞（T）**。

5. **若且惟若 p 則 q**：若且惟若 p 則 q 通常寫成 $p \leftrightarrow q$。它是**雙條件命題**（Biconclitical proposition）除非 p，q 同為眞（T）或同為僞（F）時，$p \leftrightarrow q$ 方為眞（T），其餘均為僞（F）。

若p則q			若且惟若p則q		
p	q	$p \to q$	p	q	$p \leftrightarrow q$
T	T	T	T	T	T
T	F	F	T	F	F
F	T	T	F	T	F
F	F	T	F	F	T
p 為 T，q 為 F 時 $p \to q$ 方為 F			p, q 同時為 T 或 F，$p \leftrightarrow q$ 方為 T		

例 3. 指出下列複合命題之眞僞：
(1)若 $1 + 2 = 3$ 則東京在日本
(2)若 $1 + 2 = 5$ 則東京不在日本
(3)若且惟若 $1 + 2 = 3$ 則東京在日本
(4)若且惟若 $1 + 2 = 5$ 則東京不在日本
(5)若且惟若 $1 + 2 = 5$ 則東京在日本

解 (1)$1 + 2 = 3$ 為眞（T），東京在日本為眞（T）　∴若 $1 + 2 = 3$ 則東京在日本為眞（T）
(2)$1 + 2 = 5$ 為僞（F）　∴若 $1 + 2 = 5$ 則東京不在日本為眞（T）
(3)$1 + 2 = 3$ 為眞（T），東京在日本為眞（T）　∴若且惟若 $1 + 2 = 3$ 則東京在日本為眞（T）
(4)$1 + 2 = 5$ 為僞（F），東京不在日本為僞（F）　∴若且惟若 $1 + 2 = 5$ 則東京不在日本為眞（T）
(5)$1 + 2 = 5$ 為僞（F），東京在日本為眞（T）　∴若且惟若 $1 + 2 = 5$ 則東京在日本為僞（F）

一個重要的定理

【定理 A】　p, q 為二原子命題，則 $p \to q \Leftrightarrow \neg q \to \neg p$

【證明】

p	q	$p \to q$	$\neg q \to \neg p$		
T	T	T	F	T	F
T	F	F	T	F	F
F	T	T	F	T	T
F	F	T	T	T	T
		①	①	②	①

由真值表第 3, 5 二行知，p, q 在不同真值之組合下，$p \to q$ 與 $\neg q \to \neg p$ 對應之真值均相同

$\therefore p \to q \Leftrightarrow \neg q \to \neg p$

定理 A 之「**若 p 則 q**」與「**若非 q 則非 p**」是等價（Equivalent），意指「**若 A 則 B**」成立，那麼「**若非 B 則非 A**」亦成立，也就是它們表達的意思是一樣的。這在澄清數學觀念上是很有用的。

①，②是表真值表各行填列真值之順序，實做時可不必寫。二個複合命題真值表最後結果之對應真值完全相同時，我們便說此二複合命題為**等價**，並以「⇔」或「≡」表之。

例 **4.**　若 $f(x) = 0$ 則 $g(x) = 1$ 成立，由定理 A 知「若 $g(x) \neq 1$ 則 $f(x) \neq 0$」亦成立。

例 **5.**　若 $x = 1$ 則 $|x| = 1$ 成立 $\therefore$ 若 $|x| \neq 1$ 則 $x \neq 1$。

例 **6.**　一個大家都熟悉之幾何定理「若二直線平行則內錯角相等」，它等價於「若二直線之內錯角不相等則二直線不平行」。

例 **7.**　若 $|x| = |y|$ 則 $x^2 = y^2$，與「若 $x^2 \neq y^2$ 則 $|x| \neq |y|$」等價。

註：有關真值表更多的例子可參閱黃西川所著《簡易離散數學》（五南出版）。

充分條件、必要條件與充要條件

很多數學敘述中會用到**充分條件**（Sufficient condition），**必要條件**（Necessary condition）和**充要條件**（Sufficient and necessary condition）這三個詞彙。

簡單地說，條件命題若 p 則 q 成立，那麼 p 是 q 之充分條件而 q 是 p 之必要條件。若 p 則 q 與若 q 則 p 均成立時，p, q 互為充要條件。

例 8. $x > 0$ 是 $x = 1$ 之_____條件？$x = 1$ 是 $x > 0$ 之_____條件？

解 條件命題若 $x = 1$ 則 $x > 0$ 成立（注意：若 $x > 0$ 則 $x = 1$ 並不成立）
∴ $x = 1$ 是 $x > 0$ 之充分條件而 $x > 0$ 是 $x = 1$ 之必要條件。

例 9. △ ABC 為等腰三角形是 $\overline{AB} = \overline{AC}$ 之_____條件，而 $\overline{AB} = \overline{AC}$ 是 △ ABC 為等腰三角形之_____條件。

解 條件命題「若 $\overline{AB} = \overline{AC}$ 則△ ABC 為等腰三角形」成立。
（若△ ABC 為等腰三角形，也可能 $\overline{AC}$，$\overline{BC}$ 是二個等腰）。
∴△ ABC 為等腰三角形是 $\overline{AB} = \overline{AC}$ 之必要條件，而 $\overline{AB} = \overline{AC}$ 是
　△ ABC 為等腰之充分條件

例10. x, y 均為實數，$|x| = |y|$ 是 $x^2 = y^2$ 之_____條件

解 x, y 為實數，條件命題「若 $|x| = |y|$ 則 $x^2 = y^2$」與「若 $x^2 = y^2$ 則 $|x| = |y|$」均成立。
∴ $|x| = |y|$ 與 $x^2 = y^2$ 互為充要條件。

量詞──討論存在、所有性

在數學中常會討論到「至少有一個」、「存在一個」之「**存在**」（Existence）或**每一個**（For every）之類的命題，因這類命題涉及數量，故稱為**量詞**（Quantifier），它們的表示方法是：

$\forall x\, P(x)$ 或 $P(x)\forall x$，它表示對所有 x，命題 $P(x)$ 均為眞（成立）
$\exists x\, P(x)$ 表示存在一個 x 使得 $P(x)$ 為眞（成立）

例11. (1) x 為實數，$\forall x(x^2 \geq 0)$，它表示對所有實數 x，$x^2 \geq 0$，此命題為眞。
(2) $\exists x(x - 1 = 2)$：它表示存在一個 x 滿足 $x - 1 = 2$（實際上 $x = 3$），此命題為眞。
(3) $\exists x(2 \geq x \geq 1)$：它表示存在一個 x 滿足 $2 \geq x \geq 1$，此命題為眞。

量詞之否定

【定理 B】　$\neg\,(\forall x\,P(x)) \Rightarrow \exists x \,\neg\, P(x)$
　　　　　　$\neg\,(\exists x\,P(x)) \Rightarrow \forall x \,\neg\, P(x)$

例12. x 為實數，$\exists x(x^2 < 0)$，表示存在一個實數 x，$x^2 < 0$，這個命題為偽（不成立），其否定為 $\forall x(x^2 \geq 0)$，表示對所有實數 x，$x \geq 0$，這個命題為真（成立）。

練習 1.1

1. 請填「充分，必要或充要」或「什麼都不是」，假設下列之 a, b, x, y 均為實數。

　(1) $a = 0$ 是 $ab = 0$ 之_____條件，$ab = 0$ 是 $a = 0$_____條件

　(2) $a = 1$ 是 $-2 \leq a \leq 2$ 之_____條件，$-2 \leq a \leq 2$ 是 $a = 1$ 之_____條件

　(3) $ab \geq 1$ 是 $a \geq 1$ 或 $b \geq 1$ 之_____條件，$a \geq 1$，或 $b \geq 1$ 是 $ab \geq 1$ 之_____條件

　(4) $x + y = 0$ 是 $x = 0$ 且 $y = 0$ 之_____條件，$x = 0$ 且 $y = 0$ 是 $x + y = 0$_____條件

　(5) $xy = 0$ 是 $x = 0$ 且 $y = 0$_____條件，$x = 0$ 且 $y = 0$ 是 $xy = 0$_____條件

2. (1)「所有質數均為奇數」之真偽值為何？(2) 其否定命題是？真偽值為何？

　　仿定理 A 之證明，解 3，4 二題：

3. 用真值表證明 $p \to q$ 與 $\neg\, p \lor q$ 等價，並舉例說明二個命題之意思。

4. 求 $(p \land q) \to p$ 之真值表。

5. 問下列命題之真偽

　(1) 若 $2 + 3 = 7$ 則 $5 + 2 = 8$

　(2) 若且惟若 $2 + 3 = 7$ 則 $5 + 2 = 7$

1.2　集合

學習目標
- 了解集合之意義與元素、集合間之關係
- 了解集合之基本運算並能用文氏圖表達出運算結果

　　集合是**定義明確**（Well-defined）之物件所成之集體。集合內之每個物件稱為**元素**（Element 或 Member）。

　　習慣上集合通常以大寫字母如 A, B⋯表示，元素是以小寫字母 a, b, c⋯表示。

　　集合 A 之表達方式有列舉式和敘述式二種，以英文前 5 個字母所成之集合為例：

(1) 列舉式：$\{a, b, c, d, e\}$

(2) 敘述式：$\{x \mid x$ 為英文前 5 個字母 $\}$，其一般式為 $\{x \mid p(x)\}$，$p(x)$ 為 x 之屬性。

　　x 若是集合 A 之元素記做 $x \in A$，讀做 x 屬於 A，若 x 不是 A 之元素則記做 **$x \notin A$，元素和集合之關係有 $\in$ 與 $\notin$ 二種，而元素和元素間之關係為「＝」與「≠」二種。**

集合內元素之性質

1. 定義明確：任一個物件是否是集合之元素應能清晰地判斷出來，例如：A 是本班數學好的學生所成之集體，因為什麼是數學好的同學，我們很難有一個客觀的評量標準，因此，它不能算是集合，但是，如果 A 改成本班數學學期成績為 80 分及其以上的同學所成之集體，那麼此時 A 便可為集合。

2. 元素互異性：集合內任二個元素均為互異，若有重複出現，則將重複部分視同同一元素。如 $A = \{1, 1, 2, 3, 3, 3\} = \{1, 2, 3\}$

3. 無次序性，集合中每一元素間無次序關係，例 $A = \{1, 2, 3\} = \{3, 1, 2\}$⋯

集合與集合間之關係

【定義】　A, B 為二集合，若對所有 A 中元素 a 而言均為 B 之元素，則稱 A 包含於 B 或 A 是 B 之**子集合**（Subset）以 $A \subseteq B$ 表之。其否定為 $A \nsubseteq B$。

例如 $A = \{1, 2\}$，$B = \{1, 2, 3\}$ 則 $A \subseteq B$，若 $C = \{1, 3\}$ 則 $A \not\subseteq C$ 且 $C \not\subseteq A$
我們可由包含之觀點來定義二集合相等：
若 $A \subseteq B$ 且 $B \subseteq A$，則 $A = B$
若 A 不含任何元素，則稱 A 為**空集合**（Empty set 或 Null set），記做 $A = \phi$，規定 ϕ 為任何集合之子集合，即 $\phi \subseteq A$ 恒成立。

例 1. A, B 為二集合，若 $A \neq B$ 則 $A \not\subseteq B$ 或 $B \not\subseteq A$

例 2. $A = \{1, 3, 5, 8, 9\}$，則
(1) $1 \in A$ (2) $\{1, 3, 5\} \subseteq A$ (3) $\{1, 3\} \subseteq \{1, 3, 5\}$
(4) $\phi \subseteq A$ (5) $8 \in \{8, 9\}$ (6) $4 \not\subseteq A$

例 3. $A = \{1, \{1, 2\}, \phi\}$ 則
(1) $1 \in A$ (2) $\{1\} \subseteq A$ (3) $\phi \in A$
(4) $\phi \subseteq A$ (5) $\{\{1, 2\}\} \subseteq A$ (6) $\{1, 2\} \not\subseteq A$
(7) $\{1, 2\} \in A$ (8) $\{1, 2\} \in \{\{1, 2\}\}$

集合之聯集、交集與差集

集合之基本運算有**聯集**（Union），**交集**（Intersection）與**差集**（Difference）
1. 聯集：集合 A, B 之聯集記做 $A \cup B$，定義為
   $A \cup B = \{x \mid x \in A$ 或 $x \in B\}$，用邏輯式表示即為 $A \cup B = \{x \mid x \in A \vee x \in B\}$

例 4. $A = \{a, b, c\}$，$B = \{b, d\}$ 則 $A \cup B = \{a, b, c, d\}$

2. 交集：集合 A, B 之交集記做 $A \cap B$，定義為
   $A \cap B = \{x \mid x \mid x \in A$ 且 $x \in B\}$，用邏輯式表示即為 $A \cap B = \{x \mid x \in A \wedge x \in B\}$

例 5. $A = \{a, b, c\}$，$B = \{b, d\}$ 則 $A \cap B = \{b\}$

3. 差集：集合 A, B 之差集稱做 $A - B$，定義為
   $A - B = \{x \mid x \mid x \in A$ 且 $x \notin B\}$，用邏輯式表示即為 $A - B = \{x \mid x \in A \wedge x \notin B\}$

例 6. $A = \{a, b, c\}$，$B = \{b, d\}$ 則 $A - B = \{a, c\}$，$B - A = \{d\}$

文氏圖

文氏圖（Venn diagram）可幫助初學集合者將集合間之關係視覺化。文氏圖在機率學亦相當重要。文氏圖通常應用在 2 個或 3 個集合上。

二個集合之文氏圖

名稱	符號	文氏圖	立即結果
聯集	$A \cup B$	*A*～*B* 圖（陰影全部）	(1) $A \cup B = B \cup A$ (2) $A \subseteq A \cup B$，$B \subseteq A \cup B$
交集	$A \cap B$	*A*～*B* 圖（陰影交集）	(1) $A \cap B = B \cap A$ (2) $A \cap B \subseteq A \cup B$ (3) $A \cap B \subseteq A$，$A \cap B \subseteq B$
差集	$A - B$	*A*～*B* 圖（陰影左側）	(1) $A - B \subseteq A$ (2) $(A - B) \cup (A \cap B) = A$
	$B - A$	*A*～*B* 圖（陰影右側）	(1) $B - A \subseteq B$ (2) $(B - A) \cup (A \cap B) = B$ (3) $(A - B) \cap (B - A) = \phi$

三個集合之文氏圖

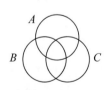

說 A, B, C 為三個集合，除非有特殊指明，多以左圖之形式表出，我們可依問題之需求逐步地繪出有關之文氏圖：

例 7. 試以文氏圖驗證 $A \cap (B \cup C) = (A \cap B) \cup (A \cap C)$

解

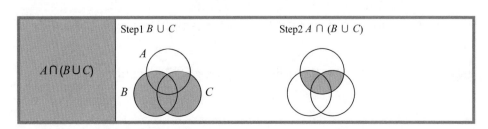

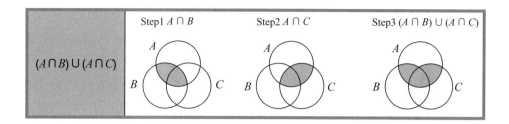

	Step1 $A \cap B$	Step2 $A \cap C$	Step3 $(A \cap B) \cup (A \cap C)$
$(A \cap B) \cup (A \cap C)$			

　　例 7 是用文氏圖驗證 $A \cap (B \cup C) = (A \cap B) \cup (A \cap C)$ 之分解動作，如同代數，集合文氏圖亦是由括弧內先繪。讀者應注意的是，**文氏圖不能取代正式證明。**

例 **8.**　試用文氏圖表示 $A \cap (B-C)$：

解

Step1：$B-C$

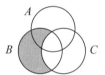

Step2：$A \cap (B-C)$

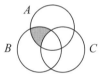

練習 1.2

1. 下列敘述何者正確？

　(1) $A = \{x \mid 3x = 9\}$，$y = 3$　$\therefore A = y$

　　$A = \{a, b, c\}$，請答 (2)～(5)

　(2) $a \in A$　　　　(3) $a \subseteq A$

　(4) $\{a\} \subseteq A$　　　(5) $\phi \subseteq A$

2. 下列敘述何者正確？

　(1) $A = \{x \mid x \neq x\}$ 為一空集合

　(2) $\phi \subseteq \{\phi\}$　　　　(3) $\phi \in \{\phi, \{\phi\}\}$

　(4) $\phi \subseteq \{\phi, \{\phi\}\}$　　(5) $\{\phi\} \subseteq \{\phi, \{\phi\}\}$

3. $A = \{1, 2, 3, 4\}$，$B = \{2, 4, 6, 8\}$，$C = \{3, 4, 8, 9\}$

　求 (1) $A - B$　(2) $A - C$　(3) $C - B$　(4) $C - C$

4. 若 $A \subseteq B$，用文氏圖表示：

　(1) $B - A$　(2) $A \cap B$　(3) $A \cup B$

5. 用文氏圖表示：

　(1) $(A \cap B) \cap C$　(2) $(A - B) \cup C$　(3) $(A - B) - C$　(4) $(A \cup B) - C$

6. 若 $A \subseteq \phi$ 試證 $A = \phi$

1.3 實數系

學習目標
- 商用微積分討論的都限於實數系
- 實數系
- 不算式與區間
- 絕對值

微積分討論之數系均限於實數系（Real number; R）。實數系的結構是**正整數**（Z^+），1, 2, 3,……，上去是**整數**（Integer; Z），-3，-2，-1，0，1，2，3……，其中 0，1，2，3……是**非負整數**（Non-negative integer）或自然數，而 -1，-2，-3 為**負整數**（Negative integer）。

再上就是**有理數**（Rational numbers; Q），凡可用 q/p 表示 p, q 為整數，但 $p \neq 0$ 之數稱爲有理數，像 2/3、$-31/256$ 等都是有理數，當然所有的整數也都是有理數，包括循環小數。像 $\sqrt{3}$、$\sqrt{3} - \sqrt{2}$、π 等這類數因無法用 q/p 表示，稱爲**無理數**（Irrational numbers）記做 Q'。所有的有理數、無理數都是實數。

實數系之性質

若 x, y 爲二實數則有：
1. 交換律　$x + y = y + x$　$x \cdot y = y \cdot x$
2. 結合律　$x + (y + z) = (x + y) + z$；$x(yz) = (xy)z$
3. 分配律　$x(y + z) = xy + xz$
4. 單位元素　存在二個相異元素 0 與 1 滿足 $x + 0 = x$ 與 $x \cdot 1 = x$
5. 反元素　每一個 x 均存在一個加法反元素 $-x$ 滿足 $x + (-x) = 0$，除 0 外之任一元素 x 均存在一個乘法反元素 x^{-1}，滿足 $x \cdot x^{-1} = 1$

不等式

含有一個或一個以上不等式符號（$<$，$\leq$，$>$，$\geq$）之數學命題即爲不等式。例如：$x^2 - 2x - 3 \leq 0$，$x \geq 1$，…等都是，這些我們在國中數學都有學過，因此，舉一些例子做扼要復習。

例 1. 試將下列不等式化成 $a \leq x \leq b$ 之形式，並繪在數線上
(1) $2 \leq x + 3 \leq 7$　(2) $-2 \leq -3x + 1 \leq 10$

解

(1) $2 \leq x + 3 \leq 7$，兩邊同減 3

$-1 \leq x \leq 4$

(2) $-2 \leq -3x + 1 \leq 10$　　兩邊同減 1，

$-3 \leq -3x \leq 9$　　　兩邊同乘 -1

$3 \geq 3x \geq -9$，兩邊同除 3

$1 \geq x \geq -3$

例 **2.** 根據上例，令 $A = \{x \mid 2 \leq x + 3 \leq 7\}$，$B = \{x \mid -2 \leq -3x + 1 \leq 10\}$

求 (1) $A \cap B$　(2) $A \cup B$　(3) $A - B$

解　由例 1 知 $A = \{x \mid -1 \leq x \leq 4\}$，$B = \{x \mid -3 \leq x \leq 1\}$

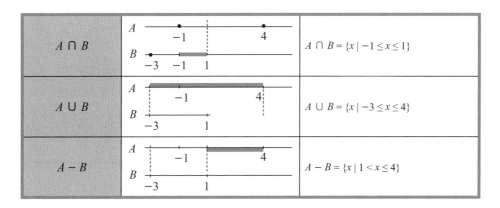

$A \cap B$		$A \cap B = \{x \mid -1 \leq x \leq 1\}$
$A \cup B$		$A \cup B = \{x \mid -3 \leq x \leq 4\}$
$A - B$		$A - B = \{x \mid 1 < x \leq 4\}$

我們常用**區間**（Interval）來表示不等式之範圍：

區間	不等式	圖示
$a < x < b$	(a, b)	$a \quad b$
$a < x \leq b$	$(a, b]$	$a \quad b$
$a \leq x < b$	$[a, b)$	$a \quad b$
$a \leq x \leq b$	$[a, b]$	$a \quad b$
$a < x$	(a, ∞)	a
$a \leq x$	$[a, \infty)$	a
$x < b$	$(-\infty, b)$	b
$x \leq b$	$(-\infty, b]$	b

細心的讀者就可發現在**無窮大∞與無負無窮大 −∞旁的括弧分別是）或（。**

∞是什麼？

∞是一個概念，它不是數。∞是你想有多大，∞就比你想的還要大，−∞是你想有多小，−∞就比你想的還要小，因為它不是數，因此絕不能說 ∞ + 1 > ∞ 或 2∞ > ∞，但在爾後求無窮大極限或瑕積分時，不妨把它當做一個數，如此在計算極限或定積分時往往比較方便。

例 3. 求 (1) $[-1, \infty) \cap [2, 3)$　(2)$[-2, 1] \cup (1, 3)$
　　　(3) $(-2, 1] \cap (1, 3)$

解

圖示	解答
(1) 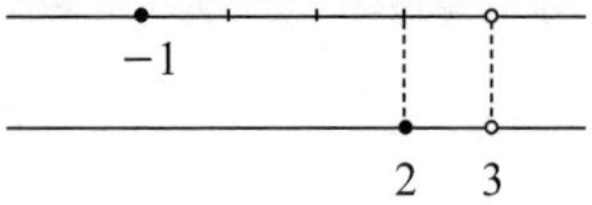 −1 2　3	$[-1, \infty) \cap (2, 3) = [2, 3)$
(2) −2　1 1　3 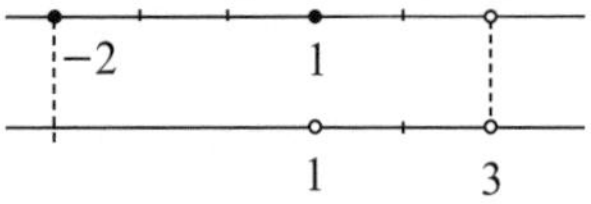	$[-2, 1] \cup (1, 3) = [-2, 3)$
(3) 由 (2) 之圖知 　　$(-2, 1]$ 與 $(1, 3)$ 沒有共同元素	$(-2, 1] \cap (1, 3) = \phi$

例 4. 解 1. $x^2(x^2 - x - 2) < 0$　　2. $\dfrac{x(x^2 - x - 2)}{x - 3} \le 0$　　3. $\dfrac{1}{x} < 3$

解　1. $x^2(x^2 - x - 2) = x^2(x - 2)(x + 1) < 0$
　　　∴解為 $0 < x < 2$ 或 $-1 < x < 0$，即
　　　$(0, 2) \cup (-1, 0)$，

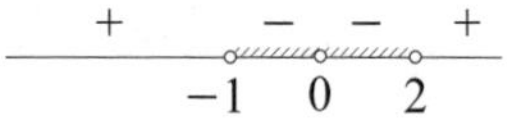

2. $\dfrac{x(x^2 - x - 2)}{x - 3} \le 0$ 相當於 $x(x^2 - x - 2)(x - 3) \le 0$ 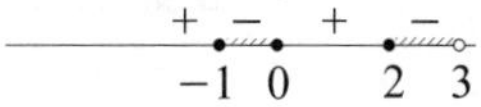
　即$x(x - 2)(x + 1)(x - 3) \le 0$，$x \ne 3$
　解為 $3 > x \ge 2$ 或 $0 \ge x \ge -1$
　∴ $\dfrac{x(x^2 - x - 2)}{x - 3} \le 0$ 之解為
　　$3 > x \ge 2$ 或 $0 \ge x \ge -1$，即$[2, 3) \cup [-1, 0]$

3. $\dfrac{1}{x} - 3 < 0$　∴ $\dfrac{1 - 3x}{x} < 0$，即$\dfrac{3x - 1}{x} > 0$， 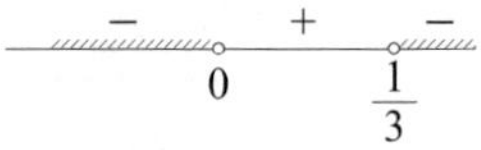
　　相當於 $x(3x - 1) > 0$

$\therefore$ 解為 $x < 0$ 或 $x > \dfrac{1}{3}$，即 $(-\infty, 0) \cup (\dfrac{1}{3}, \infty)$

絕對值

> 【定義】 若 x 為實數，則 x 之**絕對值**（Absolute value）記做 $|x|$，定義為
> $$|x| = \begin{cases} x & x \geq 0 \\ -x & x < 0 \end{cases}$$

例如：$|\sqrt{2}| = \sqrt{2}$，$|-\sqrt{2}| = -(-\sqrt{2}) = \sqrt{2}$，$|1 - \sqrt{3}| = -(1 - \sqrt{3}) = \sqrt{3} - 1$
顯然 $|x|$ 恒為非負，且 $|-x| = |x|$。

絕對值不等式

在解絕對值不等式我們常用以下關係：
若 $a > 0$ 則

$$\begin{cases} |x| < a \Leftrightarrow -a < x < a \\ |x| > a \Leftrightarrow x > a \text{ 或 } x < -a \end{cases} \quad \text{及} \quad \begin{cases} |x| \leq a \Leftrightarrow -a \leq x \leq a \\ |x| \geq a \Leftrightarrow x \geq a \text{ 或 } x \leq -a \end{cases}$$

例 5. 解 $|x - 2| < 3$，及 $|x - 2| > 3$

解 (1) $|x - 2| < 3$ $\therefore -3 < x - 2 < 3$，從而 $-1 < x < 5$，即 $(-1, 5)$
(2) $|x - 2| > 3$ $\therefore x - 2 > 3$ 或 $x - 2 < -3$ 從而 $x > 5$ 或 $x < -1$
即 $(-\infty, -1) \cup (5, \infty)$

例 6. 解 $|2x + 1| \geq 5$

解 $|2x + 1| \geq 5$ $\therefore 2x + 1 \geq 5$ 或 $2x + 1 \leq -5$
從而 $x \geq 2$ 或 $x \leq -3$ 即 $[2, \infty) \cup (-\infty, -3]$

例 7. 解 $1 \leq |x - 2| \leq 3$

解 $1 \leq |x - 2| \leq 3$ 相當於解下列不等式方程組：
$$\begin{cases} |x - 2| \leq 3 \\ |x - 2| \geq 1 \end{cases}$$
(1) $|x - 2| \leq 3$：解為 $[-1, 5]$
(2) $|x - 2| \geq 1$：$x - 2 \geq 1$ 時 $x \geq 3$ 即 $[3, \infty)$
$\quad\quad\quad\quad x - 2 \leq -1$ 時 $x \leq 1$ 即 $(-\infty, 1]$
$\therefore [-1, 1] \cup [3, 5]$ 是為所求

絕對值性質

a, b 為任意實數則：

1. $|ab| = |a||b| \Rightarrow |a^n| = |a|^n$

2. $|\frac{a}{b}| = \frac{|a|}{|b|}$, $b \neq 0$

3. $|a+b| \leq |a| + |b|$

我們證明其中 $|a+b| \leq |a| + |b|$：

$$\because |a| = \begin{cases} a & , a > 0 \\ -a, & a < 0 \end{cases}$$

$\therefore -|a| \leq a \leq |a|$ (1)

    $-|b| \leq b \leq |b|$ (2)

(1) + (2) 得

$-(|a| + |b|) \leq a + b \leq (|a| + |b|)$

即 $|a+b| \leq ||a| + |b|| = |a| + |b|$

由絕對值性質，我們可有一些有趣之例子：

例 8. $a, b, c \in R$ 試證 $|a+b+c| \leq |a| + |b| + |c|$

解 $|a+b+c| = |(a+b)+c| \leq |a+b| + |c| \leq |a| + |b| + |c|$

例 9. 若 $|a| \leq 1$，試證 $|a| + |\frac{1}{2}a^2| + |\frac{1}{3}a^3| < 2$

解 $|a| + |\frac{1}{2}a^2| + |\frac{1}{3}a^3| = |a| + \frac{1}{2}|a^2| + \frac{1}{3}|a^3|$

       $= |a| + \frac{1}{2}|a^2| + \frac{1}{3}|a^3| \leq 1 + \frac{1}{2} + \frac{1}{3} = \frac{11}{6} < 2$

練習 1.3

1. 判斷 $1+\sqrt{3}$, 0.375, $\sqrt{4}$, $-4/2$ 可歸類於下列哪個數系？（複選）

	非負整數	負整數	有理數	無理數	實數
$1+\sqrt{3}$					
0.375					
$\log 4$					
$-4/2$					

2. 求

(1) $(-1, 5] \cap (2, 6)$　　　(2) $(-1, 5) \cup [2, 6]$

3. 下列敘述何眞？

(1) $2 \in R$　　(2) $\sqrt{3} \in Q$　(3) $2+\sqrt{3} \in R$　(4) $\pi \in R$

(5) 若 $x_1, x_2 \in Q'$ 則 $\dfrac{x_1}{x_2}$ 不可能爲有理數

(6) $\pi \in Q'$

4. 解 (1) $x(x-1)^2(x-2) \geq 0$　　　(2) $x^2(x-1) < 0$　　　(3) $x(x-1)(x-2) > 0$

　　(4) $x > \dfrac{1}{x}$

5. 求 (1) $|x-1| \leq 2$　　(2) $\left|\dfrac{x}{3}-2\right| \leq 2$　　(3) $|x-1| \leq -1$　　(4) $|2x+1| \geq 5$

6. 試證 $|a+b| \geq |a| - |b|$

1.4 函數

學習目標
■ 函數定義
■ 合成函數
■ 商業應用函數之例子

函數定義

函數（Function）是一種**對應**規則。其正式定義如下：

【**定義**】 **函數**是（Function）一種**規則**（Rule），透過這個規則，集合 A 之每一個元素在集合 B 中均恰有一個元素與之對應（Correspond），那麼我們稱這種對應為函數，以 $y = f(x)$ 或 $f : x \rightarrow y$ 表示。所有 x 所成之集合為**定義域**（Domain），所有 y 所成之集合為**值域**（Range）。

　　若一函數之定義域沒有被特別指定，則意指能使函數有意義之實數所形成之集合，這種定義域稱為**自然定義域**（Natural domain），若函數採自然定義域時，定義域可不必寫出。

　　函數 $y = f(x)$ 之 x 稱為**自變數**（Independent variable），y 為**因變數**（Dependent variable）。

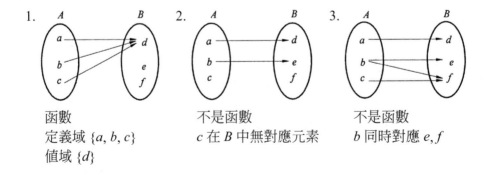

1. 函數
　定義域 $\{a, b, c\}$
　值域 $\{d\}$

2. 不是函數
　c 在 B 中無對應元素

3. 不是函數
　b 同時對應 e, f

函數相等之條件

　　二函數若：

1. 對應法則（即函數式）相同（即便變量使用之符號不同）。

2. 定義域相同。

則稱此二函數相等。

例如三個函數 $f_1(x) = x^2$，$2 \le x \le 7$，$f_2(y) = y^2$，$2 \le y \le 7$，$f_3(z) = z^2$，$1 \le z \le 4$ 則 $f_1 = f_2$ 但 $f_1 \ne f_3$，$f_2 \ne f_3$

例 1. (1)$f(x) = \sqrt{x}\sqrt{1+x}$，$g(x) = \sqrt{x(1+x)}$，問 $f = g$ 是否成立？

解 $f(x) = \sqrt{x}\sqrt{1+x}$ 中 $\sqrt{x}$ 有意義之條件為 $x \ge 0$ 即 $[0, \infty)$，$\sqrt{1+x}$ 有意義之條件為 $1 + x \ge 0$，$x \ge -1$ 即 $[-1, \infty)$
$\therefore f(x) = \sqrt{x}\sqrt{1+x}$ 之定義域為 $[0, \infty) \cap [-1, \infty) = [0, \infty)$
而 $g(x) = \sqrt{x(1+x)}$ 有意義之條件為 $x(1+x) \ge 0$
即 $x \le -1$ 或 $x \ge 0$，亦即 $(-\infty, -1] \cup [0, \infty)$

例 2. 求 $f(x) = \sqrt{16 - x^2}$ 之定義域

解 要使 $f(x)$ 有意義，必須：$16 - x^2 \ge 0$ $\therefore$ $-4 \le x \le 4$，即 $[-4, 4]$
$\therefore f(x)$ 之定義域為 $[-4, 4]$

例 3. 求 $f(x) = \dfrac{1}{1 - x^2} + \sqrt{x+2}$ 之定義域

解 要使 $f(x) = \dfrac{1}{1 - x^2} + \sqrt{x+2}$ 有意義必須 $x \ge -2$，$x \ne \pm 1$
$\therefore f(x)$ 之定義域為 $[-2, -1) \cup (-1, 1) \cup (1, \infty)$

例 4. $f(x) = x^2 + 1$，求
(1)$f(0)$　　　　(2)$f(1) - f(-1)$　　　　(3)$f(x + h) - f(x)$
(4)$\dfrac{f(x+h) - f(x)}{h}$

解 (1)$f(0) = 0^2 + 1 = 1$
(2)$f(1) - f(-1) = [1^2 + 1] - [(-1)^2 + 1] = 2 - 2 = 0$
(3)$f(x + h) - f(x) = [(x + h)^2 + 1] - (x^2 + 1)$
$\qquad\qquad = (x^2 + 2hx + h^2 + 1) - (x^2 + 1) = 2hx + h^2$
(4)$\dfrac{f(x+h) - f(x)}{h} = \dfrac{2hx + h^2}{h} = 2x + h$

例 5. $f(x) = \begin{cases} x^2 + x - 1 & , x \ge 1 \\ 3x + 2 & , x < 1 \end{cases}$，

求 (1) $f(2)$　(2) $f(1)$　(3) $f(0)$　(4) $f(3) - f(-1)$

解　(1)$f(2) = 2^2 + 2 - 1 = 4 + 2 - 1 = 5$
　　(2)$f(1) = 1^2 + 1 - 1 = 1$
　　(3)$f(0) = 3(0) + 2 = 2$
　　(4)$f(3) - f(-1) = (3^2 + 3 - 1) - (3(-1) + 2) = 11 - (-1) = 12$

合成函數

　　合成函數（Composite functions）是將一個變數之函數值作爲另一個函數之定義域元素，下圖是一個合成函數的圖示：

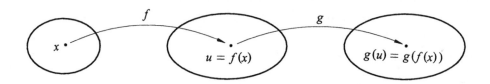

　　我們可用系統的觀點來看合成函數，把 x 投入系統 I，經過轉換 $f(x)$ 而得到產出 $u = f(x)$，再將 $u = f(x)$ 投入系統 II，透過系統 II 之轉換而得到產出 $g(u) = g(f(x))$。

例 6. 若 $f(x) = 2x + 1$，$g(x) = x^2$，求：(1) $f(f(x))$，(2) $f(g(x))$，(3) $g(f(x))$，(4) $g(g(x))$？

解

提示	解答
$f(\boxed{}) = 2\boxed{} + 1$　$f(x)$ 或 $g(x)$　　$g(\boxed{}) = \boxed{}^2$　$f(x)$ 或 $g(x)$	$f(f(x)) = 2f(x) + 1 = 2(2x + 1) + 1$ $= 4x + 3$ $f(g(x)) = 2g(x) + 1 = 2x^2 + 1$ $g(f(x)) = f^2(x) = (2x + 1)^2$ $g(g(x)) = g^2(x) = (x^2)^2 = x^4$

例 7. 若 $f(x) = \dfrac{ax+b}{cx-a}$，$x \neq \dfrac{a}{c}$ 求 $f(f(x))$

解

提示	解答
$f(x) = \dfrac{ax+b}{cx-a}$ $f(\square) = \dfrac{a\square + b}{c\square - a}$	$f(x) = \dfrac{ax+b}{cx-a}$ $\therefore f(f(x)) = \dfrac{af(x)+b}{cf(x)-a}$ $= \dfrac{a\left(\dfrac{ax+b}{cx-a}\right)+b}{c\left(\dfrac{ax+b}{cx-a}\right)-a}$ $= \dfrac{a^2x + ab + bcx - ab}{cax + cb - acx + a^2} = \dfrac{(a^2+bc)x}{bc+a^2} = x$

★ 例 8. $f(x) = \begin{cases} x^2 & , x \geq 1 \\ 2x-1 & , x < 1 \end{cases}$ $\quad g(x) = \begin{cases} x & , x \geq 0 \\ -x^2 & , x < 0 \end{cases}$

求 $f(g(x))$

提示	解答
<table><tr><td>x</td><td>0</td><td>1</td></tr><tr><td>f</td><td>$2x-1$ $2x-1$</td><td>x^2</td></tr><tr><td>g</td><td>$-x^2$ x</td><td>x</td></tr></table> 把 f, g 之所有分段點依大小序寫在第一行，做一個輔助表，那計算上便很簡單。	$x < 0$ 時 $\quad f(g(x)) = f(-x^2) = 2(-x^2) - 1$ $\qquad\qquad\qquad\qquad = -2x^2 - 1$ $0 \leq x < 1$ 時 $\quad f(g(x)) = f(x) = 2x - 1$ $x \geq 1$ 時 $\quad f(g(x)) = f(x) = x^2$

例 9 是已知 $t(x)$，求二函數 f、g 使得 $f(g(x)) = t(x)$：

例 9. 若 $t(x) = \sqrt[3]{(x^2+1)^2} + \dfrac{1}{x^2+1}$，求函數 f，g 使得 $f(g(x)) = t(x)$

解 $t(x) = \sqrt[3]{\square^2} + \dfrac{1}{\square}$，$\square = x^2 + 1$

$\therefore$ 可取 $f(x) = \sqrt[3]{x^2} + \dfrac{1}{x}$，$g(x) = x^2 + 1$

像例 9 這類問題之 f, g 取法未必惟一。

一些商學、經濟學之例子

商業研究或決策如果涉及量化方法，除了確定研究或決策之目標外，還要想想要引入哪些變數，這些變數中有哪些是自變數，哪些是因變數，自變數與因變數間之關連為何（即函數關係），以產生某種具有商學或經濟學意義之結果。

這類函數多的不勝枚舉，茲舉一些商用微積分常出現的函數：

■ 成本函數：$C(x) = a_0 + a_1 x + a_2 x^2$，$x \geq 0$，$x$ 是產量
■ 總收入函數：$R(x) = px$，x 是銷售量，p 是單價
■ 利潤函數：$P(x) = R(x) - C(x)$
■ 平均函數：$A(x) = \dfrac{f(x)}{x}$
■ **邊際函數**（Marginal function）：$M(x) = \dfrac{d}{dx} f(x)$

例10. 設某商品之每日銷售 x 件與單價 p 有 $p(x) = a - bx$ 之關係，而銷售 x 件之成本為 $C(x) = m + cx^2$，$a, b, c, m > 0$
(1) 求銷售 x 單位之利潤函數 $p(x)$
(2) 銷售量為何時可使利潤最大？

解 (1) $p(x) = R(x) - C(x) = xp - C(x)$
$$= x(a - bx) - (m + cx^2)$$
$$= -(b + c)x^2 + ax - m$$
$$= -(b + c)\left[x^2 - \frac{a}{b + c} x \right] + m$$
$$= -(b + c)\left[\left(x - \frac{a}{2(b + c)} \right)^2 - \frac{1}{4}\left(\frac{a}{b + c} \right)^2 \right] - m$$
$$= -(b + c)\left(x - \frac{a}{2(b + c)} \right)^2 + \frac{a^2}{4(b + c)} - m$$

$\therefore$ 當 $x = \dfrac{a}{2(b + c)}$ 時有最大利潤 $p(x) = \dfrac{a^2}{4(b + c)} - m$

例11. 若生產 x 個 Hello Kitty 玩偶之成本為
$$C(x) = x^3 + ax^2 + bx + c$$
求 (1) 生產 x 個 Hello Kitty 玩偶之平均成本。
(2) 生產第 x 個 Hello Kitty 玩偶之成本。

解 (1) 平均成本 $A(x) = \dfrac{C(x)}{x} = \dfrac{x^3 + ax^2 + bx + c}{x}$
(2) 生產第 x 個玩偶之成本為
$$C(x) - C(x - 1)$$
$$= x^3 + ax^2 + bx + c - ((x - 1)^3 + a(x - 1)^2 + b(x - 1) + c)$$
$$= 3x^2 + (2a - 3)x + 1 - a + b$$

練習 1.4

1. 三個函數 f, g, h 它們間之對應關係如下：

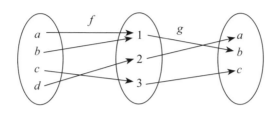

求 (1) f 之定義域與值域

(2) g 之定義域與值域

(3) $f(g(x))$ 之定義域與值域

2. 若 $f(x) = 2x + 3$，$g(x) = 3x + 1$

求 (1) $f(g(x))$ (2) $f(f(x))$ (3) $g(f(x))$ (4) $g(g(x))$

(5) $f(g(f(x)))$

3. 求下列函數之定義域

(1) $f(x) = \sqrt[3]{x}$ (2) $f(x) = \dfrac{1}{\sqrt{x-1}}$ (3) $f(x) = \dfrac{x+1}{\sqrt{x^2-1}}$

(4) $f(x) = \dfrac{\sqrt{x-2}}{\sqrt{x-1}}$

4. (1) $f(x) = \begin{cases} 2x+3 , & x \geq 2 \\ 3x+2 , & x < 2 \end{cases}$ 求 (1) $f(2)$，(2) $f(-1)$

5. $f(x) = \begin{cases} x^2 , & x > 2 \\ x+2 , & 1 < x \leq 2 \\ 2x+3 , & x \leq 1 \end{cases}$ 求 (1) $f(2)$ (2) $f(1)$ (3) $f(\pi)$

1.5 直線與線性函數

學習目標
- 斜率：計算及其與直線之陡度之判斷
- 二直線平行垂直與斜率之關係
- 直線方程式
- 線性函數之管理應用

1.5.1 直線斜率

首先我們對直線之**斜率**（Slope）下個定義：

【定義】 若 (x_1, y_1)，(x_2, y_2) 為非垂直 x 軸之直線上之二個點，則直線之斜率 m 為 $m = \dfrac{y_2 - y_1}{x_2 - x_1} = \dfrac{\Delta y}{\Delta x}$

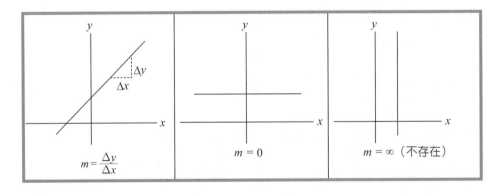

例 **1.** 過 $(1, 2)$，$(2, -3)$ 之直線斜率 $m = ?$

解 $m = \dfrac{2 - (-3)}{1 - 2} = -5$

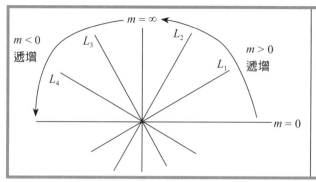

由左圖知 L_1，L_2 之斜率均為
正，且 L_2 之斜率 $> L_1$ 之斜率
（亦即 L_2 比 L_1 陡）
L_3，L_4 之斜率均為負，且 L_4 之
斜率 $> L_3$ 之斜率
（亦即 L_3 比 L_4 陡）

【定理 A】　L_1，L_2 為二條非垂直 x 軸之直線，其斜率分別為 m_1，m_2：
　　　　　(1) 若 L_1 與 L_2 垂直則 $m_1 \cdot m_2 = -1$
　　　　　(2) 若 L_1 與 L_2 平行則 $m_1 = m_2$

【證明】　設 L_1，L_2 垂直，在 L_1 取一點 P_1，
　　　　　P_1 座標 (x_1, y_1)，在 L_2 取一點 P_2，P_2 之座標為 (x_2, y_2)。

$$\overline{OP_1}^2 = \left(\sqrt{(x_1 - 0)^2 + (y_1 - 0)^2}\right)^2 = x_1^2 + y_1^2$$

$$\overline{OP_2}^2 = \left(\sqrt{(x_2 - 0)^2 + (y_2 - 0)^2}\right)^2 = x_2^2 + y_2^2$$

$$\overline{P_1P_2}^2 = \left(\sqrt{(x_1 - x_2)^2 + (y_1 - y_2)^2}\right)^2$$
$$= (x_1 - x_2)^2 + (y_1 - y_2)^2$$

由畢氏定理：$\overline{OP_1}^2 + \overline{OP_2}^2 = \overline{P_1P_2}^2$，即

$$(x_1^2 + y_1^2) + (x_2^2 + y_2^2) = (x_1 - x_2)^2 + (y_1 - y_2)^2$$

$\therefore x_1x_2 + y_1y_2 = 0$，二邊同除 x_1x_2 得

$$1 + \frac{y_1}{x_1} \cdot \frac{y_2}{x_2} = 0，但 L_1 之 m = \frac{y_1 - 0}{x_1 - 0} = \frac{y_2}{x_1}，$$

$$L_2 之 m = \frac{y_2 - 0}{x_2 - 0} = \frac{y_2}{x_2}$$

$\therefore 1 + m_1m_2 = 0$，即 $m_1m_2 = -1$ ∎

　　若 L_1 為垂直 x 軸之鉛直線，例如 $x = a$，那麼過 (a, b) 與 L_1 垂直之直線方程式為 $y = b$

【定理 B】　L 為非垂直 x 軸之直線方程式其斜率 m 為惟一。

【定理 C】　直線 $ax + by = c$ 之斜率為 $m = -\dfrac{a}{b}$，$a \neq 0$

【證明】　$ax + by = c$ 在 x 軸之交點為 $(\dfrac{c}{a}, 0)$，與 y 軸之交點為 $(0, \dfrac{c}{b})$

$$\therefore m = \frac{\dfrac{c}{a} - 0}{0 - \dfrac{c}{b}} = -\frac{b}{a}，a \neq 0 \qquad \blacksquare$$

函數圖形與 x, y 軸之交點之 x 座標與 y 座標分別稱爲 **x 截距**（x intercept）與 **y 截距**（y intercept）。$ax + by = c$ 之 x 截距爲 $-\dfrac{c}{b}$，（$a \neq 0$）與 y 截距爲 $-\dfrac{c}{b}$，$b \neq 0$。

由上述資訊可得求直線方程式之方法：

直線之決定

	條件	方程式	圖示
斜截式	給定一個點 (a, b) 與斜率 m	$y - b = m(x - a)$	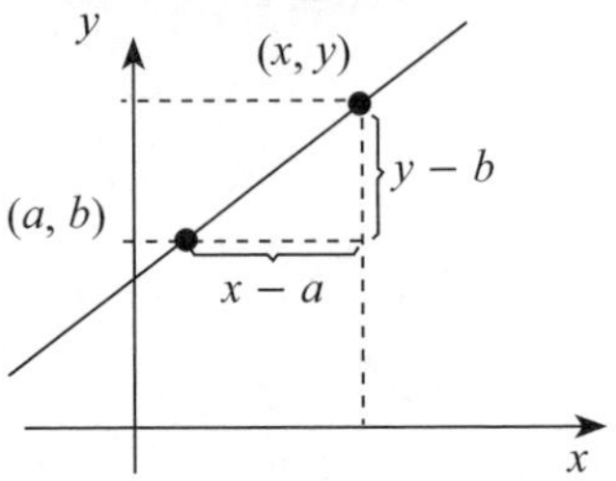
二點式	給定二個相異點 (a, b) 與 (c, d) 則 $m = \dfrac{b-d}{a-c}$，$a \neq c$	$\dfrac{y-b}{x-a} = \dfrac{d-b}{c-a}$ 或 $\dfrac{y-d}{x-c} = \dfrac{b-d}{a-c}$	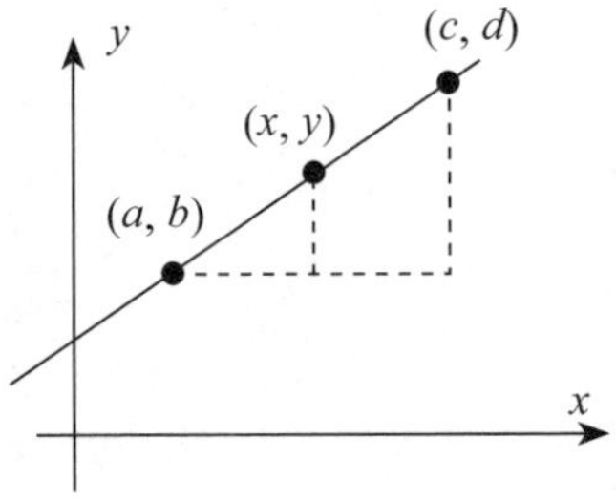
斜截式	給定 y 截距 b 與斜率 m	$y = mx + b$	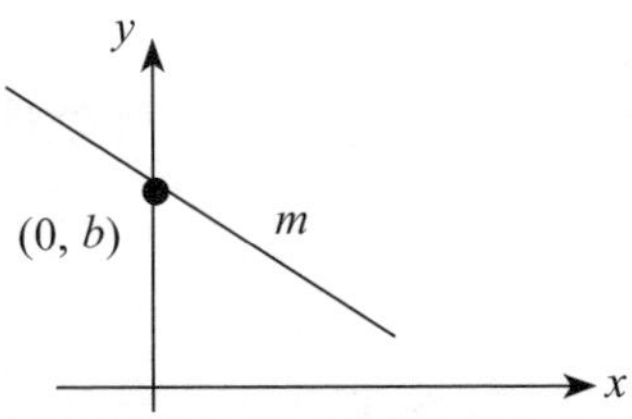

	條件	方程式	圖示
截距式	與 x, y 截距分別為 a, b，$ab \neq 0$	$\dfrac{x}{a} + \dfrac{y}{b} = 1$	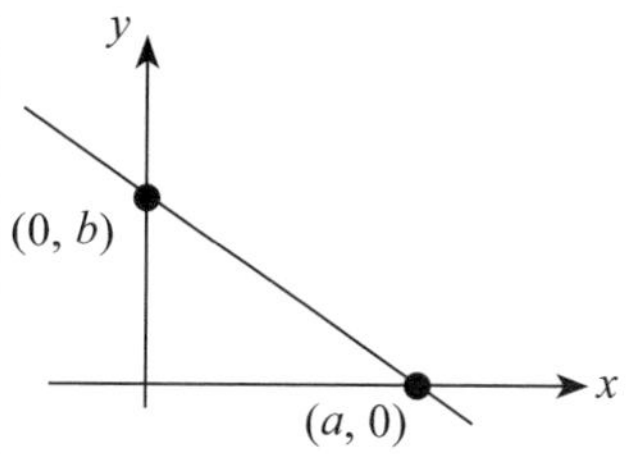

例 **2.** 求下列直線方程式：

(1) 過 $(2, 0)$，$(0, 3)$　　　　(2) 過 $(2, 1)$，$(2, 3)$

(3) 過 $(1, 3)$，$(-1, 3)$　　　(4) 過 $(0, 5)$，$m = 3$

解　(1) 方法一（截距式）：$\dfrac{x}{2} + \dfrac{y}{3} = 1$，即 $3x + 2y = 6$

　　　方法二（兩點式）：$\dfrac{y - 0}{x - 2} = \dfrac{0 - 3}{2 - 0} = -\dfrac{3}{2}$

　　　$\therefore 2y = -3x + 6$　$\therefore 3x + 2y = 6$

(2) 這是一條鉛直線　$\therefore x = 2$

(3) 這是一條水平線　$\therefore y = 3$

(4) 用斜截式：$y = 3x + 5$

　　由定理 A，C 可知，**與非垂直 x 軸之直線 $ax + by = c$ 平行之直線方程式可表為 $ax + by = k$，與 $ax + by = c$ 垂直之直線方程式可表為 $bx - ay = h$**，在此 h，k 爲待定值。如此，便可決定自線外一點與給定直線平行或垂直之直線方程式

例 **3.** 求過 $(2, 4)$ 與 $2x + 3y = 6$ 平行之直線方程式

解　設所求直線方程式爲 $2x + 3y = k$，代 $x = 2$，$y = 4$
得 $2 \cdot 2 + 3 \cdot 4 = k$ 即 $k = 16$　$\therefore 2x + 3y = 16$

例 **4.** 求過 $(1, 5)$ 與 $2x + 3y = 6$ 垂直之直線方程式

解　設所求直線方程式爲 $3x - 2y = k$，代 $x = 1$，$y = 5$，得 $3 \cdot 1 - 2 \cdot 5 = k$ 即 $k = -7$　$\therefore 3x - 2y = -7$

半平面

我們已學會了直線 $ax + by = c$ 之決定，在管理學上，更有興趣的是

$ax + by \geq c$ 或 $ax + by \leq c$ 之區域，其實這很簡單，我們可利用定理 D 進行所謂的原點判別法。

【定理 D】 （原點判別法）

若 $x = 0$，$y = 0$ 滿足 $ax + b \leq c$ 則解是包含原點的那個半平面，那麼 $ax + by \geq c$ 就是不包含原點的那個半平面。

例 5. 給定 $x \geq 0$，$y \geq 0$，試繪 (1)$2x + 3y \leq 6$　(2) $x \leq 1$　(3) $x + y \geq 1$

解

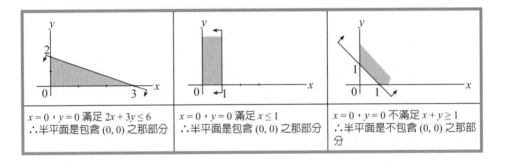

$x = 0$，$y = 0$ 滿足 $2x + 3y \leq 6$ $\therefore$ 半平面是包含 $(0, 0)$ 之那部分	$x = 0$，$y = 0$ 滿足 $x \leq 1$ $\therefore$ 半平面是包含 $(0, 0)$ 之那部分	$x = 0$，$y = 0$ 不滿足 $x + y \geq 1$ $\therefore$ 半平面是不包含 $(0, 0)$ 之那部分

例 6. 試繪 $\begin{cases} 2x + 3y \leq 6 \\ x \leq 1 \\ x + y \geq 1 \end{cases}$ 之區域

解

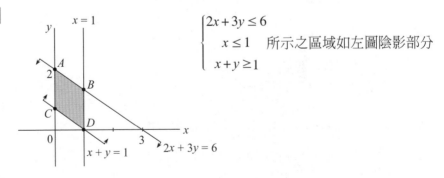

$\begin{cases} 2x + 3y \leq 6 \\ x \leq 1 \\ x + y \geq 1 \end{cases}$　所示之區域如左圖陰影部分

例 7. 求上例 A, B, C, D 四點之座標：

解　A 點是 $2x + 3y = 6$ 與 y 軸之交點　$\therefore$ A 之座標為 $(0, 2)$

B 點是 $2x + 3y = 6$ 與 $x = 1$ 之交點，解

$$\begin{cases} 2x + 3y = 6 \\ x = 1 \end{cases}$$ 得 $x = 1$，$y = \dfrac{4}{3}$，即 B 之座標為 $\left(1, \dfrac{4}{3}\right)$

C 點是 $x + y = 1$ 與 y 軸之交點　∴ C 之座標 $(0, 1)$

D 點是 $x + y = 1$ 與 x 軸之交點　∴ D 之座標 $(1, 0)$

線性規劃之圖解法

線性規劃（Linear programming 簡稱 LP）是最適化理論之重要一支。

LP之極小值問題之標準形式	LP之極大值問題之標準形式
min $\quad Z = c_1x_1 + c_2x_2$ ——目標函數 s.t. $\quad \begin{array}{l} a_{11}x_1 + a_{12}x_2 \geq b_1 \\ a_{21}x_1 + a_{22}x_2 \geq b_2 \\ \cdots\cdots \end{array} \Big\}$ 限制條件 $\quad\quad x_1 \cdot x_2 \geq 0$	max $\quad Z = c_1x_1 + c_2x_2$ ——目標函數 s.t. $\quad \begin{array}{l} a_{11}x_1 + a_{12}x_2 \leq b_1 \\ a_{21}x_1 + a_{22}x_2 \leq b_2 \\ \cdots\cdots \end{array} \Big\}$ 限制條件 $\quad\quad x_1 \geq 0$，$x_2 \geq 0$
s.t. 全文是 subject to.	

LP 由二大部分組成：一是**目標函數**（Object function），一是**限制條件**（Constraint），LP 討論的是如何在滿足限制條件下求取目標函數之極大值或極小值。

LP 理論告訴我們，由限制條件形成之區域稱為**可行區域**（Feasible region）其**端點**（Corner point）**是限制條件之交點也就是最適解之所在。**

因此，在解 LP 問題時，首先要求可行解區域，然後求端點，最後將端點座標代入目標函數比較。

例 8. max $\quad Z = 3x_1 + 5x_2$

$\quad\quad$ s.t. $\quad x_1 + 2x_2 \leq 4$

$\quad\quad\quad\quad\quad 3x_1 + 2x_2 \geq 6$

$\quad\quad\quad\quad\quad x_1, x_2 \geq 0$

解 1. 先繪可行解，並求出端點：

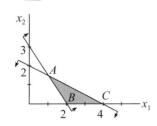

A 之座標：解 $\begin{cases} x_1 + 2x_2 = 4 \\ 3x_1 + 2x_2 = 6 \end{cases}$

得 $x_1 = 1$，$x_2 = \dfrac{3}{2}$，即 $A\left(1, \dfrac{3}{2}\right)$

B 之座標：$x_1 + 2x_2 = 4$ 與 x_1 軸之交點，即 $B(0, 2)$

C 之座標：$x_1 + 2x_2 = 4$ 與 x_1 軸之交點，即 $C(0, 4)$

2. 求各端點對應之目標值：

端點	目標值
$\left(1, \dfrac{3}{2}\right)$	$3x_1 + 5x_2 = 3 \cdot 1 + 5 \cdot \dfrac{3}{2} = \dfrac{21}{2}$
$(0, 2)$	$3x_1 + 5x_2 = 3 \cdot 0 + 5 \cdot 2 = 10$
$(0, 4)$	$3x_1 + 5x_2 = 3 \cdot 0 + 5 \cdot 4 = 20$

$\therefore$ 最大值為 20。

例 9. 若例 8 改為 min $Z = 3x_1 + 5x_2$ 那麼最小值為何？

解 由例 8.$B(0, 2)$ 之目標值為 10 是三個端點中目標值最小者，因此最小值 10。

線性函數之應用－損益平衡分析

管理學上所稱之**損益平衡分析**（Break even analysis）是要找出一個產出量以使得在那個量的總收入和總成本相等，那個產出量稱為**損益平衡點**（Break even point; BEP）。

令 p = 產品單價，x = 產出水準，v：單位變動成本，F 為固定成本，因此，銷售 x 單位產品時之總銷貨收入 $R(x) = px$，總成本 $C(x) = vx + F$，令總收入＝總成本：

$$px = vx + F$$

移項得損益平衡點之數量 x：$x = \dfrac{F}{p - v}$

$p\text{-}v$ 稱為**邊際貢獻**（Marginal contribution）

例 10. 某產品單價 \$5，單位變動成本 \$3，固定成本為 \$10,000。
問 (1) 邊際貢獻
(2) 損益平衡時之銷售量

解 (1) 邊際貢獻 $p - v = 5 - 3 = \$2$
(2) 損益平衡點 $x = \dfrac{F}{p - v} = \dfrac{10,000}{5 - 3} = 5,000$ 個

例**11.** 有二個方案可降低生產成本，方案一，它的成本函數為 $C_1(x) = 2x + 500$，方案二之成本函數 $C_2(x) = 5x + 200$，企業應如何決定採用那個方案？

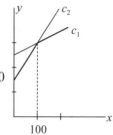

解 令 $C_1(x) = C_2(x)$，$2x + 500 = 5x + 200$，解之 $x = 100$
若產量 $x \leq 100$ 時採方案二
若產量 $x \geq 100$ 時採方案一

線性函數之經濟應用

經濟學有**需求函數**（Demand function）與**供給函數**（Supply function）：
(1) 需求函數——需求函數描述價格 P 與需求量 Q 之關係，需求曲線是由左上向右下延伸，當需求曲點為直線時稱為線性需求函數，$Q_d = a - bP$，$b > 0$。
(2) 供給函數——供給函數描述價格 P 與廠商供應量 Q 之關係，供給函數是由左下方向右上延伸，當供給曲線為直線時稱線性供給函數，以 $Q_s = c + dP$，$d > 0$ 表之。
需求曲線與供給曲線之交點稱為供需平衡點。

練習 1.5

1. 試求滿足下列條件之直線方程式
   (1) 過 $(1, 2)$，$(-3, 4)$ 之直線方程式
   (2) 過 $(1, 2)$ 斜率為 -2 直線方程式
   (3) 求過 $(2, 3)$ 且與過 $(1, 2)$ 斜率為 -2 之直線平行之直線方程式
   (4) 求與過 $(1, 2)$，$(1, 7)$ 之直線垂直且過 $(3, 3)$ 之直線方程式
   (5) 與過 $(3, 5)$、$(-1, 5)$ 之直線垂直且過 $(2, 4)$ 之直線方程式
   (6) x 截距為 3，y 截距為 2 之直線方程式
   (7) 與 x 截距為 3，y 截距為 2 之直線垂直且過 $(1, 4)$ 之直線方程式
2. 解下列 LP 問題（需繪出可行區域）

   (1) max $2x_1 + 3x_2$ (2) max $x_1 + 5x_2$
       s.t. $x_1 \leq 2$ s.t. $x_1 + x_2 \leq 3$
                  $x_1 + 2x_2 \leq 4$ $-2x_1 + x_2 \leq 2$
                  $x_1 \geq 0, x_2 \geq 0$ $x_1 \geq 0, x_2 \geq 0$
3. 若需求函數 $Q_d = a - bP$，$b > 0$，供給函數 $Q_s = c + dP$，$d > 0$，求供需平衡點

第2章
極限與連續

2.1 直觀極限、連續與單邊極限

學習目標
- 直觀了解極限與連續
- 單邊極限

極限（Limit）在微積分裡占有很重要的地位，因為之後討論的微分、定積分等之理論均建立在極限的基礎上。但正式之極限定義是要用所謂 $\varepsilon - s$ 法，這對商管科系初學微積分者可能略嫌深澀，因此，本書以一般商用微積分通例先以直觀之方式引導讀者理解什麼是極限以及如何計算極限。下節我們將對極限下個直觀定義。

$\lim_{x \to a} f(x) = l$ 之直觀意義

想像 x 為一動點（a 為固定值），x 由 a 之左邊不斷地向 a 逼近，可得到一個左極限 l_1，以 $\lim_{x \to a^-} f(x) = l_1$ 表之，同樣地，由 a 之右邊不斷地向 a 逼近，則又可得到右極限 l_2，以 $\lim_{x \to a^+} f(x) = l_2$ 表之，如果 $l_1 = l_2 = l$，便稱 $f(x)$ 在 x 趨近 a 時之極限存在，而這個極限就是 l。

若二邊無法趨向某一特定值，那麼 $f(x)$ 在 $x = a$ 處之極限不存在。

注意	應注意的是，$x \to a$ 表示 x 不斷地趨近定值 a，但是 $x \neq a$。當 $x - a$ 之因子被除去後，才能代 $x = a$。

例 1. 我們以 $\lim_{x \to 1} (3x - 1)$ 為例估算過程與幾何圖示說明之：

趨近過程	幾何圖示
我們在 1 之左右鄰近取值： $\begin{array}{c\|ccc} x & 0.997 & 0.998 & 0.999 \\ \hline f(x) & 1.991 & 1.994 & 1.997 \end{array}$ $\begin{array}{c\|ccc} 1 & 1.001 & 1.002 & 1.003 \\ \hline ? & 2.003 & 2.006 & 2.009 \end{array}$ 因此，當 x 趨近 1 時，$f(x) = 3x - 1$ 趨近 2，即 $\lim_{x \to 1} (3x - 1) = 2$	

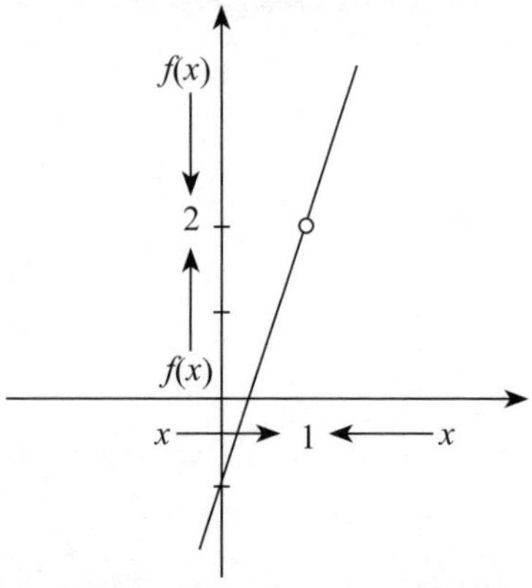

例 2. 依例 1. 之方式求 $\lim_{x \to 1} \dfrac{x^2 - 1}{x - 1}$

解

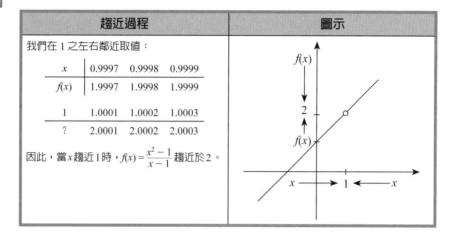

趨近過程	圖示
我們在 1 之左右鄰近取值：	

x	0.9997	0.9998	0.9999
$f(x)$	1.9997	1.9998	1.9999
1	1.0001	1.0002	1.0003
?	2.0001	2.0002	2.0003

因此，當 x 趨近 1 時，$f(x) = \dfrac{x^2 - 1}{x - 1}$ 趨近於 2。

在例 1. 中，我們彷彿是將 $x = 1$ 代入 $f(x) = (3x - 1)$ 中，在例 2. 彷彿是將 $x = 1$ 代入 $f(x) = \dfrac{x^2 - 1}{x - 1} = \left(\dfrac{(x-1)(x+1)}{x-1}\right) = x + 1$ 中。事實上這種**「先消後代」是計算函數極限之基本方法。**

從直觀極限到直觀連續

在過往學習數學的經驗，如果 $y = f(x)$ 是一個多項式函數，那麼 $y = f(x)$ 之圖形上沒有所謂的洞「**洞**」（Hold）或**斷裂**（Gap）的地方，換句話說，給你一個多項式函數之圖形，你可「一筆劃」地將它描繪出來。直覺地，若函數 $f(x)$ 之圖形為連續時，如例 1 之 $y = 3x - 1$，不論 x 從左右那一邊趨向 a，$y = f(x)$ 都會趨近 $f(a)$，亦即 $\lim_{x \to a} f(x) = f(a)$。

如果例 2. 之 $y = f(x)$ 定義為

$$f(x) = \begin{cases} \dfrac{x^2 - 1}{x - 1}, & x \neq 1 \\ 1, & x = 1 \end{cases}$$

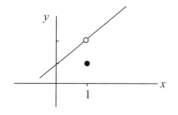

讀者可試 $\lim_{x \to 1} f(x) = \lim_{x \to 1} \dfrac{x^2 - 1}{x - 1} = 2$

但此時 $f(x)$ 之圖形在 $x = 1$ 處有一個斷裂。

同時我們發現到 $\lim_{x \to 1} \dfrac{x^2 - 1}{x - 1} \neq f(1)$

例 3. 若 $f(x) = \begin{cases} x+1 & , x>1 \\ x & , x \le 1 \end{cases}$ 依例 1. 之方式，求 $\lim\limits_{x \to 1} f(x)$

趨近過程	圖示
我們在 1 之左右鄰近取值： 表格如下： 因此，當 x 趨近 1 時，$f(x)$ 不可能趨近某個值，亦即 $\lim\limits_{x \to 1} f(x)$ 不存在	

x	0.998	0.999	1	1.001	1.002
$f(x)$	0.998	0.999	?	2.001	2.002

在例 3. 你無法一筆劃地描出 $y = f(x)$ 之圖形。

值得注意的是，有些函數如 $y = \sqrt{x}$，$x \ge 0$ 乍看之下應是連續函數，但其實 $y = \sqrt{x}$ 在 $x = 0$ 處，x 可從右邊趨近 0，但左邊不行（因為 $x < 0$ 時 $\sqrt{x} \notin R$），所以 $y = \sqrt{x}$ 在 $x = 0$ 處不連續，其餘各點均連續，且 $\lim\limits_{x \to a} f(x) = f(a)$，$a \ne 0$。

至此我們有三個結論：

1. **若 $y = f(x)$ 為連續則 $\lim\limits_{x \to a} f(x)$ 與 $f(a)$ 存在且 $\lim\limits_{x \to a} f(x) = f(a)$**，這是函數連續之定義。我們將在 2.4 節再做進一步之討論。

2. **$y = f(x)$ 是多項式函數則它必為連續函數**，這是一個很重要的結果，因我們解函數極限時常要用到它。**因此若 $f(x)$ 是多項式函數，要求 $f(x)$ 在 $x \to a$ 之極限值（即 $\lim\limits_{x \to a} f(x)$），只需求 $f(a)$ 即可。**

3. **若 $\lim\limits_{x \to a} f(x) = l$ 則 $\lim\limits_{x \to a^+} f(x) = l$ 且 $\lim\limits_{x \to a^-} f(x) = l$**，但若只知 $\lim\limits_{x \to a^+} f(x) = l$ 或 $\lim\limits_{x \to a^-} f(x) = l$ 並不保證 $\lim\limits_{x \to a} f(x) = l$（如例 4(2)）

例 4. (1) 若 $\lim\limits_{x \to 1} f(x) = 3$ 求 $\lim\limits_{x \to 1^-} f(x)$　(2) $\lim\limits_{x \to 1^+} f(x) = 3$，求 $\lim\limits_{x \to 1} f(x)$

解 (1) $\lim\limits_{x \to 1} f(x) = 3$ $\therefore \lim\limits_{x \to 1^-} f(x) = 3$

(2) $\because$ 不知 $\lim\limits_{x \to 1^-} f(x) = ?$ $\therefore \lim\limits_{x \to 1} f(x)$ 無法得知是否存在。

單邊極限

不見得每個函數在求極限都要討論單邊極限（即分別求左、右極限），在本節將介紹一些需討論左右極限的例子。細心的讀者可發現在求 $\lim\limits_{x \to a} f(x)$ 時若 $x = a$ 恰落在圖形斷點、轉折處或端點處，往往要討論左、右極限。

我們舉一些必須考慮單邊極限的類型，希讀者體會之。

一些需考慮左右極限的情況

類型	例題	圖形
$\lim\limits_{x \to a} \sqrt[n]{x-a}$ n 為偶數	$\lim\limits_{x \to 0^+} \sqrt{x}=0$，$\lim\limits_{x \to 0^-} \sqrt{x}$ 不為實數，不存在 $\therefore \lim\limits_{x \to 0} \sqrt{x}$ 不存在 同樣地，$\lim\limits_{x \to 1} \sqrt{x-1}$ 不存在	
$\lim\limits_{x \to 0} \dfrac{\|x\|}{x}$	$\lim\limits_{x \to 0} \dfrac{\|x\|}{x}$: $\dfrac{\|x\|}{x}=\begin{cases} 1 \text{，} x>0 \\ -1 \text{，} x<0 \end{cases}$ $\therefore \lim\limits_{x \to 0^+} \dfrac{\|x\|}{x}=1$，$\lim\limits_{x \to 0^-} \dfrac{\|x\|}{x}=-1$ $\lim\limits_{x \to 0} \dfrac{\|x\|}{x}$ 不存在。 $f(x)$ 除 $x=0$ 外處處連續	
分段函數 例如 $f(x)=\begin{cases} g(x) \text{，} a \le x \le b \\ h(x) \text{，} x < a \end{cases}$ 之 $\lim\limits_{x \to a} f(x)$（轉折點）或 $\lim\limits_{x \to b} f(x)$（端點）	$f(x)=\begin{cases} x^2 \text{，} x<0 \\ x+1 \text{，} x \ge 0 \end{cases}$ $\lim\limits_{x \to 0^+} f(x)=\lim\limits_{x \to 0^+}(x+1)=1$ $\lim\limits_{x \to 0^-} f(x)=\lim\limits_{x \to 0^-}(x^2)=0$ $\therefore \lim\limits_{x \to 0} f(x)$ 不存在。 $f(x)$ 除 $x=0$ 外處處連續	

本節我們將進一步討論單邊極限，重心將放在變數變換，**微積分許多難題都要靠變數變換而得以解決。**

例 5. 問 $\lim\limits_{x\to 1}\dfrac{|x-1|}{x-1}$ 是否存在？

解

	解答
方法一 變數變換，取 $y=x-1$	$\lim\limits_{x\to 1}\dfrac{|x-1|}{x-1}\overset{y=x-1}{=\!=\!=}\lim\limits_{y\to 0}\dfrac{|y|}{y}$ 不存在
方法二	$\lim\limits_{x\to 1^+}\dfrac{|x-1|}{x-1}=\lim\limits_{x\to 1^+}\dfrac{x-1}{x-1}=1$ $\lim\limits_{x\to 1^-}\dfrac{|x-1|}{x-1}=\lim\limits_{x\to 1^-}\dfrac{-(x-1)}{x-1}=-1$ $\because \lim\limits_{x\to 1^+}\dfrac{|x-1|}{x-1}\neq \lim\limits_{x\to 1^-}\dfrac{|x-1|}{x-1}$ $\therefore \lim\limits_{x\to 1}\dfrac{|x-1|}{x-1}$ 不存在

　　例5若改求 $\lim\limits_{x\to 3}\dfrac{|x-1|}{x-1}$ 結果如何？我們可直接代值，得 $\lim\limits_{x\to 3}\dfrac{|x-1|}{x-1}=\dfrac{|3-1|}{3-1}=$ $\dfrac{2}{2}=1$，這和例 5 之差別是 $x>1$ 時，$f(x)=\dfrac{|x-1|}{x-1}=1$，這是常數多項式，因此 $\lim\limits_{x\to 3}f(x)=1$。

　　$[x]$ 為高斯符號，當 $n\leq x < n+1$，$n\in z$ 時，定義 $[x]=n$，例如 $x=2.3$，$\because 3>2.3\geq 2 \therefore [2.3]=2$，同理 $[\pi]=[3.14]=3$，$[-2.3]=-3\cdots$

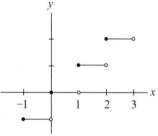

例 6. 求 (1) $\lim\limits_{x\to 1}[x]$　　(2) $\lim\limits_{x\to 1.6}[x]$

解

提示	解答
在 $x=1$ 處 $f(x)=[x]$ 有斷點 $\Rightarrow$ 左，右極限	$\lim\limits_{x\to 1^+}[x]=1$ $\lim\limits_{x\to 1^-}[x]=0$ $\because \lim\limits_{x\to 1^+}[x]\neq \lim\limits_{x\to 1^-}[x]$　　$\therefore \lim\limits_{x\to 1}[x]$ 不存在
在 $x=1.6$ 處 $f(x)=[x]$ 為連貫 $\Rightarrow \lim\limits_{x\to 1.6}[x]=[1.6]$	$\lim\limits_{x\to 1.6}[x]=[1.6]=1$

練習 2.1

1. 計算：

(1) $\lim\limits_{x \to 1^-} \sqrt[4]{1-x}$

(2) $\lim\limits_{x \to 1} \sqrt{x+1}$

(3) $\lim\limits_{x \to -1^+} \sqrt{x+1}$

(4) $\lim\limits_{x \to -1} \sqrt[3]{x+1}$

(5) $\lim\limits_{x \to 1} \sqrt[3]{x-1}$

(6) $\lim\limits_{x \to 1} \sqrt{x^2+1}$

(7) $\lim\limits_{x \to 3^+} \dfrac{|x-3|}{x-3}$

(8) $\lim\limits_{x \to 2^+} \sqrt{x-2}$

(9) $\lim\limits_{x \to 5^-} \sqrt{x-2}$

(10) $\lim\limits_{x \to 3^-} \sqrt{x-2}$

(11) $\lim\limits_{x \to 0} \dfrac{|x-1|}{x-1}$

(12) $\lim\limits_{x \to 4} \sqrt[5]{3-x}$

2. 若 $\lim\limits_{x \to a} f(x) = l$ 成立，那麼下列敘述何者成立？

(1) $\lim\limits_{x \to a^+} f(x) = l$

(2) $\lim\limits_{x \to a^-} f(x) = l$

(3) $\lim\limits_{x \to a^+} f(x)$ 可能不為 l

3. 根據下圖求 $\lim\limits_{x \to a} f(x)$

(1)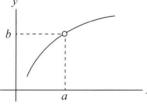

(2)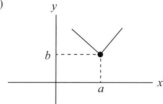

(3)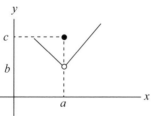

(4)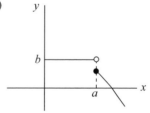

2.2　極限之基本解法

極限直觀定義

【定義】　$\lim\limits_{x \to a} f(x) = l$ 意指 x 由 a 之二邊充分接近 a（但 $x \neq a$），$f(x)$ 就可任意接

近 l 則稱 x 趨近 a 時 $f(x)$ 之極限為 l，記做 $\lim\limits_{x \to a} f(x) = l$。

極限定理

【定理 A】　若 $\lim\limits_{x \to a} f(x)$ 與 $\lim\limits_{x \to a} g(x)$ 均存在，則：

（加則）$\lim\limits_{x \to a} [f(x) + g(x)] = \lim\limits_{x \to a} f(x) + \lim\limits_{x \to a} g(x)$

（減則）$\lim\limits_{x \to a} [f(x) - g(x)] = \lim\limits_{x \to a} f(x) - \lim\limits_{x \to a} g(x)$

（乘則）$\lim\limits_{x \to a} [f(x) \cdot g(x)] = \lim\limits_{x \to a} f(x) \cdot \lim\limits_{x \to a} g(x)$

$\lim\limits_{x \to a} c\,f(x) = c \lim\limits_{x \to a} f(x)$

（除則）$\lim\limits_{x \to a} \dfrac{g(x)}{f(x)} = \dfrac{\lim\limits_{x \to a} g(x)}{\lim\limits_{x \to a} f(x)}$，$\lim\limits_{x \to a} f(x) \neq 0$

（冪則）若 $[\lim\limits_{x \to a} f(x)]^p$ 存在則 $\lim\limits_{x \to a} [f(x)]^p = [\lim\limits_{x \to a} f(x)]^p$

（根則）當 n 為偶數時 $\lim\limits_{x \to a} f(x) > 0$，則 $\lim\limits_{x \to a} \sqrt[n]{f(x)} = \sqrt[n]{\lim\limits_{x \to a} f(x)}$。

在「除則」裡，若 $\lim\limits_{x \to a} f(x) \neq 0$，則「除則」毫無問題自然成立，但若
$\lim\limits_{x \to a} f(x) = 0$ 時，$g(x)$ 有下列二種情況：

1. $\lim\limits_{x \to a} g(x) = 0$ 時，$\lim\limits_{x \to a} \dfrac{g(x)}{f(x)}$ 為不定式，其極限可能存在也可能不存在。

2. $\lim\limits_{x \to a} g(x) \neq 0$ 時，$\lim\limits_{x \to a} \dfrac{g(x)}{f(x)}$ 不存在。

【定理 B】　若 $f(x) = c_0 + c_1 x + c_2 x^2 + \cdots + c_n x^n$，則 $\lim_{x \to a} f(x) = c_0 + c_1 a + c_2 a^2 + \cdots + c_n a^n = f(a)$

例 1.　求 $\lim_{x \to 1} \dfrac{\sqrt{x} - 3}{x^2 + 1}$

解　$\lim_{x \to 1} \dfrac{\sqrt{x} - 3}{x^2 + 1} = \dfrac{\lim_{x \to 1}(\sqrt{x} - 3)}{\lim_{x \to 1}(x^2 + 1)} = \dfrac{\lim_{x \to 1}(\sqrt{x} - 3)}{\lim_{x \to 1} x^2 + \lim_{x \to 1} 1}$

$= \dfrac{\sqrt{\lim_{x \to 1} x} - \lim_{x \to 1} 3}{\left(\lim_{x \to 1} x\right)^2 + \lim_{x \to 1} 1} = \dfrac{\sqrt{1} - 3}{(1)^2 + 1} = -1$

例 2.　求 $\lim_{x \to 3} \dfrac{x + 2}{x - 3}$

解　$\lim_{x \to 3} \dfrac{x + 1}{x - 3} = \dfrac{\lim_{x \to 3}(x + 2)}{\lim_{x \to 3}(x - 3)} = \dfrac{\lim_{x \to 3} x + \lim_{x \to 3} 2}{\lim_{x \to 3} x - \lim_{x \to 3} 3}$

$= \dfrac{3 + 2}{3 - 3} = \dfrac{5}{0}$　∴不存在。

基本不定式解法

　　為了說明什麼是**不定式**（Indeterminate forms），先看 $\lim_{x \to 1} \dfrac{x - 1}{x - 1} = 1$，再回頭看 2.1 節例 2.：$\lim_{x \to 1} \dfrac{x^2 - 1}{x - 1} = 2$，它們都是 $\dfrac{0}{0}$ 形式之不定式。$\lim_{x \to a} \dfrac{g(x)}{f(x)}$ $= \dfrac{\lim_{x \to a} g(x)}{\lim_{x \to a} f(x)} = \dfrac{0}{0}$ 時會因 $f(x)$，$g(x)$ 不同而使得 $\lim_{x \to a} \dfrac{g(x)}{f(x)}$ 有不同之極限，當然也可能不存在。不定式之形式除 $\dfrac{0}{0}$ 外還有 $\dfrac{\infty}{\infty}$，$\infty - \infty$，1^∞，$0 \cdot \infty$ 等，我們在第 5 章還會介紹。

　　在本子節，我們將介紹一些常見之不定式求（主要是 $\dfrac{0}{0}$ 形）極限的方法。

因式分解法

　　$f(x)$ 為一 n 次多項式則 $\lim_{x \to a} f(x) = f(a)$，因此 $\lim_{x \to a} \dfrac{g(x)}{f(x)} = \dfrac{\lim_{x \to a} g(x)}{\lim_{x \to a} f(x)}$ 為 $\dfrac{0}{0}$ 型時，$g(x)$ 與 $f(x)$ 必定有公因式 $x - a$，因此可將 $(x - a)$ 提出消掉。

能用因式分解的極限問題，通常可用 L'Hospital 法則輕易求解（見 5.4 節）。

例 3. 求 $\lim\limits_{x \to -1} \dfrac{x^2 + x}{2x^2 + 3x + 1}$

解 $\lim\limits_{x \to -1} \dfrac{x^2 + x}{2x^2 + 3x + 1} = \lim\limits_{x \to -1} \dfrac{x(x+1)}{(2x+1)(x+1)} = \lim\limits_{x \to -1} \dfrac{x}{2x+1} = \dfrac{-1}{-1} = 1$

例 4. 求 $\lim\limits_{x \to 1} \dfrac{x^5 - x^3 - x^2 + 1}{x^5 - 3x^2 + x + 1}$

解

綜合除法	解答
$x^5 - x^3 - x^2 + 1$: $\begin{array}{rrrrrr\|l} 1 & 0 & -1 & -1 & 0 & 1 \\ & 1 & 1 & 0 & -1 & -1 & 1 \\ \hline 1 & 1 & 0 & -1 & -1 & 0 \\ & 1 & 2 & 2 & 1 & & 1 \\ \hline 1 & 2 & 2 & 1 & 0 & \end{array}$ $\therefore x^5 - x^3 - x^2 + 1 = (x-1)^2(x^3 + 2x^2 + 2x + 1)$ $x^5 - 3x^2 + x - 1$: $\begin{array}{rrrrrr\|l} 1 & 0 & 0 & -3 & 1 & 1 \\ & 1 & 1 & 1 & -2 & -1 & 1 \\ \hline 1 & 1 & 1 & -2 & -1 & 0 \\ & 1 & 2 & 3 & 1 & & 1 \\ \hline 1 & 2 & 3 & 1 & 0 & \end{array}$ $\therefore x^5 - 3x^2 + x + 1 = (x-1)^2(x^3 + 2x^2 + 3x + 1)$	$\lim\limits_{x \to 1} \dfrac{x^5 - x^3 - x^2 + 1}{x^5 - 3x^2 + x + 1} \quad \left(\dfrac{0}{0}\right)$ $= \lim\limits_{x \to 1} \dfrac{(x-1)^2(x^3 + 2x^2 + 2x + 1)}{(x-1)^2(x^3 + 2x^2 + 3x + 1)}$ $= \lim\limits_{x \to 1} \dfrac{x^3 + 2x^2 + 2x + 1}{x^3 + 2x^2 + 3x + 1}$ $= \dfrac{6}{7}$

變數變換法

變數變換之技巧在微積分中是很重要的，它不僅可降低計算上之難度外，有時還能將看似不可能解決的問題得以解決，這點我們已在上節強調過了。

例 5. 求 $\lim\limits_{x \to -1} \dfrac{\sqrt[3]{x} + 1}{x + 1}$

解

解析	解答
方法一　因式分解法 利用 $a^3 + b^3 = (a+b)(a^2 - ab + b^2)$	$\lim\limits_{x \to 1} \dfrac{\sqrt[3]{x} + 1}{x + 1}$ $= \lim\limits_{x \to 1} \dfrac{\sqrt[3]{x} + 1}{(\sqrt[3]{x} + 1)(\sqrt[3]{x^2} - \sqrt[3]{x} + 1)}$ $= \lim\limits_{x \to -1} \dfrac{1}{(\sqrt[3]{x^2} - \sqrt[3]{x} + 1)} = \dfrac{1}{3}$
方法二　變數變換 取 $y = \sqrt[3]{x}$，則 $x \to -1$ 時 $y \to -1$	$\lim\limits_{x \to -1} \dfrac{\sqrt[3]{x} + 1}{x + 1}$ $\underset{\text{\small$y = \sqrt[3]{x}$}}{=\!=\!=} \lim\limits_{y \to -1} \dfrac{y + 1}{y^3 + 1}$ $= \lim\limits_{y \to -1} \dfrac{(y + 1)}{(y + 1)(y^2 - y + 1)}$ $= \lim\limits_{y \to -1} \dfrac{1}{y^2 - y + 1} = \dfrac{1}{3}$

例 **6.** 求 $\lim\limits_{x \to 1} \dfrac{\sqrt[4]{x} - 1}{\sqrt{x} - 1}$

解

解析	解答
方法一　變數變換 極限式 $\dfrac{\sqrt[4]{x} - 1}{\sqrt{x} - 1} = \dfrac{x^{\frac{1}{4}} - 1}{x^{\frac{1}{2}} - 1}$，因為式中之冪次為 $\dfrac{1}{4}$，$\dfrac{1}{2}$，分母之最小公倍數為 4，令 $y = x^{\frac{1}{4}}$，則 $x \to 1$ 時 $y = x^{\frac{1}{4}} \to 1$，如此便可用因式分解法。	$\lim\limits_{x \to 1} \dfrac{\sqrt[4]{x} - 1}{\sqrt{x} - 1} \underset{\text{\small$y = x^{\frac14}$}}{=\!=\!=} \lim\limits_{y \to 1} \dfrac{y - 1}{y^2 - 1} = \lim\limits_{y \to 1} \dfrac{y - 1}{(y - 1)(y + 1)}$ $= \lim\limits_{y \to 1} \dfrac{1}{y + 1} = \dfrac{1}{2}$
方法二　因式分解法	$\lim\limits_{x \to 1} \dfrac{\sqrt[4]{x} - 1}{\sqrt{x} - 1} = \lim\limits_{x \to 1} \dfrac{\sqrt[4]{x} - 1}{(\sqrt[4]{x} - 1)(\sqrt[4]{x} + 1)} = \lim\limits_{x \to 1} \dfrac{1}{\sqrt[4]{x} + 1}$ $= \dfrac{1}{2}$

準有理化法[註]

本法主要是針對分子或分母或二者帶根號之式子之極限問題。在求 $x \to a$ 之 $\dfrac{0}{0}$ 不定式，**在準有理化過程中一定可將 $x - a$ 提出消掉**。

註：本方法和我們熟知之有理化法有少許不同，但一般作者是用例子帶過，作者乃嘗試用準有理化法這個名詞，目的是希望讀者能回想其中之技巧。

例 **7.** 求 $\lim\limits_{x \to 9} \dfrac{x-9}{\sqrt{x}-3}$

解

	解答
方法一　準有理化法	$\lim\limits_{x \to 9} \dfrac{x-9}{\sqrt{x}-3} = \lim\limits_{x \to 9} \dfrac{x-9}{\sqrt{x}-3} \cdot \dfrac{\sqrt{x}+3}{\sqrt{x}+3} = \lim\limits_{x \to 9} \dfrac{(x-9)(\sqrt{x}+3)}{x-9}$ $= \lim\limits_{x \to 9} (\sqrt{x}+3) = \sqrt{9}+3 = 6$
方法二　變數變換	$\lim\limits_{x \to 9} \dfrac{x-9}{\sqrt{x}-3} \xlongequal{y=\sqrt{x}} \lim\limits_{y \to 3} \dfrac{y^2-9}{y-3} = \lim\limits_{y \to 3} \dfrac{(y-3)(y+3)}{y-3} = \lim\limits_{y \to 3} (y+3) = 6$

例 **8.** 求 $\lim\limits_{x \to 1} \dfrac{1-\sqrt{x}}{1-\sqrt[3]{x}}$

解

	解答
方法一　準有理化	$\lim\limits_{x \to 1} \dfrac{1-\sqrt{x}}{1-\sqrt[3]{x}}$ $= \lim\limits_{x \to 1} \dfrac{1-\sqrt{x}}{1-\sqrt[3]{x}} \cdot \dfrac{1+\sqrt[3]{x}+\sqrt[3]{x^2}}{1+\sqrt[3]{x}+\sqrt[3]{x^2}} \cdot \dfrac{1+\sqrt{x}}{1+\sqrt{x}}$ $= \lim\limits_{x \to 1} \dfrac{(1-\sqrt{x})(1+\sqrt{x})}{(1-\sqrt[3]{x})(1+\sqrt[3]{x}+\sqrt[3]{x^2})} \lim\limits_{x \to 1} \dfrac{1+\sqrt[3]{x}+\sqrt[3]{x^2}}{1+\sqrt{x}}$ $= \lim\limits_{x \to 1} \dfrac{1-x}{1-x} \lim\limits_{x \to 1} \dfrac{1+\sqrt[3]{x}+\sqrt[3]{x^2}}{1+\sqrt{x}} = \lim\limits_{x \to 1} \dfrac{1+\sqrt[3]{x}+\sqrt[3]{x^2}}{1+\sqrt{x}} = \dfrac{3}{2}$
方法二　變數變換	$\lim\limits_{x \to 1} \dfrac{1-\sqrt{x}}{1-\sqrt[3]{x}}$ $\xlongequal{y=x^{\frac{1}{6}}} \lim\limits_{y \to 1} \dfrac{1-y^3}{1-y^2} = \lim\limits_{y \to 1} \dfrac{(1-y)(1+y+y^2)}{(1-y)(1+y)}$ $= \lim\limits_{y \to 1} \dfrac{1+y+y^2}{1+y} \equiv \dfrac{3}{2}$

$\sqrt{x}$，$\sqrt[3]{x}$ 冪次分母2, 3之最小公倍數6，我們取 $y=x^{\frac{1}{6}}$，目的是把極限之根號脫掉，以便應用因式分解法求極限。

擠壓定理

【定理 C】　（擠壓定理）在某個區間 I 中，若 $f(x) \geq g(x) \geq h(x)$，且 $\lim\limits_{x \to a} f(x) = \lim\limits_{x \to a} h(x) = l$ 則 $\lim\limits_{x \to a} g(x) = l$，其中 $a \in I$。

定理 C 即有名的**擠壓定理**（Squeezing theorem），又稱為**三明治定理**（Sandwich theorem）。擠壓定理看起來很面熟，若和實數某些性質對照下可加深記憶。

實數性質	擠壓定理
$x \geq y \geq z$ 若 $x = l$，$z = l$ 則 $y = l$	$f(x) \geq g(x) \geq h(x)$ $\lim\limits_{x \to a} f(x) = \lim\limits_{x \to a} h(x) = l$ 則 $\lim\limits_{x \to a} g(x) = l$

注意	1. 在應用擠壓定理求 $\lim\limits_{x \to a} g(x)$ 時，首先要找到二個函數 $f(x)$、$h(x)$，滿足 $f(x) \geq g(x) \geq h(x)$ 在包括 a 之區間中均成立，而且 $\lim\limits_{x \to a} f(x) = \lim\limits_{x \to a} h(x)$。 2. 擠壓定理在 a 為 ∞ 或 $-\infty$ 時亦適用。

例 9. 在 $[-1, 1]$ 中，$f(x)$ 滿足 $1 + x^2 \geq f(x) \geq 1 - x^2$，求 $\lim\limits_{x \to 0} f(x)$

解 $\because \lim\limits_{x \to 0} (1 + x^2) = \lim\limits_{x \to 0} (1 - x^2) = 1$

$\therefore \lim\limits_{x \to 0} f(x) = 1$

練習 2.2

1. 若 $\lim\limits_{x \to 3} f(x) = 2$，$\lim\limits_{x \to 3} g(x) = -1$，

 求 (1) $\lim\limits_{x \to 3} \dfrac{f(x) - x}{x(g(x) - 1)}$ (2) $\lim\limits_{x \to 3} \dfrac{x^2 + xf(x)g(x)}{g(x) + 1}$ (3) $\lim\limits_{x \to 1} f(x)g(x)$

2. 求下列極限

 (1) $\lim\limits_{x \to 0} \dfrac{x^2 + 2x}{x}$ (2) $\lim\limits_{x \to 1} \dfrac{x^2 - 3x + 2}{x^2 - 2x + 1}$

 (3) $\lim\limits_{x \to 1} \dfrac{x^2 - 2x + 1}{x^2 - 3x + 2}$ (4) $\lim\limits_{x \to 2} \dfrac{1}{x - 2}\left[\dfrac{1}{x} - \dfrac{1}{2}\right]$

 (5) $\lim\limits_{x \to 0^+} \dfrac{1}{x}\left[\dfrac{1}{x + 1} - 1\right]$ (6) $\lim\limits_{x \to 1} \dfrac{x^2 - 3x + 2}{x^2 - 4x + 3}$

 (7) $\lim\limits_{x \to 4} \dfrac{x^2 - 16}{x - 4}$ (8) $\lim\limits_{x \to 1^-} \dfrac{x - 1}{\sqrt{x + 1} - \sqrt{2}}$

 (9) $\lim\limits_{x \to 1^+} \dfrac{2 + \sqrt{x}}{1 + \sqrt{x}}$ (10) $\lim\limits_{x \to 1} \dfrac{x^2 + 3x + 2}{x^3 - 1}$

2.3 無窮極限

我們在 1.3 節談區間時已對無窮大有了初步之概念，本節將接續討論無窮極限。

直觀無窮極限

考慮函數 $f(x) = \dfrac{1}{x}$，$x \neq 0$，我們可以直觀的方式理解：

Type	解答
$x \to 0^+$	<table><tr><td>x</td><td>0.1</td><td>0.01</td><td>0.001</td><td>……</td></tr><tr><td>$f(x)$</td><td>10</td><td>100</td><td>1000</td><td>$\to \infty$</td></tr></table> （在不混淆下本書 $+\infty$ 亦寫成 ∞） $\therefore \lim\limits_{x \to 0^+} \dfrac{1}{x} = \infty$
$x \to 0^-$	<table><tr><td>x</td><td>−0.1</td><td>−0.01</td><td>……</td><td>−0.001</td></tr><tr><td>$f(x)$</td><td>−10</td><td>−100</td><td>……</td><td>−1000</td><td>$\to -\infty$</td></tr></table> $\therefore \lim\limits_{x \to 0^-} \dfrac{1}{x} = -\infty$
$x \to +\infty$	<table><tr><td>x</td><td>10</td><td>100</td><td>1000</td><td>……</td></tr><tr><td>$f(x)$</td><td>0.1</td><td>0.01</td><td>0.001</td><td>$\to 0$</td></tr></table> $\therefore \lim\limits_{x \to +\infty} \dfrac{1}{x} = 0$
$x \to -\infty$	<table><tr><td>x</td><td>−10</td><td>−100</td><td>……</td><td>−1000</td></tr><tr><td>$f(x)$</td><td>−0.1</td><td>−0.01</td><td>……</td><td>−0.001</td><td>$\to 0$</td></tr></table> $\therefore \lim\limits_{x \to -\infty} \dfrac{1}{x} = 0$

無窮極限之直觀定義

無窮極限 $\lim\limits_{x \to \infty} f(x) = A$ 或 $\lim\limits_{x \to -\infty} f(x) = B$ 之正式定義對商科讀者來說是沒有必要的，因此，我們以直觀方式定義。

【定義】　$\left(\lim\limits_{x \to \infty} f(x) = A\right)$ 若 x 無止盡地增加時，$f(x)$ 趨近一個數 A，則稱 $f(x)$ 之無

窮極限為 A，以 $\lim\limits_{x \to \infty} f(x) = A$ 表之。

$\left(\lim\limits_{x \to -\infty} f(x) = B\right)$ 若 x 無止盡地減少時，$f(x)$ 趨近一個數 B，則稱 $f(x)$ 之

無窮極限為 B，以 $\lim\limits_{x \to -\infty} f(x) = B$ 表之。

【定義】　$\left(\lim\limits_{x \to c} f(x) = \infty\right)$ 當 $x \to c$ 時 $f(x)$ 無止境地增加，則 $\lim\limits_{x \to c} f(x) = \infty$

$\left(\lim\limits_{x \to c} f(x) = -\infty\right)$ 當 $x \to c$ 時 $f(x)$ 無止境地減少，則 $\lim\limits_{x \to c} f(x) = -\infty$。

無窮大極限定理

【定理 A】　若 $\lim\limits_{x \to \infty} f(x) = A$，$\lim\limits_{x \to \infty} g(x) = B$，$A$，$B$ 為有限值；則

1. $\lim\limits_{x \to \infty} f(x) \pm g(x) = \lim\limits_{x \to \infty} f(x) \pm \lim\limits_{x \to \infty} g(x) = A \pm B$

2. $\lim\limits_{x \to \infty} f(x) \cdot g(x) = \lim\limits_{x \to \infty} f(x) \cdot \lim\limits_{x \to \infty} g(x) = A \cdot B$

3. $\lim\limits_{x \to \infty} \dfrac{g(x)}{f(x)} = \dfrac{\lim\limits_{x \to \infty} g(x)}{\lim\limits_{x \to \infty} f(x)} = \dfrac{B}{A}$，但 $A \neq 0$

4. $\lim\limits_{x \to \infty} [f(x)]^p = [\lim\limits_{x \to \infty} f(x)]^p = A^p$，若 A^p 存在

5. $\lim\limits_{x \to \infty} (a_n x^n + a_{n-1} x^{n-1} + \cdots + a_1 x + a_0) = \lim\limits_{x \to \infty} a_n x^n$

【定理 B】　$\lim\limits_{x \to \infty} \dfrac{a_m x^m + a_{m-1} x^{m-1} + \cdots + a_1 x + a_0}{b_n x^n + b_{n-1} x^{n-1} + \cdots + b_1 x + b_0}$

$$= \begin{cases} \infty，a_m，b_n \text{同號，且 } m > n \text{ 時；} \\ -\infty，a_m，b_n \text{異號，且 } m > n \text{ 時；} \\ \dfrac{a_m}{b_n}，m = n \text{ 且 } b_n \neq 0 \text{ 時；} \\ 0，m < n。 \end{cases}$$

應用定理 B 求 $\lim\limits_{x \to \infty} \dfrac{g(x)}{f(x)}$ 時，我們利用分子、分母中之最高次數項遍除分子、分母便可用視察法決定有理分式之無窮極限。

例 1. 若 $\lim\limits_{x\to\infty}\dfrac{(1+a)x^5+bx^4+7}{x^4+3x+5}=\sqrt{3}$，求 a, b。

解 顯然 $a=-1$, $b=\sqrt{3}$

例 2. 求 1. $\lim\limits_{x\to\infty}(x^2-3x+1)=$?　　2. $\lim\limits_{x\to-\infty}(x^2-3x+1)=$?

解 1. $\lim\limits_{x\to\infty}(x^2-3x+1)=\lim\limits_{x\to\infty}x^2=(\lim\limits_{x\to\infty}x)^2=\infty$

2. $\lim\limits_{x\to-\infty}(x^2-3x+1)=\lim\limits_{x\to-\infty}x^2=(\lim\limits_{x\to-\infty}x)^2=\infty$

例 3. 用視察法求下列各題：

1. $\lim\limits_{x\to\infty}\dfrac{2x^3-3x+1}{3x^3+2x^2+3x-7}$　　　　2. $\lim\limits_{x\to\infty}\dfrac{\sqrt[3]{x^{10}+2x+1}+x^2-1}{x^3+\sqrt{2x^4+1}-x+3}$

3. $\lim\limits_{x\to\infty}\dfrac{2x^3+7x^2+6x+1}{x^3+\sqrt[3]{27x^9+8x^4-3}-x+1}$

解

提示（請注意粗體字部分）	解答
$\lim\limits_{x\to\infty}\dfrac{2x^3-3x+1}{3x^3+2x^2+3x-7}=\lim\limits_{x\to\infty}\dfrac{2x^3}{3x^3}=\dfrac{2}{3}$	$\lim\limits_{x\to\infty}\dfrac{2x^3-3x+1}{3x^3+2x^2+3x-7}=\dfrac{2}{3}$
$\lim\limits_{x\to\infty}\dfrac{\sqrt[3]{x^{10}+2x+1}+x^2-1}{x^3+\sqrt{2x^4+1}-x+3}=\lim\limits_{x\to\infty}\dfrac{\sqrt[3]{x^{16}}}{x^3}=\lim\limits_{x\to\infty}\dfrac{x^{\frac{10}{3}}}{x^3}=\infty$	$\lim\limits_{x\to\infty}\dfrac{\sqrt[3]{x^{10}+2x+1}+x^2-1}{x^3+\sqrt{2x^4+1}-x+3}=\infty$
$\lim\limits_{x\to\infty}\dfrac{2x^3+7x^2+6x+1}{x^3+\sqrt[3]{27x^9+8x^4-3}-x+1}=\lim\limits_{x\to\infty}\dfrac{2x^3}{x^3+\sqrt[3]{27x^9}}=\lim\limits_{x\to\infty}\dfrac{2x^3}{x^3+3x^3}$	$\lim\limits_{x\to\infty}\dfrac{2x^3+7x^2+6x+1}{x^3+\sqrt[3]{27x^9+8x^4-3}-x+1}$ $=\dfrac{2}{1+3}=\dfrac{1}{2}$

$\lim\limits_{x\to-\infty} f(x)$

這類問題往往可**令 $y=-x$，將原問題化成 $\lim\limits_{y\to\infty}f(-y)$** 再行求解。

例 4. 求 1. $\lim\limits_{x\to-\infty}\dfrac{2x^2+x-3}{3x^2-2x+1}=$?　　2. $\lim\limits_{x\to-\infty}\dfrac{-2x^3+x-3}{3x^3-2x+1}=$?

解 1. $\lim\limits_{x\to-\infty}\dfrac{2x^2+x-3}{3x^2-2x+1}\xrightarrow{y=-x}\lim\limits_{y\to\infty}\dfrac{2(-y)^2+(-y)-3}{3(-y)^2-2(-y)+1}$

$=\lim\limits_{y\to\infty}\dfrac{2y^2-y-3}{3y^2+2y+1}=\dfrac{2}{3}$

2. $\lim\limits_{x\to-\infty}\dfrac{-2x^3+x-3}{3x^3-2x+1}\xrightarrow{y=-x}\lim\limits_{y\to\infty}\dfrac{-2(-y)^3+(-y)-3}{3(-y)^3-2(-y)+1}$

$=\lim\limits_{y\to\infty}\dfrac{2y^3-y-3}{-3y^3+2y+1}=-\dfrac{2}{3}$

不定式 ∞−∞

例 5. 求 $\lim\limits_{x\to\infty}(x-\sqrt{x^2-1})$

解
$$\lim_{x\to\infty}(x-\sqrt{x^2-1})=\lim_{x\to\infty}(x-\sqrt{x^2-1})\cdot\frac{x+\sqrt{x^2-1}}{x+\sqrt{x^2-1}}$$
$$=\lim_{x\to\infty}\frac{x^2-(x^2-1)}{x+\sqrt{x^2-1}}=\lim_{x\to\infty}\frac{1}{x+\sqrt{x^2-1}}=0$$

例 6. 求 $\lim\limits_{x\to\infty}(\sqrt{x^2+x}-x)$

解
$$\lim_{x\to\infty}(\sqrt{x^2+x}-x)=\lim_{x\to\infty}(\sqrt{x^2+x}-x)\frac{\sqrt{x^2+x}+x}{\sqrt{x^2+x}+x}$$
$$=\lim_{x\to\infty}\frac{x}{\sqrt{x^2+x}+x}$$
$$=\lim_{x\to\infty}\frac{1}{\sqrt{1+\dfrac{1}{x}}+1}=\frac{1}{2}\quad（分子、分母同除 x）$$

練習 2.3

1. 計算：

(1) $\lim\limits_{x\to\infty}\dfrac{2x+1}{x^2-3x+1}$

(2) $\lim\limits_{x\to-\infty}\dfrac{2x^3+7x^2+4}{3x^3-3x+5}$

(3) $\lim\limits_{x\to-\infty}\dfrac{-3x^5+4x^2-7}{x^5-2x^4-x+7}$

(4) $\lim\limits_{x\to\infty}\dfrac{x^4+1}{x^3+7x^2-9x+2}$

(5) $\lim\limits_{x\to\infty}\dfrac{x^2}{x+1}$

(6) $\lim\limits_{x\to-\infty}\dfrac{x^3-1}{x^4+x^2+1}$

2. 計算：

(1) $\lim\limits_{x\to\infty}\dfrac{(x+1)(2x+1)(3x+1)}{(x-1)(2x-1)(3x-1)}=?$

(2) $\lim\limits_{x\to\infty}\dfrac{(x-1)(x+1)(x+3)(x+4)(x+5)}{(3x+1)^5}=?$

3. 計算

(1) $\lim\limits_{x\to-\infty}\sqrt{x^2+1}+x$

(2) $\lim\limits_{x\to\infty}(\sqrt{x^2+x+1}-x)$

(3) $\lim\limits_{x\to\infty}\dfrac{3x}{\sqrt{x^2+x+1}}$

(4) $\lim\limits_{x\to-\infty}\dfrac{3x}{\sqrt{x^2+x+1}}$

2.4 連續與連續函數之性質

學習目標
- 函數連續之定義及判斷
- 連續函數之性質

連續之定義

我們在 2.1 節已對函數之連續性做了直觀了解，現正式定義如下：

【定義】 若 $f(x)$ 同時滿足下述條件則稱 $f(x)$ 在 $x = x_0$ 處連續：
1. $f(x_0)$ 存在；
2. $\lim\limits_{x \to x_0} f(x)$ 存在 $\left(\lim\limits_{x \to x_0^+} f(x) = \lim\limits_{x \to x_0^-} f(x) \right)$ ；
3. $\lim\limits_{x \to x_0} f(x) = f(x_0)$。

根據定義，若 $f(x)$ 在 $x = x_0$ 處無法滿足定義中三個條件之任一項，則 $f(x)$ 在 $x = x_0$ 處不連續。判斷 $f(x)$ 在 $x = x_0$ 處是否連續，可先從 $\lim\limits_{x \to x_0} f(x)$ 著手，因為 **$\lim\limits_{x \to x_0} f(x)$ 不存在，則 $f(x)$ 在 $x = x_0$ 處一定不連續。**

不連續函數之例子

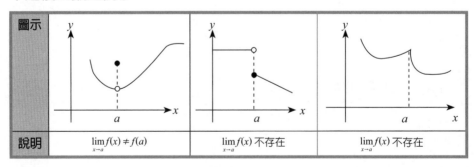

圖示		
說明	$\lim\limits_{x \to a} f(x) \neq f(a)$	$\lim\limits_{x \to a} f(x)$ 不存在	$\lim\limits_{x \to a} f(x)$ 不存在

例 1. 討論下列有理函數之連續性？

1. $f_1(x) = \dfrac{x+3}{x^2+1}$ 　　　　　　2. $f_2(x) = \dfrac{x+3}{x^2(x^2+1)(x-4x+3)}$

解 1. 因任一實數 x 而言都不會使 $f_1(x)$ 之分母 $x^2 + 1$ 為 0，故 $f_1(x)$ 無不

連續點，即**處處連續**（continuous everywhere）。

2. $f_2(x)$ 之分母在 $x = 0, 1, 3$ 時均為 0，故 $f_4(x)$ 在 $x = 0, 1, 3$ 處為不連續，其餘各點均為連續。

【定理 A】

若 f 與 g 在 $x = x_0$ 處連續，則：

1. $f \pm g$ 在 $x = x_0$ 處連續。
2. $f \cdot g$ 在 $x = x_0$ 處連續。
3. $\dfrac{f}{g}$ 在 $x = x_0$ 處連續，但 $g(x_0) \neq 0$。
4. f^n 在 $x = x_0$ 處連續。
5. $\sqrt[n]{f}$ 在 $x = x_0$ 處連續（但 n 為偶數時需 $f(x_0) \geq 0$）。
6. $f(g(x))$ 及 $g(f(x))$ 在 $x = x_0$ 處連續。

【證明】

（只證明 $f + g$ 部分）

$f(x), g(x)$ 在 $x = x_0$ 處為連續

$\therefore \lim\limits_{x \to x_0} f(x) = f(x_0)$ 且 $\lim\limits_{x \to x_0} g(x) = g(x_0)$

從而 $\lim\limits_{x \to x_0}(f(x) + g(x)) = \lim\limits_{x \to x_0} f(x) + \lim\limits_{x \to x_0} g(x) = f(x_0) + g(x_0) = (f + g)(x_0)$

$\therefore f(x)$，$g(x)$ 在 $x = x_0$ 處連續則 $f(x) + g(x)$ 亦在 $x = x_0$ 處連續。 ∎

【定理 B】

多項式函數 $f(x) = a_n x^n + a_{n-1} x^{n-1} + \cdots + a_1 x + a_0$，若 c 為 $f(x)$ 定義域中之任意實數，則 $f(x)$ 在 $x = c$ 處必為連續。

【定理 C】

考慮有一理函數 $\dfrac{q(x)}{p(x)}$，若存在一點 c 使得 $p(c) = 0$，則 $\dfrac{q(x)}{p(x)}$ 在 $x = c$ 便不連續。

例 2. 求下列 k 值，以使得 $f(x)$ 為連續？

1. $f(x) = \begin{cases} \dfrac{x^2 - 1}{x - 1} & , x \neq 1 \\ k & , x = 1 \end{cases}$

2. $f(x) = \begin{cases} \dfrac{2^{\frac{1}{x}} - 1}{2^{\frac{1}{x}} + 1} & , x \neq 0 \\ k & , x = 0 \end{cases}$

解 這類問題先求極限，若極限不存在，則 $f(x)$ 不連續。

1. $\lim\limits_{x \to 1} \dfrac{x^2 - 1}{x - 1} = \lim\limits_{x \to 1} \dfrac{(x-1)(x+1)}{x - 1} = 2$　$\therefore$ 取 $k = 2$

2. $\because \lim\limits_{x \to 0^+} \dfrac{2^{\frac{1}{x}} - 1}{2^{\frac{1}{x}} + 1} \xlongequal{y = \frac{1}{x}} \lim\limits_{y \to \infty} \dfrac{2^y - 1}{2^y + 1} = \lim\limits_{y \to \infty} \dfrac{1 - 2^{-y}}{1 + 2^{-y}}$ 且 $\lim\limits_{x \to 0^-} \dfrac{2^{\frac{1}{x}} - 1}{2^{\frac{1}{x}} + 1} = -1$

$\therefore \lim\limits_{x \to 0} f(x)$ 不存在 $\Rightarrow$ 不存在 k 值使 $f(x)$ 在 $x = 0$ 處連續。

連續函數之性質

連續函數（Continuous functions）有許多性質深具理論與應用之旨趣，本書僅就其中 3 個基本性質：極大（小）存在定理、零點定理與介值定理提出討論。值得注意的是這 3 個定理之前提之一都是**$f(x)$ 在閉區間 $[a, b]$ 為連續**。

1. 極大（小）存在定理

【定理 D】　函數 f 在 $[a, b]$ 為連續，則 f 在 $[a, b]$ 中存在極大值 M 與極小值 m。

例 3.　$f(x) = x^8 - x^3 + 2x - 1$，$x \in [-1, 1]$，試求一個 M 使得 $|f(x)| \le M$

解　$\because x \in [-1, 1]$，知 $|x| \le 1$

$\therefore |f(x)| = |x^8 - x^3 + 2x - 1| \le |x^8| + |-x^3| + |2x| + |-1|$

$\quad = |x^8| + |x^3| + 2|x| + 1 = |x^8| + |x^3| + 2|x| + 1 \le 1 + 1 + 2 + 1 = 5$

2. 零點定理

【定理 E】　（零點定理）函數 f 在 $[a, b]$ 為連續，若 $f(a)f(b) < 0$ 則 (a, b) 間存在一個 c 使得 $f(c) = 0$。

零點定理要注意：

$f(x_1) \cdot f(x_2) > 0$ 表示 $f(x)$ 在 (x_1, x_2) 有偶數個根（可能 0 個根）。

$f(x_1) \cdot f(x_2) < 0$ 表示在 (x_1, x_2) 中有奇數個根或至少有 1 個根。

例如 $f(x) = (x - 1)(x - 2)(x - 3)(x - 4)$，$f(5)f(2.5) > 0$，則 $f(x) = 0$ 在 $(2.5, 5)$ 中有 2 個實根 3 與 4，又 $f(1.5)f(5) < 0$ 則 $f(x) = 0$ 在 $(1.5, 5)$ 中有 3 個實根 2, 3, 4。

在此談的是勘根是「至少一個」亦即「存在」性。至於進一步的勘根問題則將留在第 4 章。

例 4.　試證 $x^3 + x + 1 = 0$ 在 $(-1, 0)$ 間至少有一實根。

解　考慮 $f(x) = x^3 + x + 1$，$f(x)$ 在 $(-\infty, \infty)$ 為連續，

$$\because f(-1) = (-1)^3 + (-1) + 1 = -1$$
$$f(0) = 0^3 + 0 + 1 = 1$$
$$f(-1)f(0) = -1 \cdot 1 = -1 < 0$$
$$\therefore x^3 + x + 1 = 0 \text{ 在 } (-1, 0) \text{ 間至少有一實根。}$$

例 5. 試證 $\dfrac{x^2+3}{x-1} + \dfrac{x^4+1}{x-3} = 0$ 在 $(1, 3)$ 至少有一實根。

解 令 $\phi(x) = (x-3)(x^2+3) + (x-1)(x^4+1)$

$\phi(3) > 0$，$\phi(1) < 0$　$\therefore \phi(x)$ 在 $(1, 3)$ 間至少有一根

即 $\dfrac{x^2+3}{x-1} + \dfrac{x^4+1}{x-3} = 0$ 在 $(1, 3)$ 間至少有一實根

例 6. $0 \le x \le 1$ 時 $0 \le f(x) \le 1$，若 $f(x)$ 在 $[0, 1]$ 為連續，試證在 $(0, 1)$ 中存在一個 c 使得 $f(c) = c$。

解 取輔助函數 $g(x) = x - f(x)$，顯然 $g(x)$ 為一連續函數，則 $g(0) = -f(0) \le 0$，$g(1) = 1 - f(1) \ge 0$

$\because g(0)g(1) < 0$ $\therefore$ 由定理 E 在 $(0, 1)$ 中存在一個 c 使得 $g(c) = c - f(c) = 0$

即在 $(0, 1)$ 存在一個 c 使得 $f(c) = c$

3. 介值定理

> **【定理 F】** 函數 f 在 $[a, b]$ 為連續，若 $f(a) \ne f(b)$ 且若 N 為介於 $f(a)$、$f(b)$ 間之任一數，則存在一個 c，$c \in [a, b]$ 使得 $f(c) = N$。

介值定理之管理應用

例 7. 若企業在 2020 年 1 月 1 日之某產品市場占有率為 30%，同年 5 月 1 日之市場占有率為 50%，那麼在 1 月 1 日至 5 月 1 日間至少有一天之市場占有率為 47%。

我們再看一個如何應用介值定理來做損益平衡分析：

例 8. 若某產品銷售 x 單位之價格函數 $p = 4500 - 5x^2$ 而生產 x 單位之總成本為 $c(x) = 8,000 + 10x^2$，試證在生產量 x 小於 10 單位時存在一個損益平衡點。

解 生產 x 單位之成本函數 $C(x) = 8,000 + 10x^2$，
總收入函數 $R(x) = px = (4,500 - 5x^2)x$
∴生產 x 單位之利潤函數
$P(x) = R(x) - C(x) = (4,500 - 5x^2)x - (8,000 + 10x^2)$
當 $P(x) = 0$ 對應之生產量即爲損益平衡時之生產量，又 $P(0) = -8,000$
$P(10) = (4,500 - 5 \times 10^2) \times 10 - (8,000 + 10(10)^2) = 31,000$
∴由介值定理知產量在 0 與 10 個單位間必存在一個損益平衡點。

定理	定理敘述	圖示
定理 D 極大（小）存在定理	函數 f 在 $[a, b]$ 為連續，則 f 在 $[a, b]$ 中存在極大值 M 與極小值 m。	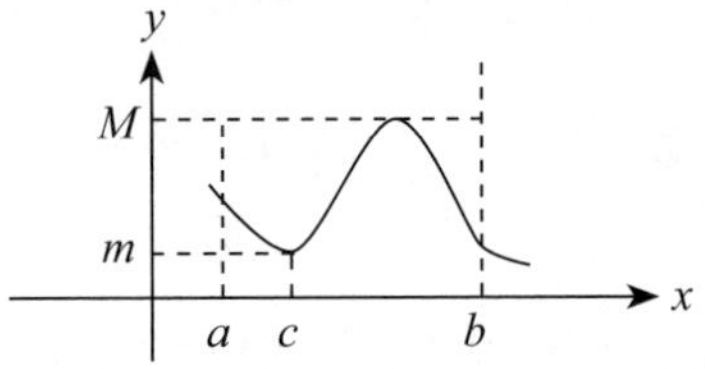
定理 E 零點定理，又稱勘根定理	函數 f 在 $[a, b]$ 為連續，若 $f(a)f(b) < 0$ 則 (a, b) 間存在一個 c 使得 $f(c) = 0$。	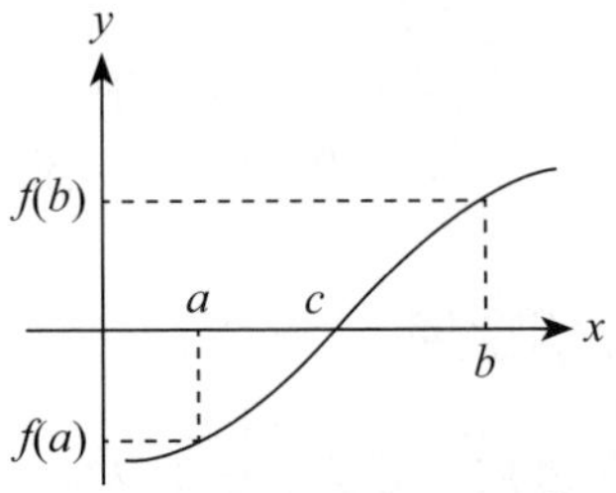
定理 F 介值定理	函數 f 在 $[a, b]$ 為連續，若 $f(a) \neq f(b)$ 且若 N 為介於 $f(a)$、$f(b)$ 間之任一數，則存在一個 c，$c \in [a, b]$ 使得 $f(c) = N$。	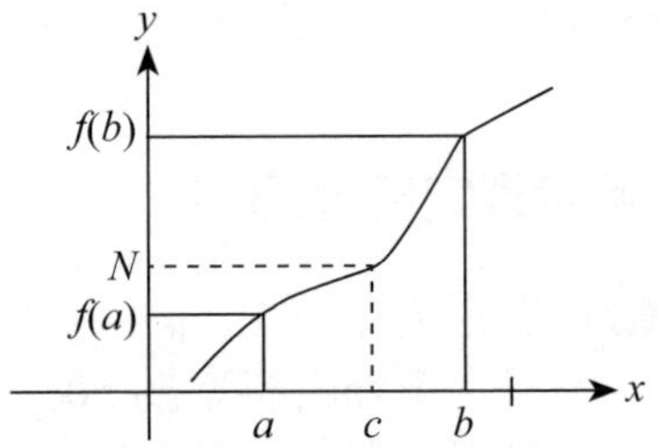

練習 2.4

1. 指定下列有理函數有無不連續點？

(1) $f(x) = \dfrac{x+1}{(x^2+1)(x+4)}$ 　　　　(2) $f(x) = \dfrac{x+1}{(x^2+1)(x^2+4)}$

(3) $f(x) = \dfrac{x}{(x-1)(x+2)}$ 　　　　(4) $f(x) = x^3 - x^2 + x - 1$

2. 試定 k 值以使下列函數為連續（假如存在的話）

(1) $f(x) = \begin{cases} \dfrac{x^3-1}{x-1}, & x \neq 1 \\ k, & x = 1 \end{cases}$ 　　　(2) $f(x) = \begin{cases} \dfrac{1}{x-1}, & x \neq 1 \\ k, & x = 1 \end{cases}$

(3) $f(x) = \begin{cases} x^2+1, & x \geq 1 \\ x+k, & x < 1 \end{cases}$ 　　　(4) $f(x) = \begin{cases} x^2+1, & x > 1 \\ x^2+x+k, & x \leq 1 \end{cases}$

3. 試舉一個生活或商業例子說明定理 F（介值定理）

4. 若 $f(x), g(x)$ 在 $x = a$ 處為連續，試證 $f(x)g(x)$ 在 $x = a$ 處亦為連續。

第3章
微分學

3.1　導函數

學習目標
- 導函數 / 導數之定義
- 函數切線斜率 / 變化率
- 函數可微分與連續之關係

　　在此,我們先對導函數,導數,微分,可微分幾個名詞釐清一下:我們從微分開始,函數 $f(x)$ 經過微分可得導函數,因此,**微分**(Differentiate)是指將函數變成導函數之動作,導函數 $f'(x)$ 在 $x = a$ 之值稱爲導數,不論導函數或導數,它們的英文和微分學一樣都是(Derivative),而可微分、可微或**可導**(Differentiable)是個形容詞,它指 $f(x)$ 之導函數存在。

【定義】　函數 f 之**導函數**(Derivative)記做 f',定義爲

$$f'(x) = \lim_{h \to 0} \frac{f(x+h) - f(x)}{h} \; ;$$

若上述極限存在,則稱 $f(x)$ 爲**可微分**(Differentiable)。

　　除了 $f'(x)$ 外,導函數符號表示法還有 $\frac{d}{dx}y$ 及 $D_x y$ 等。導函數之定義另一個表示方式爲 $\frac{d}{dx}y = \lim_{\Delta x \to 0} \frac{\Delta y}{\Delta x}$。

	數學式	圖示	導函數之意義
定義式	$f'(x) = \lim_{h \to 0} \frac{f(x+h) - f(x)}{h}$	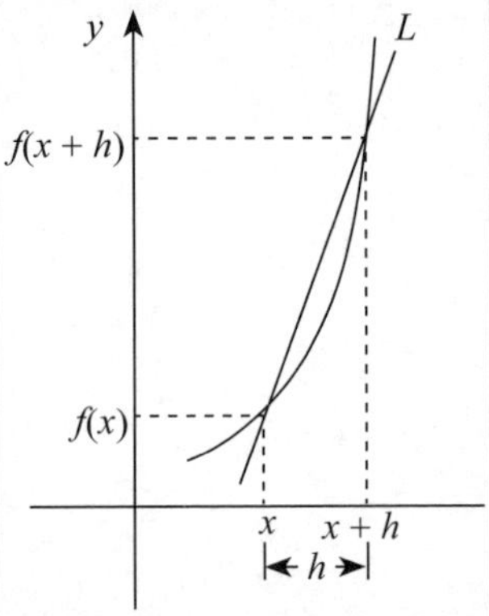	1. $f'(x)$ 之幾何意義是爲 $y = f(x)$ 之切線斜率函數 2. $\frac{\Delta y}{\Delta x}$ 是函數 f 因變量之增量與自變數增量之比率,也就是函數 f 之平均變化率 3. $\lim_{h \to 0} \frac{f(a+h) - f(a)}{h} = f'(a)$ 表示函數在 $x = a$ 處之**瞬時變化率**(instaneous rate of change)。

	數學式	圖示	導函數之意義
變型式	$f'(a) = \lim\limits_{x \to a} \dfrac{f(x)-f(a)}{x-a}$ $(f'(a) = \lim\limits_{h \to 0} \dfrac{f(a+h)-f(a)}{h}$ $\underset{(h=x-a)}{\overset{x=a+h}{=\!=\!=\!=}} \lim\limits_{x \to a} \dfrac{f(x)-f(a)}{x-a})$	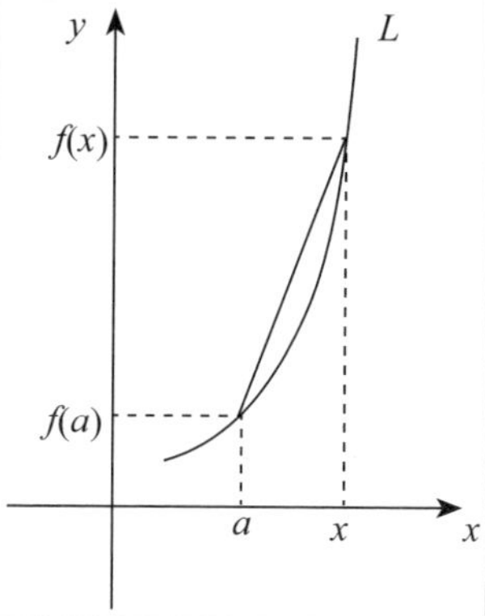	

我們在本節後將對切線斜率函數做進一步說明。

例 1. 若 $f(x) = x^2$，用定義求 (1)$f(x)$ 之導函數 $f'(x)$ 及 (2)$f(x)$ 在 $x = 2$ 之導數 $f'(2)$；(3)$f(x)$ 是否可微分？

解 (1) $f'(x) \overset{def}{=\!=\!=} \lim\limits_{h \to 0} \dfrac{f(x+h)-f(x)}{h} = \lim\limits_{h \to 0} \dfrac{(x+h)^2 - x^2}{h}$

$\qquad = \lim\limits_{h \to 0} \dfrac{(x^2 + 2xh + h^2) - x^2}{h} = \lim\limits_{h \to 0} \dfrac{h(2x+h)}{h} = \lim\limits_{h \to 0}(2x+h)$

$\qquad = 2x$

(2)

方法一	$f'(2) \overset{def}{=\!=\!=} \lim\limits_{h \to 0} \dfrac{f(2+h)-f(2)}{h} = \lim\limits_{h \to 0} \dfrac{(2+h)^2 - 2^2}{h}$ $= \lim\limits_{h \to 0} \dfrac{(4+4h+h^2)-4}{h}$ $= \lim\limits_{h \to 0}(4+h) = 4$
方法二	$f'(2) = \lim\limits_{x \to 2} \dfrac{f(x)-f(2)}{x-2} = \lim\limits_{x \to 2} \dfrac{x^2-4}{x-2} = \lim\limits_{x \to 2} \dfrac{(x-2)(x+2)}{x-2}$ $= \lim\limits_{x \to 2}(x+2) = 4$

若不規定用定義求 $f'(2)$，我們可將 2 直接代入 $f'(x) = 2x$，得 $f'(2)$ $= 2 \cdot 2 = 4$

(3) $f(x) = x^2$ 是可微分函數

例 2. 若 $f(x) = \dfrac{1}{x}$，(1) 求 $f'(x)$；(2)$f'(1)$

解 (1) $f'(x) \stackrel{def}{=\!=} \lim_{h \to 0} \dfrac{f(x+h) - f(x)}{h} = \lim_{h \to 0} \dfrac{\dfrac{1}{x+h} - \dfrac{1}{x}}{h}$

$= \lim_{h \to 0} \dfrac{1}{h} \left(\dfrac{x - (x+h)}{(x+h)x} \right) = \lim_{h \to 0} \dfrac{1}{h} \cdot \dfrac{-h}{(x+h)x}$

$= -\lim_{h \to 0} \dfrac{1}{(x+h)x} = -\dfrac{1}{x^2}$

(2)

方法一	$f'(1) = \lim_{h \to 0} \dfrac{f(1+h) - f(2)}{h} = \lim_{h \to 0} \dfrac{\dfrac{1}{1+h} - 1}{h}$ $= \lim_{h \to 0} \dfrac{\dfrac{-1 - (1+h)}{1+h}}{h} = \lim_{h \to 0} \dfrac{-h}{(1+h)h}$ $= \lim_{h \to 0} \dfrac{-1}{1+h} = -1$
方法二	$f'(1) = \lim_{x \to 1} \dfrac{f(x) - f(11)}{x - 1} = \lim_{x \to 1} \dfrac{\dfrac{1}{x} - 1}{x - 1}$ $= \lim_{x \to 1} \dfrac{\dfrac{1}{x}(1 - x)}{x - 1} = \lim_{x \to 1} \dfrac{-1}{x} = -1$
方法三	由 (1) $f'(x) = -\dfrac{1}{x^2}$ $\therefore f'(1) = -1$

左導數與右導數

我們在第二章知道在求某些函數像分段函數等在某點之極限時，往往需考慮到左右極限，既然 $f(x)$ 在某點之導數是由極限來定義，因此第二章所述之單邊極限之一些規則，在求某些函數之導數時自應予考慮。

函數 $y = f(x)$ 在 x_0 處之左導數 $f'_+(x_0)$ 與右導數 $f'_-(x_0)$ 之定義為：

$f'_+(x_0) = \lim_{h \to 0^+} \dfrac{f(x_0 + h) - f(x_0)}{h}$

$f'_-(x_0) = \lim_{h \to 0^-} \dfrac{f(x_0 + h) - f(x_0)}{h}$

$\therefore y = f(x)$ 在 x_0 處可微分之充要條件為

$f'_+(x_0) = f'_-(x_0)$。

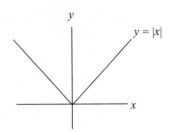

例 3. $f(x) = |x|$，問 $f(x)$ 在 $x_0 = 0$ 處之導數是否存在？在 $x_0 = 1$ 處之導數是否存在？

解　(1) $f(x) = |x| = \begin{cases} x & , x \geq 0 \\ -x & , x < 0 \end{cases}$

$\therefore f'_+(x_0) = \lim_{x \to 0^+} \dfrac{|x| - 0}{x - 0} = \lim_{x \to 0^+} \dfrac{x}{x} = 1$

$f'_-(x_0) = \dfrac{|x| - 0}{x - 0} = \lim_{x \to 0^-} \dfrac{-x}{x} = -1$

$\because f'_+(0) \neq f'_-(0)$

$\therefore f'(0)$ 不存在，從而 $f(x)$ 在 $x = 0$ 之導數不存在（$f(x)$ 在 $x = 0$ 處不可微分）。

(2) $f'(1) = \lim_{x \to 1} \dfrac{f(x) - f(1)}{x - 1} = \lim_{x \to 1} \dfrac{x - 1}{x - 1} = 1$

$\therefore f(x)$ 在 $x = 1$ 處可微分。

讀者應思考一下為何例 3 在討論 $f(x)$ 在 $x = 0$ 之可微分性要考慮到左、右導數，但在 $f(x)$ 在 $x = 1$ 之可微分性則否。

連續與可微分之關係

例 4. 若 $f(x) = |x^3|$ 問 $f(x)$ 在 $x = 0$ 是否可微分？連續？

解　1. 微分性

$f(x) = |x^3| = \begin{cases} x^3, & x \geq 0 \\ -x^3, & x < 0 \end{cases}$

$f'_+(0) = \lim_{x \to 0^+} \dfrac{f(x) - f(0)}{x - 0} = \lim_{x \to 0^+} \dfrac{x^3 - 0}{x} = 0$

$f'_-(0) = \lim_{x \to 0^-} \dfrac{f(x) - f(0)}{x - 0} = \lim_{x \to 0^-} \dfrac{-x^3 - 0}{x} = 0$

$\because f'_+(0) = f'_-(0) = 0$ 　$\therefore f'(0) = 0$，即 $f(x)$ 在 $x = 0$ 處可微分。

2. 連續性

$\because f(0) = 0$，及 $\begin{cases} \lim\limits_{x \to 0^+} |x^3| = \lim\limits_{x \to 0^+} x^3 = 0 \\ \lim\limits_{x \to 0^-} |x^3| = \lim\limits_{x \to 0^-} x^3 = 0 \end{cases} \Rightarrow \lim\limits_{x \to 0} |x^3| = 0$

$\therefore f(x) = |x^3|$ 在 $x = 0$ 處為連續

例 5. 若 $f(x) = \begin{cases} -x, & x < 0 \\ x^2, & x \geq 0 \end{cases}$ 問 $f(x)$ 在 $x = 0$ 處是否可微分？連續？

解 1. 微分性

$$f'_+(0) = \lim_{x \to 0^+} \frac{f(x) - f(0)}{x - 0} = \lim_{x \to 0^+} \frac{x^2 - 0}{x} = 0$$

$$f'_-(0) = \lim_{x \to 0^-} \frac{f(x) - f(0)}{x - 0} = \lim_{x \to 0^-} \frac{-x - 0}{x} = -1$$

$\because f'_+(0) \neq f'_-(0)$ $\therefore f(x)$ 在 $x = 0$ 處不可微分。

2. 連續性

$$\left. \begin{array}{l} \lim_{x \to 0^+} f(x) = \lim_{x \to 0^+} x^2 = 0 \\ \lim_{x \to 0^-} f(x) = \lim_{x \to 0^-} (-x) = 0 \end{array} \right\} \Rightarrow \lim_{x \to 0} f(x) = 0$$

及 $f(0) = 0$ $\because \lim_{x \to 0} f(x) = f(0)$ $\therefore f(x)$ 在 $x = 0$ 處連續。

　由例 4，5 感覺上 $f(x)$ 在 $x = x_0$ 可微分那 $f(x)$ 在 $x = x_0$ 處為連續，事實上，這個結果是成立的，如定理 A 所述。

【定理 A】　若 $f(x)$ 在 $x = x_0$ 處可微分則 $f(x)$ 在 $x = x_0$ 處必連續。

【證明】　取 $f(x) = \left[\dfrac{f(x) - f(x_0)}{x - x_0} \right] (x - x_0) + f(x_0)$

則 $\lim_{x \to x_0} f(x) = \lim_{x \to x_0} \left(\left[\dfrac{f(x) - f(x_0)}{x - x_0} \right] (x - x_0) + f(x_0) \right) = f(x_0)$

由函數連續之定義可知 $f(x)$ 在 $x = x_0$ 處為連續。　　　　■

　由定理 A 可知，**若 $f(x)$ 在 $x = x_0$ 處不連續則 $f(x)$ 在 $x = x_0$ 處不可微分。**（若 p 則 q 與若非 q 則 p 等價）

例 6. $f(x) = \begin{cases} x^2, & x \geq 1 \\ 2x + 3, & x < 1 \end{cases}$ 在 $x = 1$ 處是否可微分？

解

方法一 （應用定理A）	$\because \lim_{x \to 1^+} f(x) = 1，\lim_{x \to 1^-} f(x) = 2 \cdot 1 + 3 = 5；\lim_{x \to 1^+} f(x) \neq \lim_{x \to 1^-} f(x)$ $\therefore f(x)$ 在 $x = 1$ 處顯然不連續，由定理 A 知 $f(x)$ 在 $x = 1$ 處不可微分。

方法二 （應用定義）	$f'_+(1) = \lim_{x \to 1^+} \dfrac{f(x) - f(1)}{x - 1} = \lim_{x \to 1^+} \dfrac{x^2 - 1}{x - 1} = 2$ $f'_-(1) = \lim_{x \to 1^-} \dfrac{f(x) - f(1)}{x - 1} = \lim_{x \to 1^-} \dfrac{2x + 3 - 1}{x - 1} = \lim_{x \to 1^-} \dfrac{2x + 2}{x - 1}$ 不存在 $\therefore f(x)$ 在 $x = 1$ 處不可微分

承例 6，那麼 $f'(x) = ?$

$$f'(x) = \begin{cases} 2x & ， x > 1 \\ 2 & ， x < 1 \\ \text{不存在} & ， x = 1 \end{cases}$$

$f(x)$ 在 $x = x_0$ 處之可微分性與連續性之關係	
函數在 $x = x_0$ 處可微分但在 $x = x_0$ 處不連續	函數在 $x = x_0$ 處連續但在 $x = x_0$ 處不可微分
不可能	如：$f(x) = \lvert x \rvert$
函數在 $x = x_0$ 處不連續亦不可微分	函數在 $x = x_0$ 處不連續但可微分
	不可能

平均變化率與切線斜率

在微分學一開始時通常會談到微分學之二個老問題 (1) 瞬時變化率與 (2) 斜率：

瞬時變化率

若函數 $f(x)$ 之自變數由 x 移向 $x + \Delta x$ 時，那麼因變數亦由 $f(x)$ 移向 $f(x + \Delta x)$，則變化率

$$\dfrac{f(x + \Delta x) - f(x)}{(x + \Delta x) - x} = \dfrac{f(x + \Delta x) - f(x)}{\Delta x}$$ 是爲 $f(x)$ 在 $[x,$ $x + \Delta x]$ 平均變化量

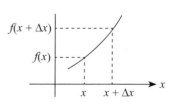

當 $\Delta x \to 0$ 時

$\lim\limits_{\Delta x \to 0} \dfrac{f(x+\Delta x)-f(x)}{\Delta x}$ 就是 $f(x)$ 在 $(x, f(x))$ 處之瞬時變化率。因此

$$\boxed{\text{瞬時變化率 = 導函數}}$$

例 7. 品管工程師每 10 分鐘測試產品之產量數，連續 1 小時，結果如下：

t	0	10	20	30	40	50	60
x	0	100	158	275	360	450	560

求 (1)[0, 20] 及 (2)[20, 40] 之平均變化率

解 (1)[0, 20] 之平均變化率

$$\frac{\Delta x}{\Delta t} = \frac{158-0}{20-0} = 7.9 \text{ 單位 / 分}$$

(2)[20, 40] 之平均變化率

$$\frac{\Delta x}{\Delta t} = \frac{360-158}{40-20} = 10.1 \text{ 單位 / 分}$$

切線斜率

如右圖，若我們在 $y = f(x)$ 之曲線上任取二點，則 $(x, f(x))$ 及 $(x+h, f(x+h))$ 所連結割線之斜率為：

$$m = \frac{f(x+h)-f(x)}{(x+h)-x}$$
$$= \frac{f(x+h)-f(x)}{h}$$

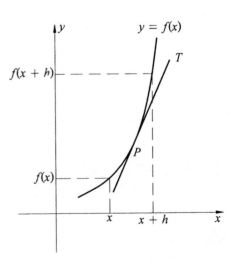

若 $h \to 0$ 時，割線與 $y = f(x)$ 之圖形只交於一點 P，P 點即為切點，這點之斜率即為切線 T 在點 P 之斜率，因此在給定 $y = f(x)$ 上之一點 $(c, f(c))$，其切線斜率 m 為

$$m = \lim_{x \to c} \frac{f(x)-f(c)}{x-c} \ 。$$

法線是與切線相垂直之直線，因此，$y = f(x)$ 在 $(c, f(c))$ 之切線率為 $f'(c)$ 時（$f'(c) \neq 0$），其法線斜率為 $\dfrac{-1}{f'(c)}$。

例 8. 求 $f(x) = x^2$，在 $(1, 1)$ 之切線與法線方程式。

解　切線斜率 $= \lim\limits_{x \to 1} \dfrac{f(x) - f(c)}{x - c} = \lim\limits_{x \to 1} \dfrac{x^2 - 1}{x - 1} = 2$　∴切線方程式：$\dfrac{y - 1}{x - 1} = 2$，

$y - 2x = -1$ 及法線斜率 $= -\dfrac{1}{2}$，法線方程式 $\dfrac{y - 1}{x - 1} = -\dfrac{1}{2}$

即 $x + 2y = 3$

例 9. 求 $y = \dfrac{2}{x}$ 過 $(2, 1)$ 之切線方程式及法線方程式

解　先求斜率：

$m = \lim\limits_{x \to x_0} \dfrac{f(x) - f(x_0)}{x - x_0} = \lim\limits_{x \to 2} \dfrac{\dfrac{2}{x} - 1}{x - 2} = \lim\limits_{x \to 2} \dfrac{\dfrac{2 - x}{x}}{x - 2} = \lim\limits_{x \to 2} \dfrac{-1}{x} = -\dfrac{1}{2}$

∴切線方程式為 $\dfrac{y - 1}{x - 2} = -\dfrac{1}{2}$，即 $x + 2y = 4$

法線方程式為 $\dfrac{y - 1}{x - 2} = 2$，即 $y - 2x = -3$

練習 3.1

1. 用定義求下列函數之導函數
   (1) $y = 3$　(2) $y = 2x + 1$　(3) $y = x^3$
   (4) $y = \sqrt[3]{x}$
2. 求上題各函數在 $x = 1$ 之導數
3. 求 (1) $y = \dfrac{1}{x^2}$ 在 $(2, \dfrac{1}{4})$ 及 (2) $y = \sqrt{x}$ 在 $(1, 1)$ 切線及法線方程式
4. 函數 $f(x)$ 在 $x = a$ 處可微分是函數 $f(x)$ 在 $x = a$ 處連續之_____條件，而 $f(x)$ 在 $x = a$ 處連續是 $f(x)$ 在 $x = a$ 處可微分之_____條件
5. $f(x) = \begin{cases} x + 1 & , x \geq 1 \\ 2x - 1 & , x < 1 \end{cases}$ 求 $f'(x)$

3.2 微分公式

學習目標
- 多項式函數與有理函數之基本微分運算
- 微分數
- 邊際函數

基本微分公式

【定理 A】（微分之四則公式）

1. $\dfrac{d}{dx}(f(x) \pm g(x)) = \dfrac{d}{dx}f(x) \pm \dfrac{d}{dx}g(x)$ 或

   $(f(x) \pm g(x))' = f'(x) \pm g'(x)$

2. $\dfrac{d}{dx}(f(x) \cdot g(x)) = \left[\dfrac{d}{dx}f(x) \right] g(x) + f(x)\dfrac{d}{dx}g(x)$ 或

   $(f(x) \cdot g(x))' = f'(x)g(x) + f(x)g'(x)$

3. $\dfrac{d}{dx}\left(\dfrac{f(x)}{g(x)}\right) = \dfrac{g(x)\dfrac{d}{dx}f(x) - f(x)\dfrac{d}{dx}g(x)}{g^2(x)}$, $g(x) \neq 0$ 或

   $\left(\dfrac{f(x)}{g(x)}\right)' = \dfrac{g(x)f'(x) - f(x)g'(x)}{g^2(x)}$

證明（只證 (1) 之加法部分與 (2) 之乘法部分）

(1) $\dfrac{d}{dx}(f(x) + g(x))$

$= \lim\limits_{h \to 0} \dfrac{[f(x+h) + g(x+h)] - [f(x) - g(x)]}{h}$

$= \lim\limits_{h \to 0} \dfrac{[f(x+h) - f(x)] + [g(x+h) - g(x)]}{h}$

$= \lim\limits_{h \to 0} \dfrac{f(x+h) - f(x)}{h} + \lim\limits_{h \to 0} \dfrac{g(x+h) - g(x)}{h}$

$= f'(x) + g'(x)$

(2) $\dfrac{d}{dx}(f(x)g(x))$

$= \lim\limits_{h \to 0} \dfrac{f(x+h)g(x+h) - f(x)g(x)}{h}$

$= \lim\limits_{h \to 0} \dfrac{f(x+h)g(x+h) - f(x+h)g(x) + f(x+h)g(x) - f(x)g(x)}{h}$

$$=\lim_{h\to0}f(x+h)\frac{g(x+h)-g(x)}{h}+\lim_{h\to0}g(x)\frac{f(x+h)-f(x)}{h}$$

$$=\lim_{h\to0}f(x+h)\cdot\lim_{h\to0}\frac{g(x+h)-g(x)}{h}+g(x)\lim_{h\to0}\frac{f(x+h)-f(x)}{h}$$

$$=f(x)g'(x)+f'(x)g(x) \qquad\blacksquare$$

【推論 A1】

$\dfrac{d}{dx}(cf(x)+b)=c\dfrac{d}{dx}f(x)$ 或 $(cf(x)+b)'=cf'(x)$，特例：$\dfrac{d}{dx}c=0$

【推論 A2】

1. $\dfrac{d}{dx}f_1(x)+f_2(x)+\cdots+f_n(x)=f'_1(x)+f'_2(x)+\cdots+f'_n(x)$

2. $\dfrac{d}{dx}f_1(x)f_2(x)\cdots f_n(x)+f'_1(x)f_2(x)\cdots f_n(x)+$
$$f_1(x)f'_2(x)\cdots f_n(x)+$$
$$\cdots\cdots\cdots\cdots\cdots\cdots+$$
$$f_1(x)f_2(x)\cdots f'_n(x)$$

【證明】　在此我們只證 (2) 當 $n=3$ 之情況：

$$\dfrac{d}{dx}\{f_1(x)f_2(x)f_3(x)\}=\dfrac{d}{dx}\{\,[f_1(x)f_2(x)]\,f_3(x)\}$$

$$=\{\dfrac{d}{dx}\,[f_1(x)f_2(x)]\,\}f_3(x)+f_1(x)f_2(x)\dfrac{d}{dx}f_3(x)$$

$$=\{\dfrac{d}{dx}f_1(x)\cdot f_2(x)+f_1(x)\dfrac{d}{dx}f_2(x)\}f_3(x)+f_1(x)f_2(x)f'_3(x)$$

$$=f'_1(x)f_2(x)f_3(x)+f_1(x)f'_2(x)f_3(x)+f_1(x)f_2(x)f'_3(x) \qquad\blacksquare$$

【定理 B】　$\dfrac{d}{dx}x^n=nx^{n-1}$，$n$ 為實數

例 1.　求 y'

1. $y=x^2$　　2. $y=\sqrt[3]{x}$　　3. $y=\dfrac{1}{\sqrt{x}}$

解　1. $y=x^2$　$\therefore y'=2x$

2. $y=\sqrt[3]{x}=x^{\frac{1}{3}}$　　$\therefore y'=\dfrac{1}{3}x^{-\frac{2}{3}}$

3. $y=\dfrac{1}{\sqrt{x}}=x^{-\frac{1}{2}}$　　$\therefore y'=-\dfrac{1}{2}x^{-\frac{3}{2}}=\dfrac{-1}{2\sqrt{x^3}}$

> 在求根式函數之導函數時，儘量將根式函數用指數方式表達，可能比較容易

例 **2.** 求 y'：

1. $y = \dfrac{x+1}{\sqrt{x}}$　　　2. $y = \sqrt{\sqrt[3]{x}}\,(1+x)$　　　3. $y = \dfrac{1}{(x^2+1)^2}$

解　1. 方法一：$y = \dfrac{x+1}{\sqrt{x}} = (x+1)x^{-\frac{1}{2}} = x^{\frac{1}{2}} + x^{-\frac{1}{2}}$

$$\therefore \frac{d}{dx}y = \frac{d}{dx}\left(x^{\frac{1}{2}} + x^{-\frac{1}{2}}\right)$$

$$= \frac{1}{2}x^{-\frac{1}{2}} - \frac{1}{2}x^{-\frac{3}{2}} = \frac{1}{2\sqrt{x}} - \frac{1}{2\sqrt{x^3}}$$

方法二：（用除法公式）

$$\frac{d}{dx}\left(\frac{x+1}{\sqrt{x}}\right)$$

$$= \frac{\sqrt{x}\,\dfrac{d}{dx}(x+1) - (x+1)\,\dfrac{d}{dx}(\sqrt{x})}{(\sqrt{x})^2}$$

$$= \frac{\sqrt{x}\cdot 1 - (x+1)\cdot \dfrac{1}{2\sqrt{x}}}{x} = \frac{2x - (x+1)}{2x\sqrt{x}} = \frac{1}{2\sqrt{x}} - \frac{1}{2\sqrt{x^3}}$$

2. $y = \sqrt{\sqrt[3]{x}}\,(1+x) = (x^{\frac{1}{3}})^{\frac{1}{2}}(1+x) = x^{\frac{1}{6}} + x^{\frac{7}{6}}$

$$\therefore y' = \frac{1}{6}x^{-\frac{5}{6}} + \frac{7}{6}x^{\frac{1}{6}} = \frac{1}{6\sqrt[6]{x^5}} + \frac{7}{6}\sqrt[6]{x}$$

3. $y' = \dfrac{(x^2+1)^2\,\dfrac{d}{dx}1 - 1\cdot\dfrac{d}{dx}(x^2+1)^2}{(x^2+1)^4}$

$$= \frac{-\dfrac{d}{dx}(x^4+2x^2+1)}{(x^2+1)^4} = \frac{-4x^3 - 4x}{(x^2+1)^4} = \frac{-4x}{(x^2+1)^3}$$

例 **3.** 試導出 $f(x) = \dfrac{xh(x)}{g(x)}$ 之微分公式

解　$f'(x) = \dfrac{g(x)\dfrac{d}{dx}xh(x) - xh(x)\dfrac{d}{dx}g(x)}{g^2(x)}$

$$= \frac{g(x)\left(\left(\dfrac{d}{dx}x\right)h(x) + x\dfrac{d}{dx}h(x)\right) - \left(xh(x)\dfrac{d}{dx}g(x)\right)}{g^2(x)}$$

$$= \frac{g(x)(h(x) + xh'(x)) - xh(x)g'(x)}{g^2(x)}$$

微分數

由 f 之導函數定義

$$\lim_{\Delta x \to 0} \frac{f(x_0 + \Delta x) - f(x_0)}{\Delta x} = f'(x_0)$$

若 Δx 很小，$f(x + \Delta x) - f(x_0) = \Delta y \approx dy$，$\Delta x \approx dx$

則定義 $y = f(x)$ 之**微分數**（Differential）dy：

> **【定義】** $y = f(x)$ 是 x 之一個可微分函數，則 y 之可微分數 dy 定義為 $dy = f'(x)dx$

例 4. 求例 1 各子題之微分數 dy

解　(1) $y = x^2$，$y' = 2x$　∴ $dy = 2xdx$

(2) $y = \sqrt[3]{x}$，$y' = \frac{1}{3}x^{-\frac{2}{3}}$　∴ $dy = \frac{1}{3}x^{-\frac{2}{3}}dx$

(3) $y = \frac{1}{\sqrt{x}}$，$y' = -\frac{1}{2}x^{-\frac{3}{2}}$　∴ $dy = -\frac{1}{2}x^{-\frac{3}{2}}dx$

微分數在微分方程式上有些應用。

函數值之近似估計

$$f(x_0 + \Delta x) = f(x_0) + f'(x_0)\Delta x$$
$$f(x_0 + \Delta x) - f(x_0) = f'(x_0)\Delta x$$

即 $f(x_0 + \Delta x) = f(x_0) + f'(x_0)\Delta x$

∴ 當 Δx 很小時我們可利用微分數進行函數值之近似估計

例 5. 試估計 $\sqrt{25.09}$

解　取 $x_0 = 25$，$\Delta x = 0.09$，$f(x) = \sqrt{x}$，$f'(x_0) = \frac{1}{2\sqrt{x_0}}$

$$\therefore f(25.09) \approx f(25) + \frac{1}{2\sqrt{25}} \cdot 0.09 = \sqrt{25} + \frac{1}{2\sqrt{25}} \cdot 0.09$$

$$= 5 + 0.009 = 5.009$$

例 6. 試估計 $\frac{1}{\sqrt[3]{26.98}}$

解　取 $x_0 = 27$，$\Delta x = -0.02$，$f(x) = \frac{1}{\sqrt[3]{x}} = x^{-\frac{1}{3}}$，$f'(x_0) = \frac{-1}{3}x_0^{-\frac{4}{3}}$

$$\therefore f(26.98) \approx f(27) - \frac{1}{3}x^{-\frac{4}{3}}\Delta x$$

$$= \frac{1}{\sqrt[3]{27}} - \frac{1}{3}\frac{1}{(\sqrt[3]{27})^4} \cdot (-0.02)$$

$$= \frac{1}{3} - \frac{1}{3} \cdot \frac{1}{81}(-0.02) \approx 0.3333$$

邊際函數

在經濟學上常會見到下列名詞：

- **邊際成本**（Marginal cost）：每多生產一個單位產品對總成本之增加量。
- **邊際收入**（Marginal revenue）：每多銷售一個單位產品對總銷售量之增加量。

以邊際成本為例：設 $C(x)$ 為生產 x 單位之成本函數，那麼多比 x 多生產一單位之成本增量

$$\frac{C(x+1) - C(x)}{(x+1) - x} = C(x+1) - C(x) \approx C'(x)$$

$\therefore$ 成本函數 $C(x)$ 之邊際成本函數就定義為 $C'(x)$，同樣地，我們可定義邊際收入函數 $R'(x)$

例 7. 若 $C(x) = \frac{1}{2}x^2 + 3x + 27$，求 (1) 邊際成本函數

(2)$x = 10$ 時之成本　(3)$x = 10$ 之邊際成本

解 (1)$C'(x) = \frac{d}{dx}\left(\frac{1}{2}x^2 + 3x + 27\right) = x + 3$

(2)$C(10) = \frac{1}{2}(10)^2 + 3(10) + 27 = 107$

(3)(i) 應用邊際成本函數 $C'(x) = x + 3$　$\therefore C'(10) = 13$

(ii) 應用 $x = 10$ 之邊際成本 $= C(10) - C(9)$

$$= \left(\frac{1}{2}(10)^2 + 3(10) + 27\right) - \left(\frac{1}{2}(9)^2 + 3(9) + 27\right)$$

$$= 12.5$$

例 7(3) 之 (i)，(ii) 之所以不同是因為，依經濟學之定義，$x = 10$ 之邊際成本為 $C(10) - C(9) \approx C'(10)$，但為便於數學上之處理，我們用 $C'(x)$ 表示產量在 x 單位時之邊際成本。

練習 3.2

1. 試求下列函數之導函數

(1) $y = \sqrt{x} + \dfrac{1}{x^2}$　　　(2) $y = \dfrac{\sqrt{x}}{x^2 + 1}$　　　(3) $y = (x^2 + x + 1)(x^2 - 3)$

(4) $y = x^2(x + 1)$　　　(5) $y = \dfrac{x^2}{x + 1}$　　　(6) $y = \dfrac{x^2}{\sqrt{x + 1}}$

2. 求下列各題之微分數：

(1) $y = x^3$　(2) $y = x^3 + x + 1$　(3) $y = \sqrt{x}$

3. 試求下列各題之估計值

(1) $\sqrt[3]{26}$　(2) $\dfrac{1}{11}$

4. 生產某產品之成本函數 $C(x) = 3x^2 - 2x + 50$

求 (1) 邊際成本函數　(2) 生產第 5 個產品之邊際成本

3.3 鏈鎖律與高階導函數

學習目標
- 鏈鎖律
- 相對變化率
- 高階導函數

如果求 $y = (x^2 + 3x + 1)^2$ 之導函數或許可將 $y = (x^2 + 3x + 1)^2$ 展開後,利用上節之定理求解,但若是求 $y = (x^2 + 3x + 1)^{50}$ 之導函數,就必須尋找一些簡便方法,**鏈鎖律**(Chain rule)即為我們提供了好方法。

【定理 A】 f, g 為可微分函數, $\dfrac{d}{dx} f(g(x)) = f'(g(x)) g'(x)$。

【證明】 令 $u = g(x)$ 則 $f(g(x)) = f(u)$

∵ f, g 均為 x 之可微分函數

∴ (1) $y = f(g(x)) = f(u)$, y 為 u 之可微分函數,從而 $\dfrac{dy}{du}$ 存在

(2) $u = g(x)$, u 為 x 之可微分函數,從而 $\dfrac{du}{dx}$ 存在

如此

$y = f(g(x))$ 是 x 之可微分函數,且

$$\frac{dy}{dx} = \frac{dy}{du} \cdot \frac{du}{dx}$$

即 $\dfrac{d}{dx}(f(g(x))) = f'(g(x)) g'(x)$

我們可用一個管理的例子說明鏈鎖率:成品對原料的變化率 = 成品對半製品的變化率 · 半製品對原料的變化率。

【推論 A1】 若 f, g, h 為三個可微分函數則:
$$\frac{d}{dx} f(g(h(x))) = f'(g(h(x))) g'(h(x)) h'(x)。$$

【推論 A2】 **冪次之鏈鎖律**

$f(x)$ 為一可微分函數, p 為任一實數,則
$$\frac{d}{dx}(f(x))^p = p(f(x))^{p-1} \frac{d}{dx} f(x)$$

例 **1.** 求 (1) $y = (x^2 + 1)^{12}$　(2) $y = \sqrt{x^2+1}$　(3) $y = x\sqrt{x^2+1}$

解　$(1) y = (x^2 + 1)^{12}$　$\therefore \dfrac{dy}{dx} = 12(x^2+1)^{11}\dfrac{d}{dx}(x^2+1)$

$$= 12(x^2+1)^{11} \cdot 2x = 24x(x^2+1)^{11}$$

$(2) y = \sqrt{x^2+1} = (x^2+1)^{\frac{1}{2}}$　$\therefore \dfrac{d}{dx}y = \dfrac{1}{2}(x^2+1)^{-\frac{1}{2}} \cdot \dfrac{d}{dx}(x^2+1)$

$$= \dfrac{1}{2}(x^2+1)^{-\frac{1}{2}} \cdot 2x$$

$$= x(x^2+1)^{-\frac{1}{2}} = \dfrac{x}{\sqrt{x^2+1}}$$

$(3) y = x\sqrt{x^2+1} = x(x^2+1)^{\frac{1}{2}}$

$$\therefore y' \xrightarrow{\text{乘法法則}} \left(\dfrac{dx}{dx}\right)(x^2+1)^{\frac{1}{2}} + x\dfrac{d}{dx}(x^2+1)^{\frac{1}{2}}$$

$$= 1 \cdot (x^2+1)^{\frac{1}{2}} + x \cdot \dfrac{x}{\sqrt{x^2+1}} \quad (\text{由}(2))$$

$$= \sqrt{x^2+1} + \dfrac{x^2}{\sqrt{x^2+1}}$$

例 **2.** 試導出 $\dfrac{d}{dx}f^2(x)$ 之公式並以此結果求 $\dfrac{d}{dx}f^3(x)$

解　$\dfrac{d}{dx}f^2(x) = \dfrac{d}{dx}[f(x) \cdot f(x)] = f'(x) \cdot f(x) + f(x) \cdot f'(x)$

$$= 2f(x)f'(x)$$

$\dfrac{d}{dx}f^3(x) = \dfrac{d}{dx}[f^2(x) \cdot f(x)] = \left[\dfrac{d}{dx}f^2(x)\right] \cdot f(x) + f^2(x)\dfrac{d}{dx}f(x)$

$$= [2f(x)f'(x)]f(x) + f^2(x)f'(x)$$

$$= 3f^2(x)f'(x)$$

例 **3.** 求 $y = \sqrt{x+\sqrt{x}}$ 之導函數 y'

解　$y = \sqrt{x+\sqrt{x}} = \left\{x+x^{\frac{1}{2}}\right\}^{\frac{1}{2}}$

$$\therefore \dfrac{d}{dx}y = \dfrac{1}{2}\left(x+x^{\frac{1}{2}}\right)^{-\frac{1}{2}}\dfrac{d}{dx}\left(x+x^{\frac{1}{2}}\right)$$

$$= \dfrac{1}{2}\left(x+x^{\frac{1}{2}}\right)^{-\frac{1}{2}}\left(1+\dfrac{1}{2}x^{-\frac{1}{2}}\right)$$

$$= \dfrac{1}{2\sqrt{x+\sqrt{x}}}\left(1+\dfrac{1}{2\sqrt{x}}\right)$$

相對變化率

我們引一個例子說明什麼是**相對變化率**（Related rate）問題。假定一企業有某種產品問市，y 為銷售量，x 為產量，即 $y = f(x)$。顯然，x 和時間 t 有關聯，連帶地銷售量也和時間 t 有關，我們有興趣的是 t 變動時，銷售量 y 之變動如何？即 $\dfrac{dy}{dt} = ?$ 利用 $\dfrac{dy}{dt} = \dfrac{dy}{dx} \cdot \dfrac{dx}{dt}$ 即可解出。在未進入主題前，我們先看例 4 暖身。

例 4. 考慮函數 $y = \dfrac{1}{u}$，$u = x^2$，求 $\dfrac{dy}{dx}$

解

	解答
方法一：鏈法則	$\dfrac{dy}{dx} = \dfrac{dy}{du} \cdot \dfrac{du}{dx}$ $= -\dfrac{1}{u^2} \cdot (2x)$ $= -\dfrac{1}{(x^2)^2} \cdot (2x) = -\dfrac{2}{x^3}$
方法二 $u = x^2$ 直接代入 y	$y = \dfrac{1}{u}$，$u = x^2$ $\quad \therefore y = \dfrac{1}{x^2}$ $\dfrac{dy}{dx} = \dfrac{d}{dx}\left(\dfrac{1}{x^2}\right) = \dfrac{d}{dx}x^{-2}$ $= -2x^{-3} = \dfrac{-2}{x^3}$

例 5. 設一球體之表面積以 5cm²/sec 增加，求半徑為 20cm 時之體積變化率為何（註：球之體積公式 $V = \dfrac{4}{3}\pi r^3$，球表面積公式 $A = 4\pi r^2$，r 為球體半徑）

解 設 V 表球球體積，A 為球體表面積，依題意，V 和 A 都是 t 之函數

又 $\dfrac{d}{dt}A = \dfrac{dA}{dr} \cdot \dfrac{dr}{dt} = 8\pi r \cdot \dfrac{dr}{dt}$ $\qquad (1)$

$\dfrac{dV}{dt} = \dfrac{dV}{dr} \cdot \dfrac{dr}{dt} = 4\pi r^2 \cdot \dfrac{dr}{dt}$ $\qquad (2)$

現在我們要求 $r = 20$ 時 $\dfrac{dV}{dt}$：

$\because$ 球表面積以 5cm²/sec 之速率增加 $\quad \therefore \dfrac{dA}{dt} = 5$

由 (1) $\dfrac{dr}{dt} = \dfrac{1}{8\pi r} \dfrac{d}{dt}A = \dfrac{5}{8\pi r}$ $\qquad (3)$

代 (3) 入 (2)

$$\left.\frac{dV}{dt}\right|_{r=20} = 4\pi r^2 \cdot \left.\frac{5}{8\pi r}\right|_{r=20} = \left.\frac{5}{2}r\right|_{r=20} = 50$$

即 $\dfrac{dV}{dt} = 50 \text{ cm}^3/\text{sec}$

例 6. 設某產品之需求函數為 $D(p) = \dfrac{1000}{p}$，預測 t 月後之價格 p 為 t 之函數，$p(t) = 0.05t^2 + 15$，問 (1)10 個月後之需求水準為何 (2) 求產品在 10 個月後需求改變若何？

解 (1)本題要求的是 10 個月後之需求水準 $D(p) = D(p(10))$

$$= D(0.05 \cdot 10^2 + 15) = D(20) = \frac{1000}{20} = 50$$

(2) $\dfrac{dD}{dt} = \dfrac{dD}{dp} \cdot \dfrac{dp}{dt}$，其中

$$\frac{dD}{dp} = \frac{d}{dp}\frac{1000}{p} = -\frac{1000}{p^2}$$

$$\frac{d}{dt}p = \frac{d}{dt}(0.05t^2 + 15) = 0.1t \text{ 及 } p(10) = 20$$

$$\therefore \frac{dD}{dt} = -\frac{1000}{p^2} \cdot 0.1t$$

$$\Rightarrow \left.\frac{dD}{dt}\right|_{\substack{t=10 \\ p=20}} = -\frac{1000}{20^2} \times 0.1 \times 10 = -2.5$$

即10個月後該產品在 \$20 之價格水準下，銷售量將減少2.5個單位。

高階導函數

　f 為一可微分函數，則我們可求出其導函數 f'，若 f' 亦為一可微分函數，我們可再求出其導函數，我們用 f'' 表所求之結果，並稱為 f 之二階導函數，而稱 f' 為一階導函數，如此便可反覆求 f 之三階導函數 f'''，以此類推。

　我們將一些常用之高階導函數之符號表示法，表列如下：

階次	常用表示法			
一階	y'	f'	$\dfrac{dy}{dx}$	$D_x y$
二階	y''	f''	$\dfrac{d^2y}{dx^2}$	$D_x^2 y$
三階	y'''	f'''	$\dfrac{d^3y}{dx^3}$	$D_x^3 y$

階次	常用表示法			
四階	$y^{(4)}$	$f^{4)}$	$\dfrac{d^4y}{dx^4}$	$D^4_x y$
五階	$y^{(5)}$	$f^{5)}$	$\dfrac{d^5y}{dx^5}$	$D^5_x y$
…	…	…	…	…
n 階	$y^{(n)}$	$f^{n)}$	$\dfrac{d^n y}{dx^n}$	$D^n_x y$

例 7. (1) $y = x^3$，求 y', y'', y'''…　(2) $y = 3x^3 + 7x^2 + 6x + 1$，求 y', y'', y'''…

解 (1)$y' = 3x^2$，$y'' = 3 \cdot 2x = 6x$，$y''' = 6$，$y^{(4)} = y^{(5)} = \cdots = 0$
(2)$y' = 9x^2 + 14x + 6$，$y'' = 18x + 14$，$y''' = 18$，$y^{(4)} = y^{(5)} = \cdots = 0$

例 8. 求 $y = \dfrac{1}{x}$，求 $y^{(12)}$

解 $y = \dfrac{1}{x} = x^{-1}$
$y' = (-1)x^{-2}$
$y'' = (-1)(-2)x^{-3} = (-1)^2 1 \cdot 2x^{-3}$
$y''' = (-1)^2 1 \cdot 2(-3)x^{-4} = (-1)^3 1 \cdot 2 \cdot 3x^{-4}$
……
$y^{(12)} = (-1)^{12} 1 \cdot 2 \cdot 3 \cdots 12x^{-13} = 1 \cdot 2 \cdot 3 \cdots 12x^{-13}$
例 8 之 $y^{(12)} = 1 \cdot 2 \cdot 3 \cdots 12x^{-13}$ 通常可用 $y^{(12)} = 12!x^{-13}$ 表之，$n!$ 讀做 **n 階乘**（Factorial），$n! = 1 \cdot 2 \cdot 3 \cdots n$，例如 $4! = 4 \cdot 3 \cdot 2 \cdot 1 = 24$，$6! = 6 \cdot 5 \cdot 4 \cdot 3 \cdot 2 \cdot 1 = 720$

在求高階導函數時，找出正負號、冪次與階乘變化的規則性是關鍵。

例 9. 若 $y = \dfrac{1}{1+x}$，求 $y^{(32)}$

解 $y = \dfrac{1}{1+x} = (1+x)^{-1}$
$y' = -(1+x)^{-2}$ 　　　　　　　$= (-1)1!(1+x)^{-2}$
$y'' = (-1)(-2)(1+x)^{-3}$ 　　　$= (-1)^2 2!(1+x)^{-3}$
$y''' = (-1)(-2)(-3)(1+x)^{-4}$ 　$= (-1)^3 3!(1+x)^{-4}$
如此規則性便自然浮出　　$\therefore y^{(32)} = (-1)^{32} 32!(1+x)^{-33} = 32!(1+x)^{-33}$

在求高階導函數時，

$$y = \frac{1}{a + bx} \Rightarrow y^{(n)} = (-1)^n n! b^n / (a + bx)^{n+1}$$

是個很好用的公式。

證明見練習第 3 題 (4)。

例10. 若 $f(x) = \dfrac{1-x}{1+x}$，求 $f^{(30)}(1) = ?$

解 先將 $f(x) = \dfrac{1-x}{1+x}$ 化成帶分式：

$$f(x) = \frac{1-x}{1+x} = -1 + \frac{2}{1+x} = (-1) + 2(1+x)^{-1}$$

$$\therefore y^{(30)} = 2 \cdot 30!(1+x)^{-31}$$

因而 $y^{(30)}(1) = 2 \cdot \dfrac{30!}{2^{31}} = \dfrac{30!}{2^{30}}$

練習 3.3

1. 試求下列各函數之導函數 y'

   (1) $y = (2x + 1)^{10}$　　(2) $y = \sqrt{2x + 3}$　　(3) $y = \left(\dfrac{x-1}{x+1}\right)^3$

   (4) $y = \sqrt{1 + \sqrt{x}}$　　(5) $y = \sqrt{x^2 + 2x + \sqrt{x}}$　　(6) $y = (x^3 - 3x + 1)^8$

2. 求下列函數之導函數

   (1) $y = \sqrt[3]{1 + g(x)}$　　(2) $y = f(g(x^2))$　　(3) $y = f(xg(x))$

3. 求下列各函數之導函數

   (1) $y = \dfrac{1}{x}$，求 $y^{(27)}$　　(2) $y = x^{47}$ 求 $y^{(48)}$

   (3) $y = \dfrac{2 + 3x}{(1+x)(1+2x)}$ 求 $y^{(n)}$　　(4) $y = \dfrac{1}{a + bx}$，求 $y^{(n)}$

4. $V = \dfrac{1}{12}\pi h^3$，h 為 t 之函數，若 $h = 8$，$\dfrac{dh}{dt} = \dfrac{5}{16}\pi$，求 $\dfrac{dV}{dt}$

第4章
微分學之應用

4.1 均值定理註

學習目標
- 洛爾定理、拉格蘭日中值定理與歌西均值定理之內容假設、內容和幾何意義
- 均值定理之應用

均值定理（Mean value theorem; MVT）是微分應用之理論基礎，本單元將介紹最基本的 1. **洛爾定理**（Rolle's theorem）、2. **拉格蘭日均值定理**（Lagrange's mean value theorem）與**歌西均值定理**（Cauchy's mean value theorem）。它們都有很好的幾何意義以及數學應用。微分之應用是建立在這些定理之基礎上。

在談均值定理前，讀者應牢記：不論洛爾定理或均值定理之 $f(x)$ 都必須滿足下列條件：

1. $f(x)$ 在 **[a, b] 中為連續**。
2. $f(x)$ 在 **(a, b) 中可微分**。

洛爾定理

> **【定理 A】** $f(x)$ 在 $[a, b]$ 上為連續，且在 (a, b) 內各點皆可微分，若 $f(a) = f(b)$，
> （洛爾定理）則在 (a, b) 之間必存在一數 x_0，$a < x_0 < b$，使得 $f'(x_0) = 0$。

不滿足洛爾定理之樣態

下列三種 Type 都不滿足洛爾定理之假設，故都不保證洛爾定理之結果。

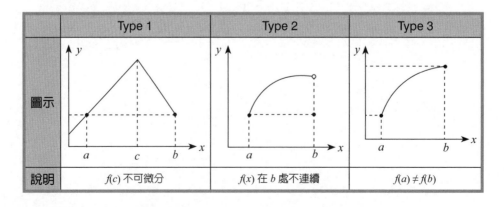

	Type 1	Type 2	Type 3
圖示			
說明	$f(c)$ 不可微分	$f(x)$ 在 b 處不連續	$f(a) \neq f(b)$

註：本節較理論，商科系可略之。

例 1. 若 $f(x) = x^2 + x + 1$，$x \in [-1, 0]$，試求滿足洛爾定理之 x_0 值。

解 $f(x)$ 在 $[-1, 0]$ 為連續，在 $(-1, 0)$ 為可微分

又 $f(-1) = f(0) = 1$，$f'(x_0) = 2x_0 + 1 = 0$，解之 $x_0 = -\dfrac{1}{2}$，$x_0 \in (-1, 0)$ 故滿足洛爾定理。

例 2. 若 $f(x) = x(x-1)(x+2)(x-3)$，問 $f'(x) = 0$ 根之分布。

解

提示	解答
(1) $y = f(x)$ 在區間 I 中可微分 (2) $f(a) = f(b) \Rightarrow f'(x) = 0$ 在 (a, b) 存在一個根	$y = f(x)$ 顯然在 R 中為連續且可微分 $f(0) = f(1)$ ∴在 $(0, 1)$ 中存在一個根滿足 $f'(x) = 0$，同理在 $(-2, 0)$，$(1, 3)$ 中 $f'(x) = 0$ 亦各有 1 根。

例 3. 試證 $x^3 + 2x - 1 = 0$ 在 $(0, 1)$ 間恰有一實根

解 證明「恰有」時有二個運作，先證明「存在」然後再證「惟一」
1. 先證 $x^3 + 2x - 1 = 0$ 在 $(0, 1)$ 間存在實根：
   令 $f(x) = x^3 + 2x - 1$，則 $f(x)$ 在 $[0, 1]$ 為連續，又 $f(0)f(1) < 0$，∴由定理 2.4E（零點定理）$f(x)$ 在 $(0, 1)$ 間存在一個 c 使得 $f(c) = 0$，即 $f(x) = 0$ 在 $(0, 1)$ 至少有一個實根。
2. 次證 $x^3 + 2x - 1 = 0$ 在 $(0, 1)$ 間之根是惟一的：
   利用反證法，設 y_1, y_2 為 $x^3 + 2x - 1 = 0$ 在 $(0, 1)$ 之二個根，即 $f(y_1) = f(y_2) = 0$。又 $f(x) = x^3 + 2x - 1$ 在 $[0, 1]$ 為連續，在 $(0, 1)$ 可微分，由洛爾定理知在 (y_1, y_2) 必存在一個 y_3 使得 $f'(y_3) = 0$，但 $f'(y_3) = 3y_3^2 + 2 > 0$，即不存在一個 y_3 使得 $f'(y_3) = 0$ ∴ $x^3 + 2x - 1 = 0$ 在 $(0, 1)$ 間之根是惟一的。

綜上：$x^3 + 2x - 1 = 0$ 在 $(0, 1)$ 間恰有一實根。

拉格蘭日均值定理

【定理 B】 拉格蘭日均值定理
若 $f(x)$ 在 $[a, b]$ 上為連續，且在 (a, b) 內各點均可微分，則在 (a, b) 存在一數 x_0，使得 $f'(x_0) = \dfrac{f(b) - f(a)}{b - a}$。

【證明】 設 A，B 二點之座標分別為 $(a, f(a))$，$(b, f(b))$ 則 $\overrightarrow{AB}$ 之斜率

$$m = \frac{f(b) - f(a)}{b - a}$$

取 $g(x) = f(x) - [f(a) + m(x - a)]$

得 $g(a) = 0$

且 $g(b) = f(b) - [f(a) + \frac{f(b) - f(a)}{b - a}(b - a)] = 0$

$g(a) = g(b) = 0$，$g(x)$ 在 (a, b) 中可微分且在 $[a, b]$ 中為連續，由洛爾定理知存在一個 $x_0 \in (a, b)$ 使得 $g'(x_0) = 0$，即

$$g'(x_0) = f'(x_0) - m = 0 \quad \therefore m = f'(x_0) = \frac{f(b) - f(a)}{b - a} \quad \blacksquare$$

例 4. 以 $f(x) = x^2$，$b = 2$，$a = 1$ 驗證拉格蘭日均值定理之存在一個 x_0 介於 1，2 之間。

解 $f(x) = x^2$ 在 $(1, 2)$ 為可微分，在 $[1, 2]$ 為連續，現在求 x_0

$$\frac{f(2) - f(1)}{2 - 1} = f'(x_0)$$

$$\therefore 2^2 - 1^2 = 2x_0 \Rightarrow 3 = 2x_0 \text{ 得 } x_0 = \frac{3}{2}$$

而 $x_0 = \frac{3}{2} \in (1, 2)$

拉格蘭日均值定理與不等式

許多不等式都可透過拉格蘭日均值定理（定理 B）而建立，它的關鍵有二：一是找到一個適當的輔助函數，一是必要時需對不等式範圍加以放大而得到所要的不等式。

例 5. 試證 $\sqrt{26} < 5 + \frac{1}{10}$

解 取 $f(x) = \sqrt{x}$，$b = 26$，$a = 25$ 則由定理 B（拉格蘭日均值定理）

$$\frac{f(b) - f(a)}{b - a} = f'(\varepsilon)，26 > \varepsilon > 25$$

$$\therefore \sqrt{26} - \sqrt{25} = \frac{1}{2\sqrt{\varepsilon}} < \frac{1}{2\sqrt{25}} = \frac{1}{10}$$

即 $\sqrt{26} < 5 + \frac{1}{10}$

例 **6.** 試證 $\dfrac{1}{12} < \sqrt{26} - 5 < \dfrac{1}{10}$

解 取 $f(x) = \sqrt{x}$ 則由定理 B（拉格蘭日均值定理）：

$$\frac{\sqrt{26} - \sqrt{25}}{26 - 25} = \frac{1}{2\sqrt{\varepsilon}} \text{ , } 26 > \varepsilon > 25$$

$$\therefore \sqrt{26} - 5 = \frac{1}{2\sqrt{\varepsilon}} \text{ , }$$

$$\frac{1}{2\sqrt{36}} < \frac{1}{2\sqrt{26}} < \frac{1}{2\sqrt{\varepsilon}} < \frac{1}{2\sqrt{25}} \text{ , 即 } \frac{1}{12} < \frac{1}{2\sqrt{\varepsilon}} < \frac{1}{10}$$

$$\therefore \frac{1}{12} < \sqrt{26} - 5 < \frac{1}{10}$$

例 **7.** 若 $x \geq 0$，試證 $1 + \dfrac{x}{2} \geq \sqrt{1+x}$

解 取 $f(x) = \sqrt{1+x}$，$x \geq 0$

則由定理 B（拉格蘭日均值定理），$\dfrac{f(x) - f(0)}{x - 0} = f'(\varepsilon)$，$x \geq \varepsilon \geq 0$

$$\therefore \frac{\sqrt{1+x} - 1}{x} = \frac{1}{2\sqrt{1+\varepsilon}} \leq \frac{1}{2}$$

$$\therefore \text{即 } 1 + \frac{x}{2} \geq \sqrt{1+x} \text{ , } x \geq 0$$

歌西均值定理

定理 C（歌西均值定理）：若 $f(x)$ 與 $g(x)$ 均滿足 (1) 在 $[a, b]$ 上為連續，(2) 在 (a, b) 中為可微分 (3) $g'(x) \neq 0$ 則在 (a, b) 內存在一個 x_0 使得

$$\frac{f(b) - f(a)}{g(b) - g(a)} = \frac{f'(x_0)}{g'(x_0)} \text{ , } b > x_0 > a$$

顯然，取 $g(x) = x$ 則定理 C 即為定理 B，因此，我們可以說拉格蘭日均值定理是歌西均值定理之特例。

例 **8.** 若 $f(x) = x^2 + x + 1$，$g(x) = x^2$ 顯然在 $[0, 1]$ 中為連續，在 $(0, 1)$ 中為可微分，試求滿足 $\dfrac{f(1) - f(0)}{g(1) - g(0)} = \dfrac{f'(x_0)}{g'(x_0)}$ 之 $x_0 = ?$

解 $\dfrac{f(1) - f(0)}{g(1) - g(0)} = \dfrac{(1^2 + 1 + 1) - (0^2 + 0 + 1)}{1 - 0} = \dfrac{2x_0 + 1}{2x_0}$，又 $\dfrac{f(1) - f(0)}{g(1) - g(0)} = 2$

得 $4x_0 = 2x_0 + 1$　$\therefore x_0 = \dfrac{1}{2}$ 即存在一個 $x_0 = \dfrac{1}{2} \in (0, 1)$ 滿足

$$\frac{f(1) - f(0)}{g(1) - g(0)} = \frac{f'(x_0)}{g'(x_0)}$$

例 9. 若 $f(x)$ 在 $[a, b]$ 中為連續在 (a, b) 中為可微分，試證
存在一個 $x_0 \in (a, b)$ 滿足 $\dfrac{f(b) - f(a)}{b - a} = (a + b) \cdot \dfrac{f'(x_0)}{2x_0}$

解 取 $g(x) = x^2$，則由定理 C（歌西均值定理）

$$\frac{f(b) - f(a)}{g(b) - g(a)} = \frac{f(b) - f(a)}{b^2 - a^2} = \frac{f'(x_0)}{2x_0} \Rightarrow \frac{f(b) - f(a)}{b - a} = \frac{(a+b)f'(x_0)}{2x_0},$$

$$x_0 \in (a, b)$$

最後將本節三大定理之綜合比較如下表：

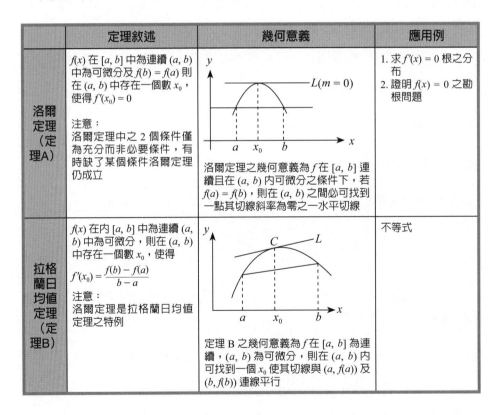

	定理敘述	幾何意義	應用例
洛爾定理（定理A）	$f(x)$ 在 $[a, b]$ 中為連續 (a, b) 中為可微分及 $f(b) = f(a)$ 則在 (a, b) 中存在一個數 x_0，使得 $f'(x_0) = 0$ 注意： 洛爾定理中之 2 個條件僅為充分而非必要條件，有時缺了某個條件洛爾定理仍成立	洛爾定理之幾何意義為 f 在 $[a, b]$ 連續且在 (a, b) 內可微分之條件下，若 $f(a) = f(b)$，則在 (a, b) 之間必可找到一點其切線斜率為零之一水平切線	1. 求 $f'(x) = 0$ 根之分布 2. 證明 $f(x) = 0$ 之勘根問題
拉格蘭日均值定理（定理B）	$f(x)$ 在內 $[a, b]$ 中為連續 (a, b) 中為可微分，則在 (a, b) 中存在一個數 x_0，使得 $f'(x_0) = \dfrac{f(b) - f(a)}{b - a}$ 注意： 洛爾定理是拉格蘭日均值定理之特例	定理 B 之幾何意義為 f 在 $[a, b]$ 為連續，(a, b) 為可微分，則在 (a, b) 內可找到一個 x_0 使其切線與 $(a, f(a))$ 及 $(b, f(b))$ 連線平行	不等式

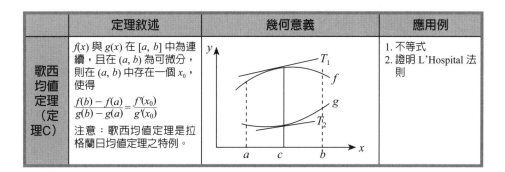

	定理敘述	幾何意義	應用例
歌西 均值 定理 （定 理C）	$f(x)$ 與 $g(x)$ 在 $[a, b]$ 中為連續，且在 (a, b) 為可微分，則在 (a, b) 中存在一個 x_0，使得 $\dfrac{f(b) - f(a)}{g(b) - g(a)} = \dfrac{f'(x_0)}{g'(x_0)}$ 注意：歌西均值定理是拉格蘭日均值定理之特例。		1. 不等式 2. 證明 L'Hospital 法則

練習 4.1

1. $y = \dfrac{1}{x+1}$，$[0, 2]$ 試找滿足拉格蘭日均值定理之 x。

2. 證明 $\sqrt{66} > 8 + \dfrac{1}{9}$

3. 試證：$p(x - 1) < x^p - 1 < px^{p-1}(x - 1)$，其中 $p > 1$，$x > 1$。

4. 若 $f(x) = \dfrac{1}{x}$，$x \in (-1, 1)$，問是否有滿足洛爾定理之 x_0 值？

5. $f(x) = \alpha x^2 + \beta x + \gamma$，$\alpha \neq 0$，$x \in [a, b]$，試求滿足拉格蘭日均值定理之 x。

4.2 單調性與凹性

學習目標
- 函數之單調性：增減區間
- 函數之凹性 $\begin{cases} 上凹、下凹區間 \\ 反曲點 \end{cases}$
- 利用函數之單調性、凹性繪製概圖

　　單調性（Monotonicity）是討論函數 f 在區間 I 之增減性，**凹性**（Concavity）是討論函數 f 在區間開口向上或向下。單調性與凹性，在日後微分應用，如繪圖、極值、不等式論證等都有一定之功能。

單調性

定義	圖示
設區間 I 包含在函數 f 的定義域中 1. 若對所有的 x_1，$x_2 \in$ I 且 $x_1 \leq x_2$，都有 $f(x_1) \leq f(x_2)$ 則稱函數 f 在區間 I 內為**遞增**（Increasing）。 2. 若對所有的 x_1，$x_2 \in$ I 且 $x_1 < x_2$，都有 $f(x_1) < f(x_2)$，則稱函數 f 在區間 I 內為**嚴格遞增**（Strictly Increasing）。 3. 將上定義 (1) 中的「$f(x_1) \leq f(x_2)$」改成「$f(x_1) \geq f(x_2)$」即得**遞減**（Decreasing）。 4. 將上定義 (2) 中的「$f(x_1) < f(x_2)$」改成「$f(x_1) > f(x_2)$」即得**嚴格遞減**（Strictly Decreasing）。	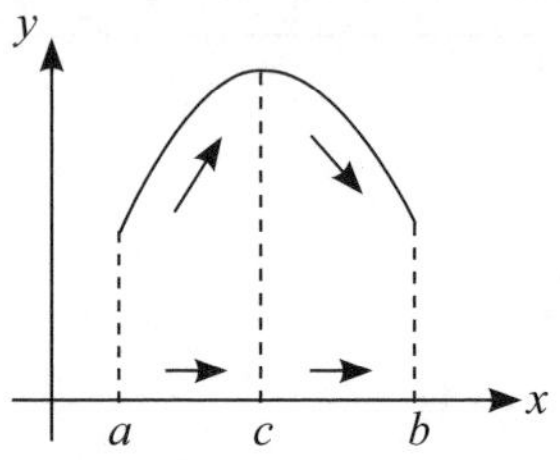 $f(x)$ 在 $[a, c]$ 為增函數 $f(x)$ 在 $[c, b]$ 為減函數

　　依定義，遞增性是 $x \begin{cases} 增加 \\ 減少 \end{cases}$ 時 $f(x)$ 亦 $\begin{cases} 增加 \\ 減少 \end{cases}$；遞減性是 $x \begin{cases} 增加 \\ 減少 \end{cases}$ 時 $f(x)$ 卻 $\begin{cases} 減少 \\ 增加 \end{cases}$。亦即：

	增函數	減函數
$a > b$	$f(a) > f(b)$	$f(a) < f(b)$
$a < b$	$f(a) < f(b)$	$f(a) > f(b)$

【定理 A】　$f(x)$ 在 $[a, b]$ 為連續，且在 (a, b) 為可微分
1. 若 $f'(x) > 0$，$\forall x \in (a, b)$，則 $f(x)$ 在 (a, b) 為嚴格遞增函數。
2. 若 $f'(x) < 0$，$\forall x \in (a, b)$，則 $f(x)$ 在 (a, b) 為嚴格遞減函數。
3. 若 $f'(x) = 0$，$\forall x \in (a, b)$，則 $f(x)$ 在 (a, b) 為常數函數。

定理	證明	圖示
$f' > 0 \Rightarrow f$ 為增函數	由定理 4.1B $\dfrac{f(x) - f(a)}{x - a} = f'(\xi) > 0$，$\forall \xi \in (a, b)$ $\because x > a$ $\therefore f(x) > f(a)$，因此 $f(x)$ 為嚴格遞增函數。	 $f'(x) > 0$，$f(x)$ 為增函數
$f' < 0 \Rightarrow f$ 為減函數	由定理 4.1B $\dfrac{f(x) - f(a)}{x - a} = f'(\xi) < 0$，$\forall \xi \in (a, b)$ $\because x > a$ $\therefore f(x) < f(a)$，因此 $f(x)$ 為嚴格遞減函數。	 $f'(x) < 0$，$f(x)$ 為減函數
$f' = 0 \Rightarrow f$ 為常數函數 ※ 這是微積分證明常數函數之少數重要方法	任取 x_0，$a < x_0 < b$，依定理 4.1B $f(x_0) - f(a) = (x_0 - a) f'(x_1)$ $\qquad\qquad = (x_0 - a) \cdot 0 = 0$ $a < x_1 < x_0$ 故對任一 x_0，$a < x_0 < b$，$f(x_0) = f(a)$ 因此 $f(x) = c$，c 是常數，$x \in (a, b)$。	 $f'(x) = 0$，f 為常數函數

例 1. 求 1. $y = x^2$ 之增減區間 2. 利用 1. 之結果分 (1) $a > b > 0$ (2) $0 > a > b$ 指出 a^2 與 b^2 之大小

解　1. $y = x^2$ $\quad \therefore y' = 2x$

x		0	
f'	$-$		$+$
f	$\searrow$		$\nearrow$

(1) $x > 0$ 時 $y' > 0$ $\therefore y = x^2$ 在 $(0, \infty)$ 為嚴格遞增
(2) $x < 0$ 時 $y' < 0$ $\therefore y = x^2$ 在 $(-\infty, 0)$ 為嚴格遞減
2. (1) $\because y = x^2$ 在 $(0, \infty)$ 為嚴格遞增，$a > b > 0$ $\therefore a^2 > b^2$
(2) $\because y = x^2$ 在 $(-\infty, 0)$ 為嚴格遞減，$a > b > 0$ $\therefore a^2 < b^2$

例 2. 求 $y = x + \dfrac{1}{x}$ 之增減區間

解 $y' = 1 - \dfrac{1}{x^2} > 0$ 得 $1 > \dfrac{1}{x^2}$ 或 $x^2 > 1$ 得 $x > 1$ 或 $x < -1$ 即 $(1, \infty) \cup (-\infty, -1)$ 時為嚴格遞增，而 $(-1, 0) \cap (0, 1)$ 為嚴格遞減

x		-1	0		1	
f'	$+$	$-$		$-$	1	$+$
f	↗	↘		↘		↗

例 3. 求 $y = x^3 - 3x^2 - 9x + 1$ 之增減區間。

解 $y = x^3 - 3x^2 - 9x + 1$

$y' = 3x^2 - 6x - 9 = 3(x-3)(x+1) < 0 \Rightarrow y = x^3 - 3x^2 - 9x + 1$ 在 $(-1, 3)$ 嚴格遞減

$y' > 0 \Rightarrow x \in (3, \infty) \cup (-\infty, -1) \Rightarrow y = x^3 - 3x^2 - 9x + 1$ 在 $(3, \infty) \cup (-\infty, -1)$ 為嚴格遞增。

x		-1		3	
f'	$+$		$-$		$+$
f	↗		↘		↗

單調性與不等式（若時間不足可略之）

用增減函數證明二個函數 $f(x)$，$g(x)$ 在 $[a, b]$ 間有 $f(x) \geq g(x)$ 之關係，可令 $h(x) = f(x) - g(x)$ 證明 $h'(x) \geq 0$，$\forall x \in [a, b]$ 及 $h(a) \geq 0 \Rightarrow$ 在 $[a, b]$ 滿足 $h(x) \geq 0$，即 $f(x) \geq g(x)$。

例 4. 若 $x > 1$，試證 $\sqrt{1+x} \leq 1 + \dfrac{x}{2}$

解 取 $h(x) = \sqrt{1+x} - \left(1 + \dfrac{1}{2}x\right)$，則

$h'(x) = \dfrac{1}{2\sqrt{1+x}} - \dfrac{1}{2} = \dfrac{1}{2}\left(\dfrac{1}{\sqrt{1+x}} - 1\right) < 0$

又 $h(0) = 0$

$\therefore h(x) \leq 0$，即 $\sqrt{1+x} \leq 1 + \dfrac{1}{2}x$

經濟商學應用

例 5. 函數 f 為一可微分函數，邊際函數大於平均函數時證明平均函數為增函數。並舉一個日常例子說明之。

解 $f(x)$ 之邊際函數為 $f'(x)$，平均函數為 $\dfrac{f(x)}{x}$，

$$\dfrac{d}{dx}\left(\dfrac{f(x)}{x}\right) = \dfrac{x \dfrac{d}{dx} f(x) - f(x) \dfrac{dx}{dx}}{x^2} = \dfrac{xf'(x) - f(x)}{x^2} \tag{1}$$

$\because f'(x) > \dfrac{f(x)}{x}$，$xf'(x) > f(x)$ (2)

代 (2) 入 (1) 得：

$$\dfrac{d}{dx}\left(\dfrac{f(x)}{x}\right) = \dfrac{xf'(x) - f(x)}{x^2} > 0$$

$\therefore$ 當邊際函數 > 平均函數時，平均函數為增函數。例如：全班平均身高為 160cm，若來了一位新同學身高 165cm，則加入新同學後全班平均身高一定超過 160cm。

凹性

【定義】 函數 f 在 $[a, b]$ 中為連續且在 (a, b) 中為可微分，若
1. 在 (a, b) 中，f 之切線位於 f 圖形之下，則稱 f 在 $[a, b]$ 為**上凹**（Concave up）。
2. 在 (a, b) 中，f 之切線位於 f 圖形之上，則稱 f 在 $[a, b]$ 為**下凹**（Concave down）。

用白話來說，上凹是一個開口向上之圖形，下凹則是開口向下。如下圖：上凹是切線在 f 圖形之下，下凹則是切線在 f 圖形之上。

【定理 B】 f 在 $[a, b]$ 中為連續，且在 (a, b) 中為可微分，則
1. 在 (a, b) 中滿足 $f'' > 0$，則 f 在 $[a, b]$ 中為上凹。
2. 在 (a, b) 中滿足 $f'' < 0$，則 f 在 $[a, b]$ 中為下凹。

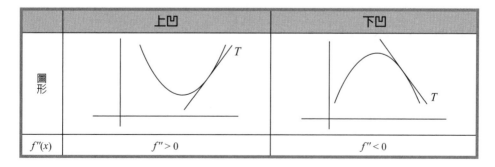

	上凹	下凹
圖形	T	T
$f''(x)$	$f'' > 0$	$f'' < 0$

例 6. 求 $y = x + \dfrac{1}{x}$ 之下凹與上凹區間

解　$y = x + \dfrac{1}{x}$，$y' = 1 - \dfrac{1}{x^2}$，$y'' = \dfrac{2}{x^3}$

$\therefore y = x + \dfrac{1}{x}$ 在 $(-\infty, 0)$

為下凹，在 $(0, \infty)$ 為上凹

x	$-\infty$		0		∞
y''		$-$	$\times$	$+$	
凹性		⌢		⌣	

反曲點

　　若函數 f 上之一點 $(c, f(c))$ 改變了圖形之凹性，則該點稱為反曲點（Inflection point）。在求函數 f 之反曲點時先解 $f''(x) = 0$ 或 $f''(x)$ 不存在點。然後檢查 $(c, f(c))$ 左右兩區間之正、負號，若為異號則 $(c, f(c))$ 為 $f(x)$ 之一個反曲點，若為同號則非 $f(x)$ 之反曲點。特別要注意的是若 $f''(c)$ 不存在時必須確定 c 是否在 $f(x)$ 之定義域內，例如 $(0, 0)$ 不是 $y = x + \dfrac{1}{x}$ 之反曲點，這是因為 $y''(0)$ 雖然不存在，但 $x = 0$ 不在 $f(x)$ 之定義域內。

例 7.　求 $y = x^4$ 之反曲點。

解　$y = x^4$，$y' = 4x^3$，$y'' = 12x^2 > 0$，$\therefore y = x^4$ 為全域上凹，故無反曲點。

x	$-\infty$		0		∞
f''		$+$		$+$	
凹性		⌣		⌣	

例 8.　求 $f(x) = x^3 + 3x^2 + 4x - 3$ 之反曲點

解　$f'(x) = 3x^2 + 6x + 4$

$f''(x) = 6x + 6$

當 $x = -1$ 時 $f''(x) = 0$

由右表易知 $(-1, -5)$ 為反曲點

x		-1	
$f'(x)$	$-$		$+$
凹性	⌢		⌣

凹函數之另一個等價定義

【定義】　函數 $f(x)$ 在區間 I 中有定義，若對任意之 x_1，$x_2 \in \mathrm{I}$，及任一個實數 $\lambda \in (0, 1)$ 恆有

$\begin{cases} f(\lambda x_1 + (1 - \lambda)x_2) < \lambda f(x_1) + (1 - \lambda)f(x_2) 則 f(x) 為上凹函數。 \\ f(\lambda x_1 + (1 - \lambda)x_2) > \lambda f(x_1) + (1 - \lambda)f(x_2) 則 f(x) 為下凹函數。 \end{cases}$

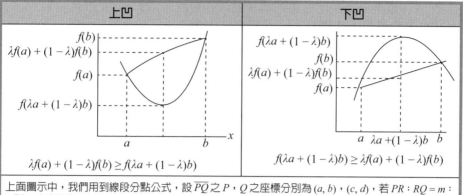

上面圖示中，我們用到線段分點公式，設 $\overline{PQ}$ 之 P，Q 之座標分別為 (a, b)，(c, d)，若 $PR : RQ = m : n$ 則 R 之座標為

$$\overset{P\quad m\quad R\quad n\quad Q}{\underset{(a,\,b)\qquad\qquad (c,\,d)}{\bullet\!-\!-\!-\!-\!-\!-\!-\!-\!-\!\bullet}}\qquad \left(\frac{an+cm}{m+n},\ \frac{bn+dm}{m+n}\right).$$

我們可用下列交叉乘法記住上述分點公式

R 之 x 座標 $\rightarrow \overset{m}{\underset{a}{}}\times\overset{n}{\underset{c}{}} \Rightarrow \left(\dfrac{an+cm}{m+n},\quad\right)$

R 之 y 座標 $\rightarrow \overset{m}{\underset{b}{}}\times\overset{n}{\underset{d}{}} \Rightarrow \left(\quad,\dfrac{bn+dm}{m+n}\right)$

【定理 C】　若 $\sum\limits_{i=1}^{n}\lambda_i = 1$，$1 \ge \lambda_i \ge 0$

1. $f''(x) > 0$：$f(\lambda_1 x_1 + \lambda_2 x_2 + \cdots + \lambda_n x_n) \le \lambda_1 f(x_1) + \lambda_2 f(x_2) + \cdots \lambda_n f(x_n)$
2. $f''(x) < 0$：$f(\lambda_1 x_1 + \lambda_2 x_2 + \cdots + \lambda_n x_n) \ge \lambda_1 f(x_1) + \lambda_2 f(x_2) + \cdots \lambda_n f(x_n)$

在應用定理 C 證明不等式時，我們首先要確定：

題給條件或證明之對象有 $\sum\limits_{i=1}^{n}\lambda_i = 1$ 之「線索」，λ_i 不一定是數字，它也許是變數，一旦發現有此線索時就優先考慮用定理 C。

例 8. 試證 $\dfrac{1}{3}(x^3+y^3+z^3) > \left(\dfrac{x+y+z}{3}\right)^3$，$n > 1$，$x, y, z > 0$

解　取 $g(x) = x^3$，若 $x > 0$ 則我們有 $g''(x) = 6x > 0$

∴ $g(x)$ 為上凹函數，$x, y, z > 0$ 時，由定理 C

$$\frac{1}{3}x^3 + \frac{1}{3}y^3 + \frac{1}{3}z^3 \ge \left(\frac{x+y+z}{3}\right)^3$$

繪圖應用

我們先將本節與繪圖有關之結果做一摘述：

　　由 $f'(x)$ 是正、負決定曲線遞增、遞減的範圍。由 $f''(x)$ 是正負決定曲線上凹、下凹的範圍，具體而言：

1. 一階導函數 $\begin{cases} f' > 0 & f \in \uparrow \text{（遞增）} \\ f' < 0 & f \in \downarrow \text{（遞增）} \end{cases}$

2. 二階導函數 $\begin{cases} f'' > 0 & f \in \smile \text{（上凹）} \\ f'' < 0 & f \in \frown \text{（下凹）} \end{cases}$

情況	對應圖形	提示
$f' > 0$，$f'' < 0$		
$f' < 0$，$f'' < 0$		
$f' < 0$，$f'' > 0$		
$f' > 0$，$f'' > 0$		

　　因此，繪圖問題就好像是堆積木，只不過它之形狀只有 ↗ ⌒ ↘ ↘ 四個圖案，各圖案之始點、終點大致與 $f'(x) = 0$，$f''(x) = 0$ 之點有關。如此，把握上述要點繪圖也變得簡單多了。

例 9. 試根據下列資訊，繪出函數 $f(x)$ 之概圖。

(1) $x < -2$ 或 $x > 1$ 時 $f'(x) > 0$

(2) $-2 < x < 1$ 時 $f'(x) < 0$

(3) $x > 0$ 時 $f''(x) > 0$

(4) $x < 0$ 時 $f''(x) < 0$

(5) $f(-2) = 2$，$f(0) = 1$，$f(1) = \dfrac{1}{2}$

解　爲了便於繪圖，我們做以下之表格：

x		-2		0		1	
f'	$+$		$-$		$-$		$+$
f''	$-$		$-$		$+$		$+$
f 之圖形	↗	2	↘	1	↘	$\frac{1}{2}$	↗

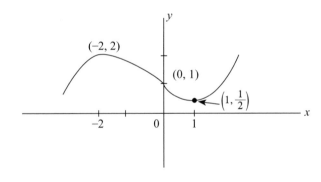

例 9 之 $f(x)$ 之反曲點爲 $(0, 1)$

假如例 9 沒有條件 (5)，那麼它的圖形可能是：

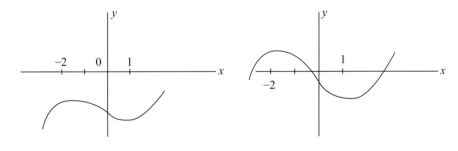

例10. 試根據下列資訊繪出 $f(x)$ 之概圖
(1)$f(-1) = -2$，$f(0) = 0$，$f(1) = 1$，$f(2) = 0$
(2)$x < 1$ 時 $f'(x) > 0$
(3)$2 > x > 1$ 時 $f'(x) < 0$
(4)$x > 2$ 時 $f'(x) > 0$
(5)$x < -1$ 或 $x > 2$ 時 $f''(x) > 0$
(6)$-1 < x < 2$ 時 $f''(x) < 0$

解 根據上列資訊做出下表

x		-1		0		1		2	
f'	$+$		$+$		$+$		$-$		$+$
f''	$+$		$-$		$-$		$-$		$+$
f 之圖形	↗	-2	↗	0	↗	1	↘	0	↗

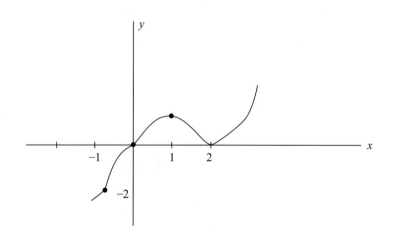

練習 4.2

1. 試求出下列函數之增減區間

(1) $y = 2x^3 - 9x^2 + 12x + 3$　(2) $y = \dfrac{1}{1+x^2}$　(3) $y = \dfrac{x^2 - 2x + 2}{x - 1}$

2. $y > x > 0$，試證 $\sqrt{y} > \sqrt{x}$

3. 求下列函數之上凹與下凹區間及反曲點

(1) $y = \dfrac{1}{1+x}$　(2) $y = x^{\frac{5}{3}}$　(3) $y = x^3 + 3x^2 + 9x + 1$

4. $y = ax^3 + bx^2$ 在 $(1, 6)$ 處有反曲點，求 a, b

5. 試根據下列資訊繪出 $f(x)$ 之概圖

(1) $f(1) = -1$，$f(3) = 2$

(2) $x < 1$ 或 $x > 3$ 時 $f'(x) < 0$

(3) $3 > x > 1$ 時 $f'(x) > 0$

(4) $x < 2$ 或 $x > 4$ 時 $f''(x) < 0$

(5) $4 > x > 2$ 時 $f''(x) > 0$

4.3 繪圖

學習目標
■ 漸近線
■ 應用已知之知識有系統地給出函數圖形

我們在上節已談過如何利用函數之增減與凹性繪製 $y = f(x)$ 之概圖圖形，連同以前已學過之函數之定義域，與 x 軸、y 軸交點等，大致對繪一個 $y = f(x)$ 概圖有一輪廓了，這些對全域連續之函數圖形在繪製上大致沒問題，但是對非連續性函數 $y = f(x)$ 之圖形就要考慮到**漸近線**（Asymptote）。

漸近線

漸近線是一條與 $y = f(x)$ 圖形無限接近，但不與 $y = f(x)$ 圖形相交之直線。漸近線之正式定義如下：

【定義】　若 1. $\lim\limits_{x \to a^+} f(x) = \infty$，2. $\lim\limits_{x \to a^+} f(x) = -\infty$，3. $\lim\limits_{x \to a^-} f(x) = \infty$，

4. $\lim\limits_{x \to a^-} f(x) = -\infty$ 中有一項成立時，稱 $x = a$ 為曲線 $y = f(x)$ 之**垂直漸近線**（Vertical asymptote）。

若 1. $\lim\limits_{x \to \infty} f(x) = b$，或 2. $\lim\limits_{x \to -\infty} f(x) = b$ 有一項成立時，稱 $y = b$ 為曲線 $y = f(x)$ 之**水平漸近線**（Horizontal asymptote）。

若 $\lim\limits_{x \to \pm\infty} (y - mx - b) = 0$，則稱 $y = mx + b$ 為曲線 $y = f(x)$ 之**斜漸近線**（Skew asymptote）。

漸近線之3個基本樣態

	$y = f(x)$以$y = a$為水平漸近線	$y = f(x)$以$x = b$為垂直漸近線	$y = f(x)$以$y = x$為斜漸近線並以y軸為垂直漸近線
圖示	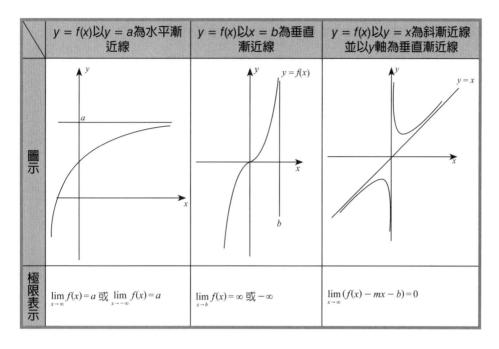		
極限表示	$\lim_{x \to \infty} f(x) = a$ 或 $\lim_{x \to -\infty} f(x) = a$	$\lim_{x \to b} f(x) = \infty$ 或 $-\infty$	$\lim_{x \to \infty}(f(x) - mx - b) = 0$

漸近線求法

	方法	備註
方法一（視察法）	有理分式 $y = \dfrac{q(x)}{p(x)}$ 之垂直漸進線往往可從分母部分著手，$p(a) = 0$，$x = a$ 是垂直漸進線，$q(x)$ 次數減 $p(x)$ 次數等於 1 時，若 $y = \dfrac{q(x)}{p(x)} = a_0 + a_1 x + \dfrac{n(x)}{p(x)}$，便有斜漸近線 $y = a_0 + a_1 x$；$a_1 = 0$ 時有水平漸近線 $y = a_0$。	有理分式 $y = \dfrac{g(x)}{p(x)} \Rightarrow$ 視察法
方法二	利用定義 $\lim_{x \to \pm\infty} f(x) = a$，則 $y = a$ 為水平漸近線	
方法三	$m = \lim_{x \to \infty} \dfrac{f(x)}{x}$ $\left.\begin{array}{l} \\ b = \lim_{x \to \infty}[f(x) - mx] \end{array}\right\}$ $y = mx + b$ 為 $y = f(x)$ 圖形之一條斜漸近線	

由定義可知**漸近線是一條直線**。

例 **1.** 求 (1) $y=\dfrac{1}{x}$　(2) $y=\dfrac{x+1}{x}$　(3) $y=\dfrac{x^2+1}{x}$　(4) $y=\dfrac{x^3+1}{x}$

解　(1) $y=\dfrac{1}{x}$ 中 $\lim\limits_{x\to\infty}\dfrac{1}{x}=0$　$\therefore x=0$ 即 y 軸是垂直漸近線

　　或利用視察法得 $x=0$ 即 y 軸是垂直漸近線

　　(2) $y=\dfrac{x+1}{x}=1+\dfrac{1}{x}$，由視察法 $y=1$ 是水平漸近線

　　$x=0$ 即 y 軸是垂直漸近線

　　(3) $y=\dfrac{x^2+1}{x}=x+\dfrac{1}{x}$，由視察法 $y=x$ 是斜漸近線，$x=0$ 即 y 軸是垂直漸近線

　　(4) $y=\dfrac{x^3+1}{x}=x^2+\dfrac{1}{x}$，由視察法 $x=0$ 即 y 軸是水平漸近線，（注意：

　　$y=x^2$ 是拋物線不是直線 $\therefore y=x^2$ 不是斜漸近線）

例 **2.** 求 (1) $y=\dfrac{x^2}{(x-1)(x-2)}$　(2) $y=\dfrac{x^3}{(x-1)(x^2+1)}$ 之漸近線？

解

1.	方法一	1. $\because \lim\limits_{x\to 1^-}\dfrac{x^2}{(x-1)(x-2)}=-\infty$　$\therefore x=1$ 為垂直漸近線； 2. $\because \lim\limits_{x\to 2^+}\dfrac{x^2}{(x-1)(x-2)}=\infty$　$\therefore x=2$ 為垂直漸近線； 3. $\because \lim\limits_{x\to\infty}\dfrac{x^2}{(x-1)(x-2)}=1$　$\therefore y=1$ 為水平漸近線；
	方法二 （視察 法）	$y=\dfrac{x^2}{(x-1)(x-2)}=1+\dfrac{3x-2}{(x-1)(x-2)}$ $\therefore$水平漸近線：$y=1$ 　垂直漸近線：$x=1$，$x=2$
2.	方法一	$\lim\limits_{x\to r^+}\dfrac{x^3}{(x-1)(x^2+1)}=\infty$　$\therefore x=1$ 為垂直漸近線 $\lim\limits_{x\to\infty}\dfrac{x^3}{(x-1)(x^2+1)}=1$　$\therefore y=1$ 為水平漸近線
	方法二 （視察 法）	$y=\dfrac{x^3}{(x-1)(x^2+1)}=1+\dfrac{x^2-x+1}{(x-1)(x^2+1)}$ $\therefore y=1$ 為水平漸近線 　$x=1$ 為垂直漸近線

例 **3.** 求 $y=\sqrt{x^2+1}$ 之漸近線

解　本例不易由方法一、二求出漸近線，所以我們要用方法三來求解：

$m=\lim\limits_{x\to\infty}\dfrac{\sqrt{x^2+1}}{x}=\lim\limits_{x\to\infty}\sqrt{1+\dfrac{1}{x^2}}=1$

$$b = \lim_{x \to \infty}(\sqrt{x^2+1} - x) = \lim_{x \to \infty}(\sqrt{x^2+1} - x) \cdot \frac{\sqrt{x^2+1}+x}{\sqrt{x^2+1}+x}$$

$$= \lim_{x \to \infty}\frac{(\sqrt{x^2+1})^2 + x^2}{\sqrt{x^2+1}+x} = \lim_{x \to \infty}\frac{1}{\sqrt{x^2+1}+x} = 0$$

$\therefore y = \sqrt{x^2+1}$ 有一條斜漸近線 $y = x$

再談函數 $y = f(x)$ 概圖之繪製

描繪 $y = f(x)$ 圖形之步驟	說明
1. 決定 $f(x)$ 的定義域即範圍。	
2. 求 x 與 y 軸的交點及是否過原點。	即求出 (1) $y = f(x)$ 之圖形與 x 軸與 y 軸之交點 (2) $f(0) \neq 0$ $\begin{cases} f(0) = 0 \ 過原點 \\ f(0) \neq 0 \ 不過原點 \end{cases}$
3. 判斷 $y = f(x)$ 對稱性。	(1) $f(x) = f(-x) \Rightarrow$ 對稱 y 軸 (2) $f(x) = -f(-x) \Rightarrow$ 對稱原點
4. 漸近線。	
5. 決定 $y = f(x)$ 圖形之增減範圍，上凹與下凹範圍及反曲點	上節之表格是有幫助的。

例 **4.** 試繪 $y = x^3 - 3x^2 - 9x + 11$ 之概圖

解 我們依本節所述之繪圖步驟：

1. 範圍：$\lim_{x \to \infty} y = \lim_{x \to \infty}(x^3 - 3x^2 - 9x + 11) = \infty$

   $\lim_{x \to -\infty} y = \lim_{x \to -\infty}(x^3 - 3x^2 - 9x + 11) = -\infty$

   即 $y = x^3 - 3x^2 - 9x + 11$ 之範圍為整個實數
   與 x 與 y 軸之交點：曲線過 $(0, 11)$，
   與 $(1, 0)$，
   $(1 + 2\sqrt{3}, 0)$，$(1 - 2\sqrt{3}, 0)$

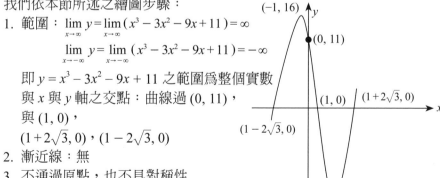

2. 漸近線：無
3. 不通過原點，也不具對稱性
4. 製作增減表：

   $y' = 3x^2 - 6x - 9 = 3(x^2 - 2x - 3)$

   $\quad = 3(x - 3)(x + 1) = 0$

   $\therefore x > 3$，$x < -1$ 時 $y' > 0$，$3 > x > -1$ 時 $y' < 0$

   $\quad y'' = 6x - 6 = 6(x - 1)$

又 $x > 1$，$y'' > 0$

$x < 1$，$y'' < 0$　∴ $(1, 0)$ 爲一反曲點。

x		-1		1		3	
$f'(x)$	+		−		−		+
$f''(x)$	−		−		+		+
$f(x)$	↗	16	↘	0	↘	−16	↗

；$(1, 0)$ 爲反曲點

如此便可繪出圖形。

例 5. 試繪 $y = \dfrac{x^2 - 4}{x^2 - 9}$ 之圖形

解

1. 範圍：x 爲異於 ±3 之所有實數

2. $y = \dfrac{x^2 - 4}{x^2 - 9} = 1 + \dfrac{5}{x^2 - 9} = 1 + \dfrac{5}{(x+3)(x-3)}$

   由視察法易知 $y = f(x)$ 圖形之漸近線有：$y = 1$，$x = -3$，$x = 3$ 三條

3. 對稱性：$f(-x) = f(x)$　∴ $f(x)$ 圖形對稱 y 軸

4. $y' = \dfrac{-10x}{(x^2 - 9)^2}$　∴ $x > 0$ 時爲減函數，$x < 0$ 時爲增函數

   $y'' = \dfrac{30(x^2 + 3)}{(x^2 - 9)^3}$　∴ $x > 3$ 及 $x < -3$ 時 $y'' > 0$，$3 > x > -3$ 時 $y'' < 0$

所以增減表如下：

x		-3		0		3	
$f'(x)$	+		+		−		−
$f''(x)$	+		−		−		+
$f(x)$	↗	∞	↗	$\dfrac{4}{9}$	↘	∞	↘

如此便可繪出 $y = \dfrac{x^2 - 4}{x^2 - 9}$ 之圖形如下：

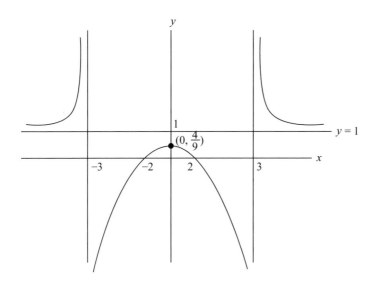

練習 4.3

1. 求漸近線 (1) $y = \dfrac{1}{(x-1)(x-2)}$　(2) $y = \dfrac{1}{x(x^2+1)}$

　　　　　(3) $y = \dfrac{x^2+3}{(x^2+1)(x^2+2)}$　(4) $y = \dfrac{x^2}{(x-1)(x+2)}$

2. 試繪 $y = \dfrac{x}{(x+1)^2}$ 之概圖。

3. 試繪 $y = 2x + \dfrac{3}{x}$ 之概圖。

4.4 極值

極值（Extremes）

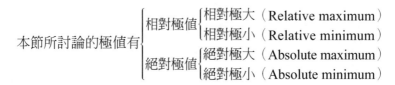

本節所討論的極值有 $\begin{cases} \text{相對極值} \begin{cases} \text{相對極大（Relative maximum）} \\ \text{相對極小（Relative minimum）} \end{cases} \\ \text{絕對極值} \begin{cases} \text{絕對極大（Absolute maximum）} \\ \text{絕對極小（Absolute minimum）} \end{cases} \end{cases}$

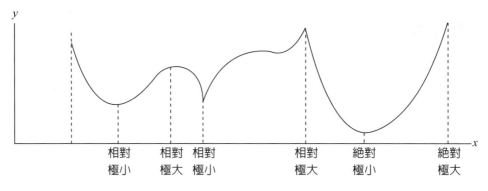

絕對極值

【定義】　函數 f 之定義域為 D，$c \in D$
　　　　1. 若 $f(c) \geqq f(x)$，$\forall x \in D$，則稱 f 在 D 有絕對極大值 $f(c)$。
　　　　2. 若 $f(c) \leqq f(x)$，$\forall x \in D$，則稱 f 在 D 有絕對極小值 $f(c)$。

　　不論 $f(c)$ 在 D 為極大值或極小值，我們稱 $f(c)$ 為 f 在 D 之**絕對極值**。
　　根據定理 2.4D，定義於閉區間且為連續之函數 f，在閉區間內必有極值。那 $f(x)$ 在哪些地方有絕對極值？
　　答案是**臨界點**（Critical points）與端點：

$$\begin{cases} 臨界點 \begin{cases} 穩定點（Stationary\ points）：c 滿足 f'(c)=0 稱 c 為穩定點 \\ 奇異點（Singular\ points）：若 c 為 D 內部一點，f'(c)不存在，則 c 為奇異點 \end{cases} \\ 端點 \end{cases}$$

要注意的是：**臨界點必須在函數 f 之定義域內。**

例 1.　求 $y = x + \dfrac{1}{x}$ 之臨界點

$y' = 1 - \dfrac{1}{x^2} = 0$ 　∴ $x = \pm 1$ 是為二個臨界點。注意 $x = 0$ 不在 $y = f(x)$ 之定義域內。

絕對極值發生點之樣態

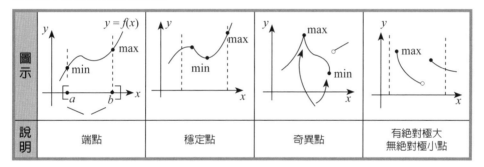

圖示				
說明	端點	穩定點	奇異點	有絕對極大 無絕對極小點

　因此，要求 $f(x)$ 在 $[a,\ b]$ 之絕對極值時，先求 $f(x)$ 之臨界點 c_1，$c_2 \cdots c_n$，然後比較 $f(c_1)$，$\cdots f(c_n)$ 及 $f(a)$，$f(b)$，其中最大者為絕對極大，最小者為絕對極小。

例 2.　求 $f(x) = x^3 - 3x^2 - 9x + 11$ 之絕對極值
(1) $4 \geq x \geq -2$　(2) $2 \geq x \geq -2$

解　先求臨界點
$f'(x) = 3x^2 - 6x - 9 = 3(x^2 - 2x - 3) = 3(x - 3)(x + 1) = 0$
∴臨界點 $x = -1, 3$
(1) $4 \geq x \geq -2$
　　∴絕對極大值為 $f(-1) = 16$，
　　絕對極小值為 $f(3) = -16$。

x	-2	-1	3	4
$f(x)$	9	16	-16	-9

(2) $2 \geq x \geq -2$

∴絕對極大值為 $f(-1) = 16$，

絕對極小值為 $f(2) = -11$

x	-2	-1	2
$f(x)$	9	16	-11

要注意的是 $x = 3$ 不在 $[-2, 2]$ 內，因此在本小題中 $x = 3$ 不予考慮。

相對極值

【定義】 f 之定義域為 D，c 為 D 中之一點。

　　1. 若存在一個區間 (a, b)，c 為 (a, b) 之一點使得 $f(c)$ 為 (a, b) 之最大值，則稱 $f(c)$ 為 f 之相對極大值。

　　2. 若存在一個區間 (a, b)，c 為 (a, b) 之一點使得 $f(c)$ 為 (a, b) 之最小值，則稱 $f(c)$ 為 f 之相對極小值。

相對極值之判別法

判斷可微分函數之相對極值之方法有二，一是一階導函數判別法（即常稱之增減表法），一是二階導函數判別法。

一階導數判別法

【定理 A】 f 在 (a, b) 中為連續，且 c 為 (a, b) 中之一點，

　　1. 若 $f' > 0$，$\forall x \in (a, c)$ 且 $f' < 0$，$\forall x \in (c, b)$，則 $f(c)$ 為 f 之一相對極大值。

　　2. 若 $f' < 0$，$\forall x \in (a, c)$ 且 $f' > 0$，$\forall x \in (c, b)$，則 $f(c)$ 為 f 之一相對極小值。

【證明】 （只證 (1)）

∵在 (a, c) 中 $f' > 0 \Rightarrow f(x) < f(c)$，$\forall x \in (a, c)$

又在 (c, b) 中 $f' < 0 \Rightarrow f(x) < f(c)$，$\forall x \in (c, b)$

∴在 (a, b) 中除 $x = c$ 外，$f(x) < f(c)$，

即 $f(c)$ 為相對極大值。 ∎

一階導數判別法可圖解如下：

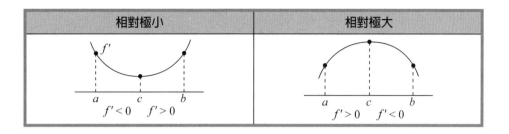

相對極小	相對極大

二階導數判別法

【定理 B】　若 c 為 $f(x)$ 之一臨界點且 f'，f'' 在包含 c 之開區間 (a, b) 均存在，則
　　　　1. $f''(c) < 0$ 時，$f(c)$ 為 f 之一相對極大值；
　　　　2. $f''(c) > 0$ 時，$f(c)$ 為 f 之一相對極小值。

【證明】　（只證 $f''(c) < 0$ 之情況，$f''(c) > 0$ 之情況可自行仿證）

$$f''(c) = \lim_{x \to c} \frac{f'(x) - f'(c)}{x - c} = \lim_{x \to c} \frac{f'(x) - 0}{x - c}$$

$$f''(c) < 0 \Rightarrow \lim_{x \to c^-} \frac{f'(x) - 0}{x - c} < 0 \Rightarrow f'(x) > 0，$$

即 (a, c) 內 $f'(x) > 0$，

(2) $f''(c) < 0 \Rightarrow \lim_{x \to c^+} \frac{f'(x) - 0}{x - c} < 0 \Rightarrow f'(x) < 0$，

即 (c, β) 內 $f'(x) < 0$。

∴ $f(c)$ 為 $f(x)$ 之一相對極大值。 ∎

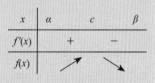

例 3.　求 $y = f(x) = x^3 - 3x^2 - 9x + 11$ 之相對極值

解　1. 一階導函數判別法

$f'(x) = 3x^2 - 6x - 9 = 3(x^2 - 2x - 3) = 3(x - 3)(x + 1) = 0$

∴ $x = -1$，3 為臨界點

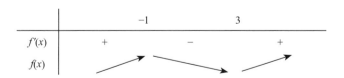

　　∴ $f(x)$ 在 $x = -1$ 時有相對極大值 $f(-1) = 16$

　　　$f(x)$ 在 $x = 3$ 時有相對極小值 $f(3) = -16$

2. 二階導數判別法

$f'(x) = 3x^2 - 6x - 9 = 3(x^2 - 2x - 3) = 3(x - 3)(x + 1) = 0$

$\therefore x = -1, 3$ 為臨界點

$f''(x) = 6x - 6$，$\begin{cases} f''(-1) = -12 < 0 \\ \therefore f(x) \text{在} x = -1 \text{時有相對極大值} f(-1) = 16 \\ f''(3) = 12 > 0 \therefore f(x) \text{在} x = 3 \text{時有相對極小值} f(3) = -16 \end{cases}$

【定理 C】　若 $f(x)$ 在 $x = a$ 之 n 階導數存在，且 $f'(a) = f''(a) = \cdots f^{(n-1)}(a) = 0$，但 $f^{(n)}(a) \neq 0$，

1. n 為偶數時，$x = a$ 為一臨界點，且

$\begin{cases} f^{(n)}(a) > 0，則 f(x) 有一相對極小值 f(a) \\ f^{(n)}(a) < 0，則 f(x) 有一相對極大值 f(a) \end{cases}$

2. n 為奇數時，$x = a$ 不是一臨界點。

例 4.　求下列函數之相對極值

1. $y = x^3$　2. $y = x^4$

解　1. $y' = 3x^2$，$y'' = 6x$，$y''' = 6$，令 $y' = 0$ 得 $x = 0$

$\because y''(0) = 0$，但 $y'''(0) = 6 \neq 0$　$\therefore x = 0$ 不為 $y = x^3$

之臨界點，即 $f(x) = x^3$ 無相對極值。

2. $y' = 4x^3$，$y'' = 12x^2$，$y''' = 24x$，$y^{(4)} = 24$

令 $y' = 0$ 得 $x = 0$，又 $y''(0) = y'''(0) = 0$，但 $y^{(4)}(0) = 24 > 0$

$\therefore f(x) = x^4$ 在 $x = 0$ 處有相對極小值 $f(0) = 0$。

極大／極小之應用

解極值應用問題時大致可遵循以下規則：

1. 確定問題是求極大或是極小，並用字母或符號來代表。
2. 對問題中之其他變數亦用字母或其他符號來表示，並儘可能繪製一示意圖以使問題具體化。
3. 探討各變數間之函數關係。
4. 將要求極大／極小之變數通常是上述變數中之某一個變數的函數，並求出該變數有意義之範圍。
5. 用本節方法求出範圍內之絕對極大／極小。

例 5. 將每邊長 a 之正方形鋁片截去四個角做成一個無蓋子的盒子，求盒子的最大容積爲何？

解　1. 本題要解的是最大容積 V 爲何？設截去之角每邊長 x，如右圖：

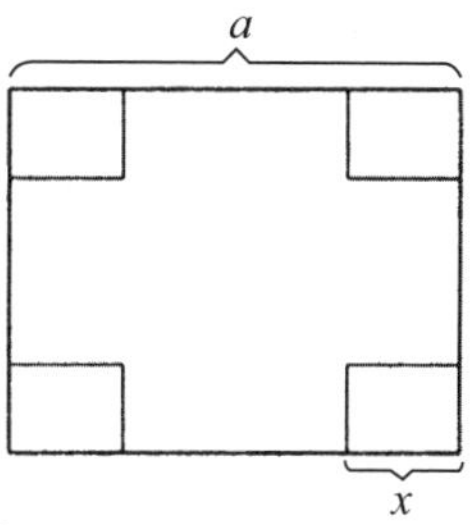

2. 求 a，x，V 間之關係：
$$V = (a - 2x)^2 \cdot x$$

3. 取 $f(x) = (a - 2x)^2 \cdot x$，$a > 2x$

4. $f'(x) = 12x^2 - 8ax + a^2 = (6x - a)(2x - a) = 0$

解得 $x = \dfrac{a}{2}$（不合）或 $x = \dfrac{a}{6}$，

$f''(\dfrac{a}{6}) = 24(\dfrac{a}{6}) - 8a < 0$

$\therefore V = (a - \dfrac{a}{3})^2 \cdot \dfrac{a}{6} = \dfrac{2}{27}a^3$，此即盒子之最大容積。

例 6. 設容積一定之圓柱形容器，證明當高度爲半徑 2 倍時最爲省材料（即表面積最小）。

解　耗用材料最小，相當於表面積最小

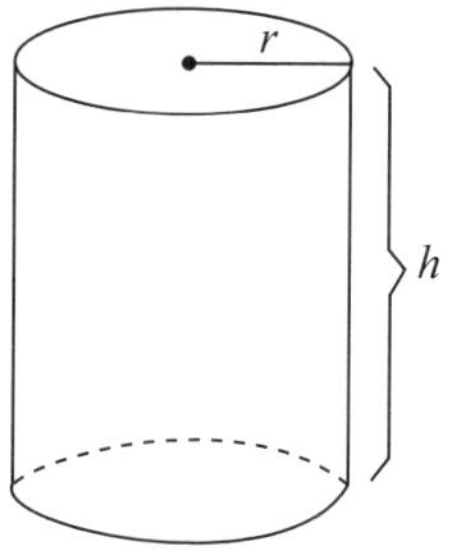

體積 $V = \pi r^2 h$，r 爲底之半徑，h 爲高　　　(1)

表面積 S = 二底之底面積 + 側面積

$\qquad = 2\pi r^2 + 2\pi rh$　　　(2)

由 (1)，$h = \dfrac{V}{\pi r^2}$ 代入 (2) 得

$S = 2\pi r^2 + 2\pi r \cdot \dfrac{V}{\pi r^2} = 2\pi r^2 + \dfrac{2V}{r}$

現在要求 r 以使得 S 爲最小：

$\dfrac{dS}{dr} = 4\pi r - \dfrac{2V}{r^2} = 0 \qquad \therefore r = \sqrt[3]{\dfrac{V}{2\pi}}$（可驗證 $S''\left(\sqrt[3]{\dfrac{V}{2\pi}}\right) > 0$）

即 $r = \sqrt[3]{\dfrac{V}{2\pi}}$ 爲所求，代入 $h = \dfrac{V}{\pi r^2} = \sqrt[3]{\dfrac{4V}{\pi}}$ 得 $h = 2r$。

經濟商學應用

廠商利潤最大模式

廠商生產某產品之總收入函數 $TR(x)$，總成本函數 $C(x)$，則廠商應生產多少方能使利潤最大？

設利潤函數 $P(x)$ 則 $P(x) = TR(x) - TC(x)$

由極值之二階導函數判別法知，利潤函數 $P(x)$ 極大之條件爲

$P'(x) = TR'(x) - TC'(x) = MR(x) - MC(x) = 0$

$$P''(x) = TR''(x) - TC''(x) = MR'(x) - MC'(x) < 0$$

亦即利潤函數在滿足以下條件時利潤極大：
(1) 邊際收入函數 = 邊際成本函數
(2) 邊際成本之增加率 > 邊際利潤增加率

例 7. 設廠商之價格函數 $p(x) = 62 - x$，總成本函數 $TC(x) = \dfrac{1}{4}x^2 + 12x + 150$，問 x 爲多少時廠商利潤取大。

解 $p(x) = 62 - x$ ∴總收入函數 $TR(x) = xp(x) = x(62 - x) = 62x - x^2$
∴利潤函數 $P(x) = TR(x) - TC(x)$

$$= 62x - x^2 - \frac{1}{4}x^2 - 12x - 150$$

$$= -\frac{5}{4}x^2 + 50x - 150$$

$$\therefore P'(x) = -\frac{5}{2}x + 50 = 0 \text{ 得 } x = 20$$

$$P''(20) = -\frac{5}{2} < 0$$

知廠商在銷售量爲 2 個單位時利潤 $P(20) = -\dfrac{5}{4}(20)^2 + 50(20) + 150 =$ \$650 最大。

　　存貨應用——經濟訂購量模式（Economic order quantity；簡記 EOQ）。
　　首先，我們先了解 EOQ 模式的架構。假定我們對某項商品之全年採購量爲 D，每年分若干次採購，採購後以一定之消耗速率使用一直到該次存貨爲 0 爲止，在存貨爲 0 時立即有新的採購進入生產系統，週而復始。令每次採購量爲 Q。
　　採購成本包括訂購時之**訂購成本**（Order cost）（如電話費、報關費，……）以 S 表之，存貨**持有成本**（Hold cost）（如庫存成本，存貨受損成本……）以 H 表之。設採購品之單價 p

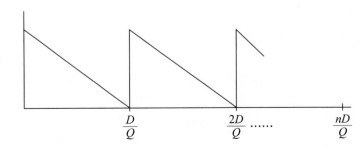

綜合上面，我們可得全年總採購成本 TC

TC = 全年持有成本 + 全年訂購成本 + 產品購得成本

$$= \frac{1}{2}QH + \frac{D}{Q}S + pD \tag{1}$$

為求使 TC 為最小之訂購量 Q，我們對 (1) 微分

$$\frac{d}{dQ}TC = \frac{d}{dQ}\left[\left(\frac{QH}{2} + \frac{D}{Q}S\right) + \underbrace{pD}_{\text{常數}}\right]$$

$$= \frac{H}{2} - \frac{DS}{Q^2} = 0$$

$$\therefore Q = \sqrt{\frac{2DS}{H}}$$

又 $\dfrac{d^2}{dQ^2}TC = \dfrac{2DS}{Q^3} > 0$

$\therefore Q = \sqrt{\dfrac{2DS}{H}}$ 為使 TC 最小之每次訂購量

練習 4.4

1. $f(x) = 2x^3 - 3x^2 - 12x + 6$
   (1) 求相對極值
   (2) $0 \leq x \leq 3$ 時之絕對極值

2. 求 $f(x) = x^4 - 4x^3 - 2x^2 + 12x + 2$ 之極值 (1) 相對極值及 (2) $0 \leq x \leq 2$ 及 (3) $4 \leq x \leq 5$ 之絕對極值

3. 求下列各題之相對極值
   (1) $f(x) = \dfrac{x-1}{x^2+3}$
   (2) $f(x) = x\sqrt{2x - x^2}$
   (3) $f(x) = \dfrac{1}{x} - \dfrac{1}{x+3}$

4. 將 24 公尺之繩子分成二段，一段圍正方形，一段圍圓形，問應如何分段才能使面積和為最小？

第5章
自然指數函數與自然對數函數

5.1　反函數

　　有許多函數，其兩之間互成反函數，其中包括本章要談的**自然指數函數**（Natural exponential function）和**自然對數函數**（Natural logarithm function）。這二個函數在商學、經濟、統計學上均占有重要性，因此我們循一般商用微積分教材之編例特闢一章，並以反函數作為本章之序幕。

> 【定義】　二函數 f, g 若滿足 $f(g(x)) = x$ 且 $g(f(x)) = x$，則 f, g 互為**反函數**（Inverse function）。f 之反函數以 f^{-1} 表之。

　　由定義若 f^{-1} 為 f 之反函數，$f^{-1}(f(x)) = x$ 對所有 f 定義域中之 x 均成立且 $f(f^{-1}(y)) = y$，對所有在值域之 y 亦成立。同時此我們可推知**f 之定義域即為 f^{-1} 之值域，f^{-1} 之定義域為 f 之值域。**

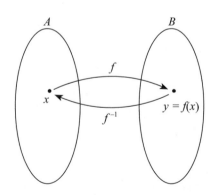

> 【定理 A】　若 f 在區間 I 中為單調函數，則 f 在 I 中有反函數。

定理 A 也常敘述成若 f 在區間 I 中為**一對一函數**（one-to-one function）則 f 在 I 中有反函數。但我認為此方法不若直接應用定理 A：f 在區間 I 中滿足 $f' > 0$ 與 $f' < 0$，f 在 I 就有反函數。

注意：自 y 軸上任一點作一水平線，若與圖形恰交一點則 $y = f(x)$ 有反函數，但先決條件 $y = f(x)$ 滿足函數圖形之條件，即 $f(x)$ 定義域中任一點自 x 軸做一條垂線與圖形恰交一點。

例 1. 問 (1) $y = x^3 + 1$ 是否有反函數，若有則求之。
　　　　(2) $y = x^2$ 在何時有反函數？並求之。

$y = f(x)$	解答	圖形
$y = x^3 + 1$	$y' = 3x^2 \geq 0$，對所有 $x \in R$ 均成立，故為單調 $\Rightarrow$ 有反函數	
$y = x^2$	$y' = 2x$ $\therefore$ 1. $x \geq 0$ 為單調 $\Rightarrow x \geq 0$ 時 $y = x^2$ 有反函數 2. $x < 0$ 為單調 $\Rightarrow x < 0$ 時 $y = x^2$ 有反函數 3. $x \in R$ 時不為單調 $\Rightarrow x \in R$ 時 $y = x^2$ 無反函數（讀者可看出水平線與圖形有二個交點）	

反函數之求法

f^{-1} 求法三步驟

---

step1. f^{-1} 求法三步驟解 $y = f(x)$，其解用 y 表示
step2. 令 f^{-1} = step1 之結果
step3. step2 之 x, y 互換

例 2. 求 $y = x^3 + 1$ 之反函數

解

步驟	解答
step1 解 $y = f(x)$	$\because y = x^3 + 1$ 得 $\sqrt[2]{1-y}$
step2 令 f^{-1} = step1 之結果 step3 以 x 取代 step2 之 y	$f^{-1}(y) = \sqrt[3]{1-x}$ $f^{-1}(x) = \sqrt[3]{1-x}, x \in R$

例 3. 求 $y = \dfrac{x}{1+x}$ 之反函數

解

步驟	解答
step1 解 $y = f(x)$	$y = \dfrac{x}{1+x}$ $\quad \therefore (1+x)y = x$ 得 $x = \dfrac{y}{1-y}$
step2 令 $f^{-1}(y)$ = step1 之結果	$f^{-1}(y) = \dfrac{y}{1-y}$
step3 以 x 取代 step2 之 y	$f^{-1}(x) = \dfrac{x}{1-x}$, $x \neq 1$

例 4. 求 $y = 2^{-x} + 1$，$x > 0$ 之反函數

解 $y = 2^{-x} + 1$，$2^{-x} = y - 1 \Rightarrow -x = \log_2(y-1)$
解之 $x = -\log_2(y-1)$
$\therefore f^{-1}(x) = -\log_2(x-1)$ (1)
現在我們要求 $f^{-1}(x)$ 之定義域
$\because x > 0$
$\therefore 0 < 2^{-x} < 1 \Rightarrow y = 2^{-x} + 1 \in (1, 2)$ (2)
綜上
$y = 2^{-x} + 1$，$x > 0$ 之反函數為 $f^{-1}(x) = -\log_2(x-1)$，$2 > x > 1$
$f(x) = 2^{-x} + 1$ 之值域為 $2 > x > 1$，$f(x)$ 之反函數 $f^{-1}(2)$ 若存在，則

$f(x)$ 之定義域為 $f^{-1}(x)$ 之值域

$f(x)$ 之值域為 $f^{-1}(x)$ 之定義域

例 5. $f(x) = \log_a x$，$a > 0$ 且 $a \neq 1$，其反函數 $f^{-1}(x)$，若 $f^{-1}(2) = 9$

求 $f\left(\dfrac{1}{2}\right) + f(6)$

解 $f\left(\dfrac{1}{2}\right) + f(6) = \log_a \dfrac{1}{2} + \log_a 6 = \log_a 3$ 　　　　　(1)

又 $f^{-1}(2) = 9$ $\therefore f(9) = \log_a 9 = 2\log_a 3 = 2$ $\therefore a = 3$ 　(2)

代 (2) 入 (1) 得 $\log_a 3 = 1$

> 例 5 在解時應充分利用
> $f^{-1}(x)$ 存在 $\Rightarrow f(x)$ 為 $1-1$，
> 進而 $f^{-1}(a) = b \Rightarrow f(b) = a$

分段函數之反函數

分段函數求反函數原則上是分段求之。

例 6. $f(x) = \begin{cases} x & , x < 1 \\ x^2 & , x \geq 1 \end{cases}$，求 $f^{-1}(x)$

解

步驟	解答
step1 解 $y = f(x)$	$x < 1$： $y = x$ $\therefore x = y$，$y < 1$
step2 令 $f^{-1} =$ step1 之結果 step3 以 x 取代 step2 之 y	$x \geq 1$： $y = x^2$ $\therefore x = \sqrt{y}$，≥ 1
結合 $x < 1$，$x \geq 1$ 之結果	即 $f^{-1}(x) = \begin{cases} x & , x < 1 \\ \sqrt{x} & , x \geq 1 \end{cases}$

反函數之幾何意義

【定理 B】 若 $y = f(x)$ 有一反函數 $y = f^{-1}(x)$，則 $y = f(x)$ 與 $y = f^{-1}(x)$ 這兩個圖形對稱於直線 $y = x$。

【證明】 若 (a, b) 在 f 之圖形上，$b = f(a)$

∵ f 有反函數

∴ $a = f^{-1}(b)$，即 $(b, f^{-1}(b)) = (b, a)$ 在 f^{-1} 之圖上，因 (a, b) 與 (b, a) 對稱 $y = x$，所以 $f(x)$ 與 $f^{-1}(x)$ 之圖形對稱於 $y = x$。 ∎

因此若 $f^{-1}(x)$ 存在，那麼求與 $y = f(x)$ 對稱 $y = x$ 之函數 $g(x)$，相當於求 $f^{-1}(x)$。

例 7. 若函數 $f(x) = x^2$，$x > 0$ 與函數 $g(x)$ 對稱於 $y = x$，求 $g(x)$

解

步驟	解答
step1 解 $y = f(x)$	$\because y = f(x) = x^2$ $\therefore x = \sqrt{y}$
step2 令 $f^{-1} = $ step1 之結果	即 $f^{-1}(y) = \sqrt{y}$，$y > 0$
step3 以 x 取代 step2 之 y	故 $g(x) = \sqrt{x}$，$x > 0$。

反函數微分法

【定理 C】　若 $y = f(x)$ 之反函數為 $x = g(y)$，且 $y = f(x)$ 為可微分則 $\dfrac{dx}{dy} = \dfrac{1}{\dfrac{dy}{dx}}$。

【證明】　設 $f(x)$ 與 $f^{-1}(x)$ 互為反函數，由反函數定義 $f(f^{-1}(x)) = x$，兩邊同時對 x 微分，由鏈法則：

$$f'(f^{-1}(x))(f^{-1}(x))' = 1$$

$$\therefore \frac{d}{dx}f^{-1}(x) = \frac{1}{f'(f^{-1}(x))}$$

又 $y = f(x) \Leftrightarrow x = f^{-1}(y)$

$$\therefore \frac{dx}{dy} = \frac{d}{dy}f^{-1}(y) = \frac{1}{f'(f^{-1}(f))} = \frac{1}{f'(x)} = \frac{1}{\dfrac{dy}{dx}} \qquad \blacksquare$$

例 8. 判斷 $f(x) = x^3 + 2x + 1$ 之反函數 $g(x)$ 是否存在，若是求 $g'(4) = ?$

解　(1) $f'(x) = 3x^2 + 2 > 0$，$f(x)$ 為單調函數 $\therefore f(x)$ 有反函數。

(2) $\because f(1) = 4 \therefore g'(4) = \dfrac{1}{\dfrac{dy}{dx}\bigg|_{x=1}} = \dfrac{1}{3x^2 + 2}\bigg]_{x=1} = \dfrac{1}{5}$

　　給定 $f(x)$ 有反函數 $g(x)$ 存在，欲求 $g'(a)$ 時需要求出 $f(x) = a$ 之解。除非問題上有某些「巧妙」的安排，通常這個解都不易求出。上例若改為求 $g'(2)$，那在求解上將變成一個困難的問題。

例 **9.** 試證 $f(x) = x^9 + x + 1$ 之反函數 $g(x)$ 存在，求 $g'(1)$

解　(1) $\because f'(x) = 9x^8 + 1 > 0$　$\therefore f(x)$ 為單調函數從而 $f(x)$ 有反函數 $g(x)$

　　(2) $\because f(0) = 1$

$$\therefore g'(1) = \frac{1}{\dfrac{dy}{dx}\Big|_{x=0}} = \frac{1}{9x^8 + 1}\Big|_{x=0} = 1$$

練習 5.1

1. 先確認下列各函數有無反函數，若有求其反函數

　(1) $y = 2x^3 + 5$　　　(3) $y = x^4$

　(2) $y = 3x + 6$　　　(4) $y = x^2 + 1,\ x > 0$

2. 求 $f(x) = \begin{cases} 1 + x & ,\ x < 2 \\ x^2 - 1 & ,\ x \geq 2 \end{cases}$ 之反函數

3. 若 $y = x^3$ 與 $y = f(x)$ 對稱 $y = x$，求 $f(x)$

4. (1) 若 $f(x) = x^3 + 3x + 7$，(1) 先證 $f^{-1}(x)$ 存在　(2) 令 $g(x) = f^{-1}(x)$，求 $g'(3)$

　(2) 若 $f(x) = x^{101} + x^{97} + x + 3$，(1) 先證 $f^{-1}(x)$ 存在　(2) 令 $g(x) = f^{-1}(x)$，求 $g'(3)$

5.2 自然指數函數及自然對數函數

學習目標
- 自然指數函數及其性質
- 自然指數函數之商業應用

e是什麼

在微積分中，不論是指數函數或自然對數函數之微分、積分，e 都扮演著極其重要地位，因此本節先從「e」開始。

【定義】 $\displaystyle\lim_{n\to\infty}\left(1+\frac{1}{n}\right)^n=e$

用數值方法可推得 e 的值近似於 $2.71828\cdots\cdots$，e 是一個超越數（我們以前學過的圓周率 π 也是一個超越數）。

例 1. 用 e 的定義證明 (1) $e^{a+b}=e^a\cdot e^b$　(2) $e^{a-b}=e^a/e^b$

解 $(1)\,e^{a+b}=\left[\lim_{n\to\infty}\left(1+\frac{1}{n}\right)^n\right]^{a+b}=\left[\lim_{n\to\infty}\left(1+\frac{1}{n}\right)^n\right]^a\left[\lim_{n\to\infty}\left(1+\frac{1}{n}\right)^n\right]^b=e^a\cdot e^b$

$(2)\,e^{a-b}=\left[\lim_{n\to\infty}\left(1+\frac{1}{n}\right)^n\right]^{a-b}=\left[\lim_{n\to\infty}\left(1+\frac{1}{n}\right)^n\right]^a\Big/\left[\lim_{n\to\infty}\left(1+\frac{1}{n}\right)^n\right]^b=e^a/e^b$

例 2. 計算 (1) $e^2\cdot e^3$　(2) e^2/e^3　(3) $e^{-\frac{1}{2}}(e+e^2)$

解 $(1)\,e^2\cdot e^3=e^{2+3}=e^5$

$(2)\,e^2/e^3=e^{2-3}=e^{-1}=\dfrac{1}{e}$

$(3)\,e^{-\frac{1}{2}}(e+e^2)=e^{-\frac{1}{2}}\cdot e+e^{-\frac{1}{2}}\cdot e^2=e^{\left(-\frac{1}{2}+1\right)}+e^{\left(-\frac{1}{2}+2\right)}=e^{\frac{1}{2}}+e^{\frac{3}{2}}$

例 3. 求 $\displaystyle\lim_{n\to\infty}\left(1+\frac{2}{n}\right)^{3n}$

解 $\displaystyle\lim_{n\to\infty}\left(1+\frac{2}{n}\right)^{3n}\overset{n=2m}{=\!=\!=}\lim_{m\to\infty}\left(1+\frac{1}{m}\right)^{3\cdot 2m}$

$=\displaystyle\lim_{m\to\infty}\left(1+\frac{1}{m}\right)^{6m}$

$=\left[\displaystyle\lim_{m\to\infty}\left(1+\frac{1}{m}\right)^{m}\right]^6=e^6$

$$\left(1+\frac{2}{n}\right)^n\Rightarrow\left(1+\frac{1}{m}\right)^{?\,m}$$
$$\frac{2}{n}=\frac{1}{m}\quad\therefore n=2m$$

自然指數函數

> 【定義】　以 e 為底的指數函數
> $$f(x) = e^x$$
> 稱為**自然指數函數**（Natural exponential function）

為了與代數之指數函數有所區分，我們稱 $y = e^x$ 為自然指數函數。

a^x 與 e^x 性質之比較

$a^0 = 1,\ a \neq 0$	$e^0 = 1$
$a^m/a^n = a^{m-n}$	$e^m/e^n = e^{m-n}$
$a^m \cdot a^n = a^{m+n}$	$e^m \cdot e^n = e^{m+n}$
$(a^m)^n = a^{mn}$	$(e^m)^n = e^{mn}$

因 $e > 1$，我們有

$$\lim_{x \to \infty} e^x = \infty,\quad \lim_{x \to -\infty} e^x \overset{y = \frac{1}{x}}{=\!=\!=} \lim_{x \to 0^-} e^{\frac{1}{x}} = 0$$

> $x \to \infty$ 時 $e^x \to \infty$，$e^{-x} \to 0$
> $x \to -\infty$ 時 $e^x \to 0$，$e^{-x} \to \infty$
> $x \to 0$ 時 $e^x \to 1$

如此，我們將相關結果綜合如右表。

例 4. 求 $\displaystyle\lim_{x \to \infty} \frac{e^x}{e^x + 1}$

解　$\displaystyle\lim_{x \to \infty} \frac{\dfrac{e^x}{e^x}}{\dfrac{e^x + 1}{e^x}} = \lim_{x \to \infty} \frac{1}{1 + e^{-x}} = \frac{1}{\lim\limits_{x \to \infty}(1 + e^{-x})} = \frac{1}{1 + \lim\limits_{x \to \infty} e^{-x}} = \frac{1}{1 + 0} = 1$

例 5. 求 $y = e^{-x^2}$ 之凹凸區間

解　$y = e^{-x^2}$，$y' = -2xe^{-x^2}$，$y'' = -2e^{-x^2} + 4x^2 e^{-x^2} = 2(2x^2 - 1)e^{-x^2}$

令 $y'' < 0 \Rightarrow 2(2x^2 - 1)e^{-x^2} < 0 \Rightarrow x^2 - \dfrac{1}{2} = (x - \dfrac{1}{\sqrt{2}})(x + \dfrac{1}{\sqrt{2}}) < 0$

得 $y = e^{-x^2}$ 在 $(-\dfrac{1}{\sqrt{2}}, \dfrac{1}{\sqrt{2}})$ 為下凹，

$y = e^{x^2}$ 在 $(-\infty, -\dfrac{1}{\sqrt{2}})$，

$(\dfrac{1}{\sqrt{2}}, \infty)$ 為上凹

x	$-\infty$		$-\dfrac{1}{\sqrt{2}}$		$\dfrac{1}{\sqrt{2}}$		∞
y''		$+$		$-$		$+$	
凹性		$\smile$		$\frown$		$\smile$	

自然指數之應用──羅吉斯模式（Logistic model）

例 6. 羅吉斯模式之數學函數 $f(t) = \dfrac{a}{1+be^{-kt}}$，$a, b, k$ 為
大於 0 之常數

$t = 0$ 時 $f(0) = \dfrac{1}{1+b}$，且 $\lim\limits_{t \to \infty} f(t) = \lim\limits_{t \to \infty} \dfrac{a}{1+be^{-kt}} = \dfrac{a}{1+b \cdot 0} = a$

它表示在時間無限推演下，生物族群之總數會從初期
$\dfrac{a}{1+b}$ 而趨近 a。

指數之管理應用 ── 連續複利

假定我們期初在銀行存了一筆錢 P，利率為 r 那麼一年後之本利和為 $P_1 + P_1 r = P(1+r)$，假定銀行－年內計息 k 次，則

第一年第一期末之本利和為

$$P_1 = P + P\left(\frac{r}{k}\right) = P\left(1 + \frac{r}{k}\right)$$

第一年第二期末之本利和為：

$$P_2 = P_1\left(1 + \frac{r}{k}\right) = P\left(1 + \frac{r}{k}\right)^2 \cdots\cdots$$

如此第一年年末之本利和應為 $P\left(1 + \frac{r}{k}\right)^k$，那麼 t 年後之本利和為 $P\left(1 + \frac{r}{k}\right)^{kt}$
若 k 增加到很大的一個數，則 t 年後之本利和 $B(t)$ 為

$$B(t) = \lim_{k \to \infty} P\left(1 + \frac{r}{k}\right)^{kt} \xlongequal{k=nr} \lim_{n \to \infty} P\left(1 + \frac{1}{n}\right)^{nrt} = P\left[\lim_{n \to \infty}\left(1 + \frac{1}{n}\right)^n\right]^{rt} = Pe^{rt}$$

因此我們給出了下列結論：

投資終值（Future value of an investment）

若期初投資 P 元，在年利率 r，每年複利 k 次之條件下，則 t 年後之本利和即投資終值為 $B(t) = P\left(1 + \frac{r}{k}\right)^{kt}$。

若利率是**連續複利**（Compounded continuously）則 t 年後之本利和即投資終值 $B(t) = Pe^{rt}$

例 6. 假定我們投資 \$500，年利率 6%，為期 10 年，問 (1) 每半年複利一次　(2) 每季複利　(3) 連續複利，則 10 年後之終值為何？

解　(1) 每半年複利一次，一年共計息 2 次，$r = 6\%$

$$\therefore B(10) = 500\left(1 + \frac{6\%}{2}\right)^{2 \cdot 10} = 500(1 + 3\%)^{20} = 500 \times 1.806 = \$903.06$$

(2)每季複利一次，一年共計複利 4 次，$r = 6\%$

$$\therefore B(10) = 500\left(1 + \frac{6\%}{4}\right)^{4 \cdot 10} = 500(1 + 1.5\%)^{40} = 500 \times 1.814 = \$907$$

(3)$B(10) = 500e^{rt} = 500e^{0.06 \times 10} = 500 \times 1.822 = \$911.06$

例 7. 我們要投資多少，才能在年利率 6%，十年終了之終值爲 \$500。
(1) 每季複利 (2) 每半年複利 (3) 連續複利？

解 $(1)500 = P\left(1 + \frac{6\%}{2}\right)^{2 \times 10} = P(1 + 3\%)^{20}$

$\quad\quad \therefore P = 500 \times (1 + 3\%)^{-20} = 500 \times 0.554 = \$276.84$

$(2)500 = P\left(1 + \frac{6\%}{4}\right)^{4 \times 10} = P(1 + 1.5\%)^{40}$

$\quad\quad \therefore P = 500 \times (1 + 1.5\%)^{-40} = 500 \times 0.551 = \$275.63$

$(3)500 = Pe^{rt} = Pe^{0.06 \times 10} = Pe^{0.6}$

$\quad\quad \therefore P = 500e^{-0.6} = 500 \times 0.549 = \$274.41$

自然對數函數

　　自然對數函數有幾種定義，不論定義爲何，都可得到相同之性質，本書採用其中最易理解的方式。

> **【定義】**　若 $x > 0$ 則 x 之自然對數函數定義爲「以 e 爲底之對數函數」。x 之自然對數函數以 $\ln x$ 表之，即 $\ln x = \log_e^x$，在這個意義下，$\ln x$ 可視爲一般的對數函數，只不過它的底是 e。

　　$\log_a x = y$ 則 $x = a^y$（如果 $a > 0$，$x > 0$）互爲反函數，所以我們易知 $y = \ln x$ $\Leftrightarrow x = e^y$。由定理 5.1B 知 $y = \ln x$ 與 $y = e^x$ 之圖形對稱於 $y = x$：

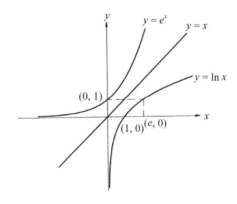

因為 $y = \ln x$ 與 $y = e^x$ 互為反函數,所以有下列二個基本結果:$1.\ e^{\ln x} = x$, $x > 0$;$2.\ \ln(e^x) = x, \forall\ x \in R$。

由自然對數函數之圖形,不難推知如下之結果:

$$\lim_{x \to \infty} \ln x = \infty \qquad \lim_{x \to 0^+} \ln x = -\infty$$

例 8. 求下列極限

(1) $\displaystyle\lim_{x \to 2^-} \ln(2 - x)$ (2) $\displaystyle\lim_{x \to 2^+} \ln(2 - x)$ (3) $\displaystyle\lim_{x \to \infty} [\ln(1 + x) - \ln(1 + 2x)]$

解 (1) $\displaystyle\lim_{x \to 2^-} \ln(2 - x) \xrightarrow{\ y = 2 - x\ } \lim_{y \to 0^+} \ln y = -\infty$

(2) $\displaystyle\lim_{x \to 2^+} \ln(2 - x)$ 不存在

(3) $\displaystyle\lim_{x \to \infty} [\ln(1 + x) - \ln(1 + 2x)] = \lim_{x \to \infty} \ln \frac{1 + x}{1 + 2x}$

$$= \ln \lim_{x \to \infty} \frac{1 + x}{1 + 2x} = \ln \lim_{x \to \infty} \frac{\dfrac{1}{x} + 1}{\dfrac{1}{x} + 2}$$

$$= \ln \frac{\displaystyle\lim_{x \to \infty} \left(\frac{1}{x} + 1 \right)}{\displaystyle\lim_{x \to \infty} \left(\frac{1}{x} + 2 \right)} = \ln \frac{1}{2} = -\ln 2$$

【定理 A】 基本上 $\log x$ 之性質 $\ln x$ 均保有之。

$\log x$	$\ln x$
$x > 0$ 時才有意義	$x > 0$ 時才有意義
$\log x + \log y = \log xy$	$\ln x + \ln y = \ln xy$
$\log x - \log y = \log \dfrac{x}{y}$	$\ln x - \ln y = \ln \dfrac{x}{y}$
$\log x^r = r \log x$	$\ln x^r = r \ln x$
$10^{\log x} = x$	$e^{\ln x} = x$
$\log_a x = \dfrac{\log_c x}{\log_c a}$,$a, c > 0$ 且 $a \neq 1, c \neq 1$(換底公式)	$\log_a x = \dfrac{\ln x}{\ln a}$,$a > 0, a \neq 1$
$\log 1 = 0$	$\ln 1 = 0$
……	……

【證明】　我們只證明其中三個性質，其餘讀者可自行仿證。

(1) $\ln x + \ln y = \ln xy$：

$e^{\ln x} = x$，$e^{\ln y} = y$　$\therefore xy = e^{\ln x} \cdot e^{\ln y} = e^{\ln x + \ln y}$

兩邊取 $\ln$，得：$\ln xy = \ln x + \ln y$

(2) $\log_a x = \dfrac{\ln x}{\ln a}$

取 $y = \log_a x \Rightarrow a^y = x$，兩邊取 $\ln$ 得

$y \ln a = \ln x$　$\therefore y = \dfrac{\ln x}{\ln a}$，即 $\log_a x = \dfrac{\ln x}{\ln a}$

(3) $\ln 1 = 0$：

$\because e^0 = 1$　$\therefore 0 = \ln 1$ ∎

例 9.　若 $\ln 25 = a$，$\ln 10 = b$，求 $\ln 16$

解　$\because \ln 25 = \ln 5^2 = a \Rightarrow 2\ln 5 = a$ 得 $\ln 5 = \dfrac{a}{2}$

$\ln 10 = \ln 2 \cdot 5 = \ln 2 + \ln 5 \Rightarrow b = \ln 2 + \dfrac{a}{2}$

即 $\ln 2 = \left(b - \dfrac{a}{2} \right)$

$\therefore \ln 16 = \ln 2^4 = 4\ln 2 = 4\left(b - \dfrac{a}{2} \right) = 4b - 2a$

練習 5.2

1. 若 $\ln 2 = a$，$\ln 3 = b$，試用 a, b 表下列結果

 (1) $\ln 8 + \ln 9 - \ln 6$　(2) $\ln 4^e + \ln 9^e$

2. 求 (1) $\displaystyle\lim_{n \to \infty}\left(1 + \dfrac{1}{2n}\right)^{3n}$　(2) $\displaystyle\lim_{n \to \infty}\left(1 + \dfrac{3}{n}\right)^{\frac{n}{2}}$

3. 比較 $2^{\log 3}$ 與 $3^{\log 2}$ 大小

4. $\ln b = 6$，$\ln c = -1$ 求 $\dfrac{1}{2a}\ln\left(\dfrac{\sqrt{b}}{c}\right)^a$

5. 解下列方程式

 (1) $e^{2x-1} = 5$　(2) $e^{x^2} = 9$　(3) $\ln \ln x = 1$

6. 若期初投資 P，在年利利率 r 之連續複利下，要投資多久其投資可翻一倍。

7. 在年利率 6% 下，若投資 \$4,000 要多久時間終值為 \$6,000，(1) 每季複利一次 (2) 連續複利。

8. 利用 $\ln xy = \ln x + \ln y$ 試証 $\ln x^r = r\ln x$，$r \in Z^+$

5.3 自然指數函數與自然對數函數之導函數

學習目標
- 自然指數函數與自然對數函數之導函數

自然指數函數之導函數

為了證明定理 A，我們先證明下列引理：

【引理】 $\lim\limits_{x \to 0} \dfrac{\ln(1+x)}{x} = 1$

【證明】 $\lim\limits_{x \to 0} \dfrac{\ln(1+x)}{x} = \lim\limits_{x \to 0} \ln(1+x)^{\frac{1}{x}} \overset{y=\frac{1}{x}}{=\!=\!=} \lim\limits_{y \to \infty} \ln\left(1+\dfrac{1}{y}\right)^{y} = \ln\lim\limits_{y \to \infty}\left(1+\dfrac{1}{y}\right)^{y} = \ln e = 1$ ∎

【定理 A】 $\dfrac{d}{dx}e^{x} = e^{x}$

【證明】 $\dfrac{d}{dx}e^{x} = \lim\limits_{h \to 0}\dfrac{e^{x+h}-e^{x}}{h} = \lim\limits_{h \to 0}\dfrac{e^{x}(e^{h}-1)}{h} = e^{x}\lim\limits_{h \to 0}\dfrac{e^{h}-1}{h} \overset{y=e^{h}-1}{=\!=\!=} e^{x}\lim\limits_{y \to 0}\dfrac{y}{\ln(1+y)} = e^{x}$ ∎

【推論 A1】 若 $u(x)$ 為 x 之可微分函數則

$\dfrac{d}{dx}e^{u(x)} = e^{u(x)} \cdot \dfrac{du}{dx}$

由定理 A 及鏈鎖律即得 ∎

例 1. 求：

(1) $\dfrac{d}{dx}e^{3x}$ (2) $\dfrac{d}{dx}e^{x^2+3x}$ (3) $\dfrac{d}{dx}xe^{\frac{1}{x}}$

解 (1) $\dfrac{d}{dx}e^{3x} = e^{3x}\dfrac{d}{dx}(3x) = 3e^{3x}$

(2) $\dfrac{d}{dx}e^{x^2+3x} = e^{x^2+3x}\dfrac{d}{dx}(x^2+3x) = (2x+3)e^{x^2+3x}$

(3) $\dfrac{d}{dx}xe^{\frac{1}{x}} = \left(\dfrac{d}{dx}x\right)e^{\frac{1}{x}} + x\left(\dfrac{d}{dx}e^{\frac{1}{x}}\right) = e^{\frac{1}{x}} + x\left(e^{\frac{1}{x}} \cdot \dfrac{d}{dx}\left(\dfrac{1}{x}\right)\right)$

$= e^{\frac{1}{x}} + x\left(-\dfrac{1}{x^2}\right)e^{\frac{1}{x}} = e^{\frac{1}{x}} - \dfrac{1}{x}e^{\frac{1}{x}} = \left(1-\dfrac{1}{x}\right)e^{\frac{1}{x}}$

例 **2.** 求 $f(x) = xe^x$ 在 $[-2, 1]$ 之絕對極值。

解　令 $f'(x) = \dfrac{d}{dx}(xe^x)$

$$= \left(\dfrac{d}{dx}x\right)e^x + x\left(\dfrac{d}{dx}e^x\right)$$

$$= e^x + xe^x = (x+1)e^x = 0$$

> 絕對極值
>
> $\Rightarrow \begin{cases} 閉區間。\\ 臨界點、端點之比較。 \end{cases}$

得臨界點 $x = -1$

比較 $f(x)$ 之端點、臨界點

x	-2	-1	1
$f(x)$	$-2e^{-2}$	$-e^{-1}$	e
	≈ -0.2707	≈ -0.3679	

$\therefore f(x) = xe^x$ 在 $[-2, 1]$ 之絕對極大值爲 $f(1) = e$，絕對極小值 $f(-1) = -e^{-1}$

【定理 B】 $\dfrac{d}{dx}a^x = (\ln a)a^x$，$a > 0$

【證明】 $\because a^x = e^{\ln a^x} = e^{x\ln a}$

$\therefore \dfrac{d}{dx}a^x = \dfrac{d}{dx}e^{x\ln a} = \ln a\, e^{x\ln a} = (\ln a)a^x$　∎

【推論 B1】 若 $u(x)$ 為 x 之可微分函數，$a > 0$，則

$$\dfrac{d}{dx}a^{u(x)} = (\ln a)a^{u(x)} \cdot \dfrac{d}{dx}u(x)$$

例 **3.** 求 (1) $\dfrac{d}{dx}2^{x^2}$　(2) $\dfrac{d}{dx}2^{\frac{1}{x}}$

解　(1) $\dfrac{d}{dx}2^{x^2} = (\ln 2)2^{x^2} \cdot 2x$

(2) $\dfrac{d}{dx}2^{\frac{1}{x}} = (\ln 2)2^{\frac{1}{x}}\left(-\dfrac{1}{x^2}\right)$

例 **4.** 求 (1) $\dfrac{d}{dx}e^{2^{x^2}}$　(2) $\dfrac{d}{dx}2^{e^{x^2}}$

解　(1) $\dfrac{d}{dx}e^{2^{x^2}} = e^{2^{x^2}} \cdot \dfrac{d}{dx}(2^{x^2}) = e^{2^{x^2}} \cdot (\ln 2)2^{x^2} \cdot 2x$

(2) $\dfrac{d}{dx}2^{e^{x^2}} = \ln 2 \cdot 2^{e^{x^2}} \cdot (2x)e^{x^2}$

> 在求 $\dfrac{d}{dx}f^{g^h}$ 這疑問題時，要注意到只有 f 是底 g^h 爲冪次

例 5. 試繪 $1 > a > 0$ 時 $y = a^x$ 之圖形

解 1. $y = a^x$ 中 x 之範圍是 $(-\infty, \infty)$，$\lim\limits_{x \to \infty} a^x = 0$($\because 1 > a > 0$)

$\therefore x$ 軸是漸近線，$\lim\limits_{x \to -\infty} a^x = \infty$，且圖形與 y 軸交 $(0, 1)$

2. $y' = a^x \cdot \ln a$，$\because 1 > a > 0$，$\ln a < 0 \therefore y' < 0$

$y = f(x)$ 之圖形為全域遞減

$y'' = a^x (\ln a)^2 > 0 \quad \therefore y = f(x)$ 之圖形為全域上凹

綜上，$1 > a > 0$，$y = a^x$ 之圖形為

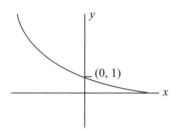

自然對數函數之導函數

【定理 C】 若 $x > 0$ 則 $\dfrac{d}{dx} \ln x = \dfrac{1}{x}$

【證明】 $x = e^{\ln x}$，兩邊同時對 x 微分得：

$$1 = \left(\frac{d}{dx} \ln x\right) e^{\ln x} = \left(\frac{d}{dx} \ln x\right) \cdot x$$

$$\therefore \frac{d}{dx} \ln x = \frac{1}{x} \qquad\blacksquare$$

【推論 C1】 若 $u(x)$ 為 x 之可微分函數，$x > 0$ 則

$$\frac{d}{dx} \ln u(x) = \frac{1}{u(x)} \frac{d}{dx} u(x)$$

例 6. 求下列函數之導函數

(1) $f(x) = \ln(2x^3 + x + 1)$　(2) $f(x) = \dfrac{\ln x}{x}$　(3) $f(x) = \sqrt{x} \ln x$

解 (1) $f'(x) = \dfrac{\dfrac{d}{dx}(2x^3 + x + 1)}{2x^3 + x + 1} = \dfrac{6x^2 + 1}{2x^3 + x + 1}$

(2) $f'(x) = \dfrac{x \dfrac{d}{dx}(\ln x) - \ln x \left(\dfrac{d}{dx} x\right)}{x^2} = \dfrac{x \cdot \dfrac{1}{x} - (\ln x) \cdot 1}{x^2} = \dfrac{1 - \ln x}{x^2}$

(3) $f'(x) = \dfrac{d}{dx}(\sqrt{x})\ln x + \sqrt{x}\Big(\dfrac{d}{dx}\ln x\Big) = \dfrac{1}{2\sqrt{x}}\ln x + \sqrt{x} \cdot \dfrac{1}{x} = \dfrac{(\ln x) + 2}{2\sqrt{x}}$

例 7. $f(x) = \log_a x$，$x > 0$ (1) 試導出 $\dfrac{d}{dx}f(x)$ 之公式 (2) 應用 (1) 之結果求 $\dfrac{d}{dx}(x^2 + \log x)^3$

解 (1) $\dfrac{d}{dx}f(x) = \dfrac{d}{dx}\log_a x = \dfrac{d}{dx}\dfrac{\ln x}{\ln a}$

$\qquad = \dfrac{1}{\ln a}\dfrac{d}{dx}\ln x = \dfrac{1}{\ln a} \cdot \dfrac{1}{x}$

> (1) $\log x$ 是以 10 爲底之
> 對數 $\Rightarrow \log x = \dfrac{\ln x}{\ln 10}$
> (2) $\log_a b = \dfrac{\ln b}{\ln a}$

$\quad$ (2) $\dfrac{d}{dx}(x^2 + \log x)^3$

$\qquad = 3(x^2 + \log x)^2\Big(\dfrac{d}{dx}(x^2 + \log x)\Big)$

$\qquad = 3(x^2 + \log x)^2\Big(\dfrac{d}{dx}x^2 + \dfrac{d}{dx}\log x\Big)$

$\qquad = 3(x^2 + \log x)^2\Big(\dfrac{d}{dx}x^2 + \dfrac{d}{dx}\dfrac{\ln x}{\ln 10}\Big)$

$\qquad = 3(x^2 + \log x)^2\Big(2x + \dfrac{1}{x\ln 10}\Big)$

例 8. $1 > a > 0$ 時，$x_1 > x_2 > 1$ 時，$\log_a x_1$ 與 $\log_a x_2$ 那個大？

解 $\log_a x = \dfrac{\ln x}{\ln a}$，$\dfrac{d}{dx}\log_a x = \dfrac{d}{dx}\dfrac{\ln x}{\ln a} = \dfrac{1}{\ln a} \cdot \dfrac{1}{x}$

$\because 1 > a > 0 \quad \therefore \ln a < 0$，$\dfrac{1}{\ln a} < 0$，得 $\dfrac{d}{dx}\log_a x < 0$

即 $\log_a x$ 在 $1 > a > 0$ 時爲 x 之減函數

$\therefore 1 > a > 0$ 且 $x_1 > x_2$ 時 $\log_a x_1 < \log_a x_2$

例 9. 若 $x > 0$，應用拉格蘭日均值定理，證明：

$\dfrac{x}{1+x} < \ln(x+x)x$

解 取 $f(x) = \ln(1+x)$，則

$\dfrac{f(x) - f(0)}{x - 0} = \dfrac{1}{1+\varepsilon}$，

$\therefore \dfrac{\ln(1+x) - \ln 1}{x} = \dfrac{\ln(1+x)}{x} = \dfrac{x}{1+\varepsilon}$，$x > \varepsilon > 0$

$\Rightarrow x > \dfrac{x}{1+\varepsilon} > \dfrac{x}{1+x}$

即 $x > 0$ 時 $x > \ln(1+x) > \dfrac{x}{1+x}$

應用自然對數函數求導函數

在求連乘除式之函數與冪次為 x 之函數時可在等式二邊取 ln 再微分。

連乘除式之導函數

例**10.** 若 $y = \dfrac{(x^2+1)(x^3-x+1)}{(x^4+x^2+1)^2}$，求 $y' = ?$

解 $\ln y = \ln \dfrac{(x^2+1)(x^3-x+1)}{(x^4+x^2+1)^2}$

$\qquad = \ln(x^2+1) + \ln(x^3-x+1) - \ln(x^4+x^2+1)^2$

兩邊同時對 x 微分

$\dfrac{y'}{y} = \dfrac{2x}{x^2+1} + \dfrac{3x^2-1}{x^3-x+1} - \dfrac{2(4x^3+2x)}{x^4+x^2+1}$

$\therefore y' = y\left(\dfrac{2x}{x^2+1} + \dfrac{3x^2-1}{x^3-x+1} - \dfrac{2(4x^3+2x)}{x^4+x^2+1}\right)$

$\qquad = \dfrac{(x^2+1)(x^3-x+1)}{(x^4+x^2+1)^2}\left(\dfrac{2x}{x^2+1} + \dfrac{3x^2-1}{x^3-x+1} - \dfrac{8x^3+4x}{x^4+x^2+1}\right)$

冪次部分為 x 之函數的導函數

例**11.** $\dfrac{d}{dx} 10^{x^2} = ?$

解 令 $y = 10^{x^2}$

則 $\ln y = x^2 \cdot \ln 10 = (\ln 10)x^2$

兩邊同時對 x 微分得：

$\dfrac{y'}{y} = (\ln 10) \cdot 2x$

$\therefore y' = y[(\ln 10)2x] = 10^{x^2} \cdot 2x\ln 10$

例**12.** $\dfrac{d}{dx} x^x = ?$

解 $y = x^x$ 則 $\ln y = x \ln x$

兩邊同時對 x 微分得：

$\dfrac{y'}{y} = \ln x + x \cdot \dfrac{d}{dx}\ln x = \ln x + x \cdot \dfrac{1}{x} = 1 + \ln x$

$\therefore y' = y(1 + \ln x) = x^x(1 + \ln x)$

練習 5.3

1. 試求下列各題之導函數

   (1) $y = e^{2x}$　(2) $y = \dfrac{\ln x}{x}$　(3) $y = x\ln x$　(4) $y = \dfrac{x}{e^x}$

   (5) $y = e^{\ln x}$　(6) $y = (\ln x)^e$　(7) $y = \sqrt{x}\ln x$

   (8) $y = \ln(1 + e^x)$

2. 求 $y = x^2 e^x$ 之相對極值，又若 $x \in [-1, 4]$ 求絕對極值。

3. 試繪 $a > 1$ 時，$y = a^x$ 之圖形。

5.4 洛比達法則

學習目標
■ 洛比達法則

本節之**洛比達法則**（L'Hospital's rule）是求解不定式之核心利器。

【定理 A】 洛比達法則：若 $\lim_{x \to x_0} f(x) = \lim_{x \to x_0} g(x) = 0$，

且 $\lim_{x \to x_0} \dfrac{f'(x)}{g'(x)}$ 存在，則 $\lim_{x \to x_0} \dfrac{f(x)}{g(x)} = \lim_{x \to x_0} \dfrac{f'(x)}{g'(x)}$。

在此 x_0 可為 $+\infty$，$-\infty$，或 0^+，0^- 之型式。

注意：
1. 在 $\lim_{x \to x_0} f(x) = \lim_{x \to x_0} g(x) = \infty$ 時，定理 A 仍適用，
2. $f(x)$，$g(x)$ 均需為可微分函數。

$\dfrac{0}{0}$ 型

例 1. 求 (1) $\lim_{x \to 1} \dfrac{x^n + x^3 - 2}{x^n + x - 2}$ 但 $n \neq -1$　(2) $\lim_{x \to 0} \dfrac{f(x+h) - f(x-h)}{2h}$

解　(1) $\lim_{x \to 1} \dfrac{x^n + x^3 - 2}{x^n + x - 2} \left(\dfrac{0}{0} \right)$

$\xrightarrow{\text{L'Hospital}} \lim_{x \to 1} \dfrac{nx^{n-1} + 3x^2}{nx^{n-1} + 1} = \dfrac{n+3}{n+1}$，$n = -1$ 時極限不存在

(2) $\lim_{h \to 0} \dfrac{f(x+h) - f(x-h)}{h}$

$\xrightarrow{\text{L'Hospital}} \lim_{h \to 0} \dfrac{f'(x+h) - (-1)f'(x-h)}{1}$

$\boxed{\lim_{h \to 0} \dfrac{f(x+h) - f(x-h)}{h} \quad \text{└── 只有 } h \text{ 才是變數}}$

$= \lim_{h \to 0} (f'(x+h) + f'(x-h))$

$= f'(x) + f'(x) = 2f'(x)$

∞-∞，0 · ∞與∞ · ∞

例 2. 求$\lim\limits_{x \to 1}\left(\dfrac{1}{x-1} - \dfrac{x}{lnx}\right)$

解　$\lim\limits_{x \to 1}\left(\dfrac{1}{x-1} - \dfrac{x}{lnx}\right) \stackrel{(\infty-\infty)}{=\!=\!=} \lim\limits_{x \to 1}\dfrac{lnx - x(x-1)}{(x-1)lnx} \stackrel{\left(\frac{0}{0}\right)}{=\!=\!=} \lim\limits_{x \to 1}\dfrac{\frac{1}{x} - 2x + 1}{lnx + \frac{x-1}{x}}$

$\quad = \lim\limits_{x \to 1}\dfrac{1 - 2x^2 + x}{xlnx + x - 1} \stackrel{\left(\frac{0}{0}\right)}{=\!=\!=} \lim\limits_{x \to 1}\dfrac{-4x+1}{lnx + 1 + 1} = -\dfrac{3}{2}$

0^0與1^∞型

這種類型問題可化成 $f(x) = e^{lnf(x)}$，$f(x) > 0$ 進行求解。

例 3. 求 (1) $\lim\limits_{x \to 0^+} x^x = ?$ (2) 並應用 (1) 之結果求$\lim\limits_{x \to 0^+} xlnx$

解　(1) $\lim\limits_{x \to 0^+} x^x = \lim\limits_{x \to 0^+} e^{lnx^x} = \lim\limits_{x \to 0^+} e^{xlnx} = \lim\limits_{x \to 0^+} e^{lnx \big/ \frac{1}{x}}$

$\quad$ 但 $\lim\limits_{x \to 0^+}\dfrac{lnx}{\frac{1}{x}} \stackrel{L'Hospital}{=\!=\!=\!=\!=} \lim\limits_{x \to 0^+}\dfrac{\frac{1}{x}}{-\frac{1}{x^2}} = \lim\limits_{x \to 0^+}(-x) = 0$

$\quad \therefore \lim\limits_{x \to 0^+} x^x = \lim\limits_{x \to 0^+} e^{lnx \big/ \frac{1}{x}} = \lim\limits_{x \to 0^+} e^{-x} = 1$

$\quad$ (2) $\lim\limits_{x \to 0^+} xlnx = \lim\limits_{x \to 0^+} lnx^x = ln1 = 0$

1^∞型之特殊解法

我們可應用定理 B 由視察法輕易地求出這類題型。

【定理 B】　若 $\lim\limits_{x \to a} f(x) = 1$，且 $\lim\limits_{x \to a} g(x) = \infty$，則 $\lim\limits_{x \to a} f(x)^{g(x)} = e^{\left[\lim\limits_{x \to a}(f(x)-1)g(x)\right]}$，$a$ 可為 $\pm\infty$

例 4. $a > 0$，$b > 0$，$c > 0$，求 $\lim\limits_{x \to 0}\left(\dfrac{a^x + b^x + c^x}{3}\right)^{\frac{1}{x}}$

解　$\lim\limits_{x \to 0}\left(\dfrac{a^x + b^x + c^x}{3}\right) = \dfrac{1}{3}\left(\lim\limits_{x \to 0} a^x + \lim\limits_{x \to 0} b^x + \lim\limits_{x \to 0} c^x\right) = \dfrac{1+1+1}{3} = 1$

又 $\lim\limits_{x\to 0}\dfrac{1}{x}=\infty$

由定理 B

$$\boxed{\lim\limits_{x\to 0}\dfrac{a^x-1}{x}\xrightarrow{\text{L'Hospital}}\lim\limits_{x\to 0}\dfrac{a^x lna}{1}=lna}$$

$$\lim\limits_{x\to 0}\left(\dfrac{a^x+b^x+c^x}{3}\right)^{\frac{1}{x}}=e^{\lim\limits_{x\to 0}\left(\frac{a^x+b^x+c^x}{3}-1\right)\frac{1}{x}}$$

$$=e^{\frac{1}{3}\lim\limits_{x\to 0}\frac{(a^x-1)+(b^x-1)+(c^x-1)}{x}}$$

$$=e^{\frac{1}{3}\left[\lim\limits_{x\to 0}\frac{a^x-1}{x}+\lim\limits_{x\to 0}\frac{b^x-1}{x}+\lim\limits_{x\to 0}\frac{c^x-1}{x}\right]}$$

$$\xrightarrow{\text{L'Hospital}}e^{\frac{1}{3}(\ln a+\ln b+\ln c)}=e^{\frac{1}{3}\ln(abc)}=\sqrt[3]{abc}$$

例 5. 求 $\lim\limits_{x\to\infty}\left(1+\dfrac{2}{x}+\dfrac{1}{x^2}\right)^{\frac{x}{2}}$

解 $\lim\limits_{x\to\infty}\left(1+\dfrac{2}{x}+\dfrac{1}{x^2}\right)=\lim\limits_{x\to\infty}1+\lim\limits_{x\to\infty}\dfrac{2}{x}+\lim\limits_{x\to\infty}\dfrac{1}{x^2}=1+0+0=1$

又 $\lim\limits_{x\to\infty}\dfrac{x}{2}=\infty$

$\therefore$ 由定理 B $\lim\limits_{x\to\infty}\left(1+\dfrac{2}{x}+\dfrac{1}{x^2}\right)^{\frac{x}{2}}=e^{\lim\limits_{x\to\infty}\left[\left(1+\frac{2}{x}+\frac{1}{x^2}-1\right)\frac{x}{2}\right]}$

$$=e^{\lim\limits_{x\to\infty}\left(\frac{2}{x}+\frac{1}{x^2}\right)\frac{x}{2}}=e^{\lim\limits_{x\to\infty}\left(1+\frac{1}{2x}\right)}=e$$

一個經濟應用例

經濟商學應用 CES 生產函數 $Q=A(\alpha K^\rho+(1-\alpha)L^\rho)^{\frac{1}{\rho}}$，那麼 $\rho\to 0$ 時 CES 生產函數便趨近於 Cobb Douglas 生產函數 $Q=AK^\alpha L^{1-\alpha}$。在此，K 為資本投入量，L 為勞動力投入量，ρ 為替代彈性。

【證明】 $\lim\limits_{\rho\to 0}A(\alpha K^\rho+(1-\alpha)L^\rho)^{\frac{1}{\rho}}$ 為一個 1^∞ 之不定式，由定理 B

$$\lim\limits_{\rho\to 0}A(\alpha K^\rho+(1-\alpha)L^\rho)^{\frac{1}{\rho}}=A\lim\limits_{\rho\to 0}(\alpha K^\rho+(1-\alpha)L^\rho)^{\frac{1}{\rho}}$$

$$=Ae^{\lim\limits_{\rho\to 0}(\alpha K^\rho+(1-\alpha)L^\rho-1)\cdot\frac{1}{\rho}}=Ae^{\lim\limits_{\rho\to 0}(\alpha K^\rho\ln K+(1-\alpha)L^\rho\ln L)}$$

$$=Ae^{(\alpha\ln K+(1-\alpha)\ln L)}=Ae^{(\ln K^\alpha+\ln L^{1-\alpha})}=Ae^{\ln K^\alpha L^{1-\alpha}}=AK^\alpha L^{1-\alpha}$$

練習 5.4

1. 求下列各題之極限

(1) $\displaystyle\lim_{x\to 1}\frac{x^4+x-2}{x-1}$

(2) $\displaystyle\lim_{x\to 1}\left(\frac{3}{1-x^3}-\frac{2}{1-x^2}\right)$

(3) $\displaystyle\lim_{x\to 1}\frac{x^n-1}{x^{n-2}-1}$，$n\neq 2$

(4) $\displaystyle\lim_{h\to 0}\frac{f(x+ah)-f(x-bh)}{h}$

(5) $\displaystyle\lim_{x\to 0}\frac{e^x-1}{x}$

(6) $\displaystyle\lim_{x\to 1}\frac{x-1}{\ln x}$

(7) $\displaystyle\lim_{x\to -1}\left(\frac{1}{x+1}-\frac{1}{(x+1)(x+2)}\right)$

(8) $\displaystyle\lim_{x\to 0}\left(\frac{1}{x}-\frac{1}{e^x-1}\right)$

2. 求下列各題之極限

(1) $a>0$，$b>0$ 求 $\displaystyle\lim_{x\to 0}\left(\frac{a^x+b^x}{2}\right)^{\frac{1}{x}}$

(2) $\displaystyle\lim_{x\to \infty}\left(\frac{x}{x-1}\right)^{\sqrt{x}}$

3. 設某生產系統之生產量 Q 滿足 CES 生產函數 $Q(K,L)=0.7(0.4K^\rho+0.6L^\rho)^{\frac{1}{\rho}}$ 求 $\rho\to 0$ 時 $Q(K,L)\to$?

第6章
積　分

6.1 反導函數

學習目標
- 反導函數之基本解法
- 分段定義不定常數
- 微分方程式簡介

反導函數

【定義】 函數 $F(x)$ 滿足 $F'(x) = f$ 則稱 $F(x)$ 為 $f(x)$ 之**反導函數**（Antiderivative）。**反導函數**又稱為**不定積分**（Indefinite integral）。

在微分法中，函數 $f(x)$ 透過微分運算子「$\frac{d}{dx}$」而得到導函數 $f'(x)$，那麼求反導函數顧名思義是已知 $f(x)$ 下要反求 $F(x)$。$f(x)$ 之反導函數（不定積分）之運算符號是 $\int f(x)\,dx$。以上可用一個簡單的例子說明之：若 $f(x) = 2x+1$，求 $f(x)$ 之反導數等同是求若 $\frac{d}{dx}F(x) = 2x+1$，那麼 $F(x) = ?$」也就是 $\int (2x+1)\,dx = ?$ 我們看出 $x^2 + x + 1$ 是個解，$x^2 + x + 40001$ 也是個解，顯然凡形如 $x^2 + x + c$ 之函數均是其解，此看出**反導函數之結果必有一常數 c**。

反導函數之基本定理

【定理 A】
1. 不定積分之線性性質
$$\int kf(x)dx = k\int f(x)dx$$
$$\int (f(x) \pm g(x))dx = \int f(x)dx \pm \int g(x)dx$$

2. 冪法則：$\int x^r dx = \begin{cases} \dfrac{1}{r+1}x^{r+1} + c, & r \neq -1 \\ \ln|x| + c, & r = -1 \end{cases}$

3. 冪法則之一般化
$$\int (f(x))^r f'(x)dx = \int (f(x))^r df(x)$$
$$= \frac{1}{r+1}(f(x))^{r+1} + c, \ r \neq -1$$
$$= \ln|f(x)| + c, \ r = -1$$

4. 指數法則 $\int e^{rx} dx = \dfrac{1}{r}e^{rx}, \ r \neq 0$

在幾個不定積分結果加總時，只需在最後結果加上一個常數 c。

例 1. 求 (1) $\int x^2 dx$　(2) $\int 3dx$　(3) $\int \sqrt{x}dx$

$\int x^r dx = ?$
step1：冪次加 1，x^{r+1}
step2：冪次倒數當 x^{r+1}
　　　之係數：$\frac{1}{r+1}x^{r+1}$
step3：step2再加常數 c：
　　　$\frac{1}{r+1}x^{r+1}+c$

解 (1) $\int x^2 dx = \frac{1}{2+1}x^{2+1}+c = \frac{1}{3}x^3+c$

(2) $\int 3dx = 3\int 1dx = 3x+c$

(3) $\int \sqrt{x}dx = \int x^{\frac{1}{2}}dx = \frac{1}{1+\frac{1}{2}}x^{1+\frac{1}{2}}+c = \frac{2}{3}x^{\frac{3}{2}}+c$

例 2. 求 $\int (3\sqrt{x}+2x-\frac{1}{x^2})dx = ?$

解 $\int (3\sqrt{x}+2x-\frac{1}{x^2})dx$

$= \int 3x^{\frac{1}{2}}dx + \int 2xdx - \int \frac{1}{x^2}dx = 3\left(\frac{2}{3}x^{\frac{3}{2}}\right)+x^2+\frac{1}{x}+c = 2x^{\frac{3}{2}}+x^2+\frac{1}{x}+c$

例 3. 求 $\int \frac{(x+1)^2}{\sqrt{x}}dx = ?$

解 $\int \frac{(x+1)^2}{\sqrt{x}}dx = \int x^{-\frac{1}{2}}(x^2+2x+1)dx$

$= \int x^{\frac{3}{2}}+2x^{\frac{1}{2}}+x^{-\frac{1}{2}}dx$

$= \frac{2}{5}x^{\frac{5}{2}}+2 \cdot \frac{2}{3}x^{\frac{3}{2}}+2x^{\frac{1}{2}}+c$

$= \frac{2}{5}x^{\frac{5}{2}}+\frac{4}{3}x^{\frac{3}{2}}+2x^{\frac{1}{2}}+c$ 或 $\frac{2}{5}\sqrt{x^5}+\frac{4}{3}\sqrt{x^3}+2\sqrt{x}+c$

例 4. 求 $\int e^{3x}dx$

解 $\int e^{3x}dx = \frac{1}{3}e^{3x}+c$

微分方程式的簡介

微分方程式（Differential Equations）顧名思義是含有導函數、偏導函數的方程式，只含導函數之微分方程式稱為**常微分方程式**（Ordinary differential equations），如 $y'+2y''+y = 3e^x$，$\frac{dx}{dy}+xy = e^x$ 等均是。

微分方程式的解

在初等代數學中,我們知道 $2x + 1 = 3$ 的解為 $x = 1$,這是因為當 $x = 1$ 時 $2x + 1 = 3$,同樣的道理,例如:$y' = x^2$ 的解可透過積分求得 $y = \int x^2 dx = \frac{x^3}{3} + c$。因為 $y = \frac{x^3}{3} + c$,c 為一任意常數,滿足:$y' = x^2$,因而 $y = \frac{x^3}{3} + c$ 是 $y' = x^2$ 之一個解。如果我們給定一個條件,如 $y(0) = 1$,$y(0) = 1$ 稱為**初始條件**(Initial condition)。$y(0) = 1$ 表示 $x = 0$ 時 $y = 1$,因此初始條件可決定 $y = \frac{x^3}{3} + c$ 中之常數 c:$\because 1 = 0 + c$,$\therefore c = 1$,因而 $y = \frac{x^3}{3} + 1$,在此 $y = \frac{x^3}{3} + c$ 稱為**通解**(General solution),而 $y = \frac{x^3}{3} + 1$ 稱為**特解**(Particular solution)。

例 5. $f(x)$ 曲線在每一點 x 之切線斜率為 $2x + 1$,若此曲線過 $(2, 7)$,求 $f(x)$

解　依題意 $f'(x) = 2x + 1$

$\therefore f(x) = \int f'(x)dx = \int (2x+1)dx = x^2 + x + c$

又 $f(x)$ 之曲線過 $(2, 7)$,即 $f(x)$ 滿足 $f(2) = 7$

$f(2) = 2^2 + 2 + c = 7$ 得 $c = 1$

$\therefore f(x) = x^2 + x + 1$

例 6. 解 $y'' = 0$

解　$y'' = 0$　設 $y' = 0x + c = c \Rightarrow y = \int c dx = cx + k$,$c, k$ 為任意常數

商學經濟應用例

例 7. 若生產某種產品 q 個單位之邊際成本函數 $MC(q) = 3q^2 - 10q + 60$ 又已知生產 2 個單位時之總成本為 \$600,求生產第 5 個產品之總成本?

已知 $MC(q)$ 及 $TC(2)$,要求 $C(5)$
(1) $TC(q) = \int MC(q)dq$
(2) 由 $TC(2)$ 之結果決定總成本函數 $C(q)$ 之 k 值

解　$\because MC(q) = 3q^2 - 10q + 60$

$\therefore TC(q) = \int (3q^2 - 10q + 60)dq = q^3 - 5q^2 + 60q + k$

又 $TC(2) = 600 = q^3 - 5q^2 + 10q + k \big]_{q=2}$

$\qquad = 8 - 20 + 20 + k = 8 + k$

$\therefore k = 592$

即 $TC(q) = q^3 - 5q^2 + 10q + 592$

$\therefore TC(5) = 5^3 - 5(5^2) + 10(5) + 592 = \$642$

例 8. 設製造某個產品 q 單位之邊際成本 $MC(q) = 3q^2 - 20q + 450$，且已知在生產前 2 個單位時之成本爲 $\$1,368$ 求生產前 6 個單位產品之總成本爲何？

解 $TC(q) = \int MC(q)dq = \int (3q^2 - 20q + 450)dq = q^3 - 10q^2 + 450q + c$

又已知 $TC(2) = 1,368$

$\therefore 1368 = 2^3 - 10 \cdot 2^2 + 450 \cdot 2 + c$，得 $c = 500$

即 $TC(q) = q^3 - 10q^2 + 450q + 500$

從而 $TC(6) = 6^3 - 10 \cdot 6^2 + 450 \cdot 6 + 1,500 = \$4,056$

分離變數法

微分方程式是數學中之重要一支，本書在此只介紹**分離變數法**（Separable variable method）。分離變數法是解微分方程式眾多方法之一，也是最基本之解法。它呈現方式有下列二種方式：

(1) $\dfrac{dy}{dx} = f(x)g(y)$，或

(2) $f_1(x)f_2(y)dx = g_1(x)g_2(y)dy$

解題上，就是把微分符號化成微分數符號再將方程式變爲 $h(x)dx + g(y)dy = 0$ 最後對 x，y 分別積分即得

> 我們在第 3 章曾介紹微分數。給定一個可微分函數 $f(x)$，$f(x)$ 之微分數定義爲 $dy = f'(x)dx$，微分數和導函數有關連，但不同的概念，在微分裡 $\dfrac{dy}{dx}$ 是一個整體之符號，在微分數裡 dy，dx 可有類似「除」之做法。

例 9. 解 $\dfrac{dy}{dx} = \dfrac{2x}{y}$，$y(0) = 2$

解 $\dfrac{dy}{dx} = \dfrac{2x}{y}$

$\therefore ydy = 2xdx$，即 $ydy - 2xdx = 0$

$\int ydy - \int 2xdx = \dfrac{y^2}{2} - x^2 = c$

即 $y^2 - 2x^2 = 2c = c'$

又 $y(0) = 2$，代 $x = 0$，$y = 2$ 入上式得 $c' = 4$

$\therefore y^2 - 2x^2 = 4$

例10. 解 $x(1+y)dx + \dfrac{y}{x}dy = 0$

解　　$x(1+y)dx + \dfrac{y}{x}dy = 0$

$\Rightarrow x^2 dx + \dfrac{y}{1+y}dy = 0$

$\displaystyle\int x^2 dx + \int \dfrac{y}{1+y}dy = \int x^2 dx + \int \dfrac{1+y-1}{1+y}dy$

$\displaystyle = \int x^2 dx + \int dy - \int \dfrac{dy}{1+y}$

$= \dfrac{x^2}{3} + y - \ln|1+y| + c$

例11. 解 $\dfrac{y}{x} \cdot y' + 1 = 0$，若 $y(0) = 1$

解　　$\because \dfrac{y}{x} \cdot y' + 1 = \dfrac{y}{x} \cdot \dfrac{dy}{dx} + 1 = 0$

$\therefore ydy + xdx = 0 \Rightarrow \dfrac{y^2}{2} + \dfrac{x^2}{2} = c$，即 $y^2 + x^2 = c'$

又 $y(0) = 1$，代 $x = 0$，$y = 1$ 入上式得 $c' = 1$

故 $x^2 + y^2 = 1$ 是為所求。

商學經濟應用例

例12. （導出連續複利公式）若第 1 年投資 P 元，以年利率 r 連續複利則 t 年後之終值為 $B(t) = Pe^{rt}$。

解　　$\because t$ 年後之終值 $B(t)$ 之相對成長率必須等於 r

$\therefore \underbrace{\dfrac{dB}{dt}/B}_{B \text{ 之相對成長率}} = \underbrace{r}_{\text{年利率}}$，即 $\dfrac{dB}{dt} = Br$

移項得 $\dfrac{dB}{B} = rdt \Rightarrow \displaystyle\int \dfrac{dB}{B} = \int rdt = r \int dt$

$\therefore \ln B = rt + c \Rightarrow B(t) = e^{rt+c} = ke^{rt}$，但 $B(0) = P$

$\therefore B(0) = ke^{rt}\Big|_{t=0} = k = P$

得 $B(t) = Pe^{rt}$

練習 6.1

1. 計算

(1) $\int x^3 dx$

(2) $\int (x^3 + 2x + 1) dx$

(3) $\int \left(\dfrac{x^3 + 2x + 1}{x} \right) dx$

(4) $\int \left(e^{3x} + \dfrac{2}{x} \right) dx$

(5) $\int (e^x + 1)^2 dx$

(6) $\int \left(1 + \dfrac{1}{x} \right)^2 dx$

(7) $\int \dfrac{x+1}{\sqrt{x}} dx$

(8) $\int x\sqrt[3]{x} dx$

2. 解下列微分方程式

(1) $y' = x^2 + 1$，$y(0) = 0$

(2) $y' = \dfrac{x}{y}$，$y(0) = 1$

6.2 定積分之定義

定積分定義

將區間 $[a, b]$ 用 $a = x_0 < x_1 < x_2 \cdots\cdots < x_n = b$ 諸點劃分成 n 個**子區間**（Subinterval），如此形成了 n 個小的矩形。在圖 (a)，第 k 個矩形的面積是 $(x_k - x_{k-1})\, f(x_k)$，所以 $y = f(x)$ 在 $[a, b]$ 中與 x 軸所夾區域之 n 個矩形之面積和近似為 $\sum\limits_{k=1}^{n} (x_k - x_{k-1})\, f(x_k) \cdots\cdots$①。同理圖 (b) 中 $y = f(x)$ 在 $[a, b]$ 中與 x 軸所夾區域之面積近似為 $\sum\limits_{k=1}^{n} (x_k - x_{k-1})\, f(x_k) \cdots\cdots$②。

當 n 個子區間為等長度且 $n \to \infty$ 時①, ②之面積是相等的。

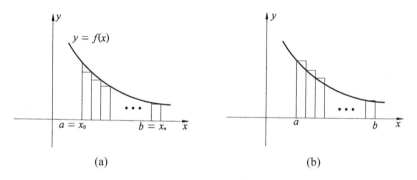

(a)   (b)

由此我們可有**定積分**（Definite integral）之定義如下：

> **【定義】** 將區間 $[a, b]$ 用 $a = x_0 < x_1 < x_2 \cdots\cdots < x_n = b$ 諸點劃分成 n 個**子區間**（Subinterval），並在各子區間選出 n 個點 $x_1, x_2 \cdots\cdots x_n$。令 $\Delta x_k = \dfrac{b-a}{n}$，若 $\lim\limits_{n\to\infty} \sum\limits_{k=1}^{n} f(x_k)(\Delta x)$ 存在，則 $\int_a^b f(x)dx = \lim\limits_{n\to\infty} \sum\limits_{k=1}^{n} f(x_k)\Delta x$。

定義中之 $\sum\limits_{k=1}^{n} f(x_k)\Delta x$ 稱為**黎曼和**（Riemann sum）。

$\int_a^b f(x)\,dx$ 中，$f(x)$ 稱為**積分式**（Integrand），b 為**積分上界**（Integral upper bound），a 為**積分下界**（Integral lower bound）。要注意的是 $\int_a^b f(x)\,dx$ 之 x 是**啞變數**（Dummy variable），因此 x 可用任意字母取代，積分結果都相同。

由定積分之定義： $\int_a^b f(x)dx$ 表示函數 $f(x)$ 在 $[a, b]$ 與 x 軸夾成區域之面積。

例 1. 以定積分之幾何意義求：(1) $\int_0^1 x\,dx$　(2) $\int_0^1 1\,dx$　(3) $\int_0^1 \sqrt{1-x^2}\,dx$

解

解答	$\int_0^1 x\,dx = \dfrac{1}{2}$	$\int_0^1 1\,dx = 1$	$\int_0^1 \sqrt{1-x^2}\,dx = \dfrac{\pi}{4}$
圖示			
	三角形面積 $= \dfrac{1}{2} \times 1 \times 1 = \dfrac{1}{2}$	正方形面積 $= 1$	$\dfrac{1}{4}$ 標準圓面積 $= \dfrac{\pi}{4}$

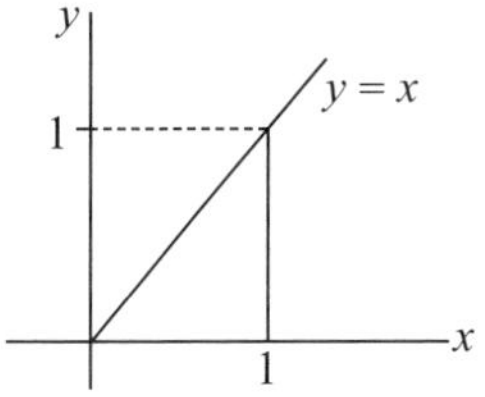

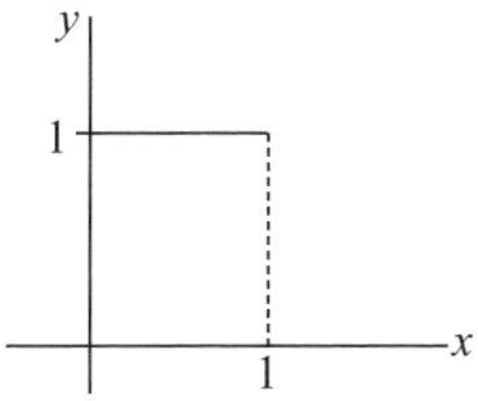

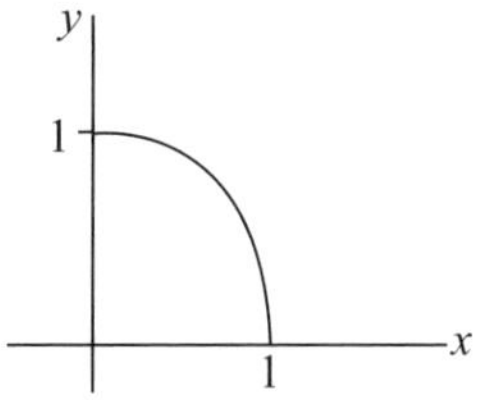

定積分之基本性質

【定理 A】 　1. $f(x)$ 在 $[a, b]$ 中為連續之非負函數，則 $\int_a^b f(x)\,dx \geq 0$

　　　　　2. $f(x)$ 在 $[a, b]$ 中為連續之非負函數，若 $\int_a^b f(x)\,dx = 0$，則 $f(x) = 0$

　　　　　3. $f(x)$，$g(x)$ 在 $[a, b]$ 中為連續函數且 $f(x) \geq g(x)$ 則

　　　　　　$\int_a^b f(x)\,dx \geq \int_a^b g(x)\,dx$

　　　　　4. $\left|\int_a^b f(x)\,dx\right| \leq \int_a^b |f(x)|\,dx$　$b > x > a$

【證明】 　(1) 由定積分之定義，$f(x_i) \geq 0$，$\Delta x_i > 0$，$\Delta x_i = x_i - x_{i-1}$

　　　　　　$\therefore f(x_i)\,\Delta x_i \geq 0$，$i = 1, 2 \cdots n$

　　　　　　令 $\Delta x = \dfrac{b-a}{n}$，則

　　　　　　$\lim\limits_{n \to \infty} \sum\limits_{k=1}^{n} f(x_k)\Delta x_k \geq 0$

　　　　　　$\therefore \int_a^b f(x)\,dx \geq 0$

　　　　(2) $\because \int_a^b f(x)\,dx = 0 \Rightarrow \sum\limits_{i=1}^{n} f(x_i)\,\Delta x_i = 0$，$\Delta x_i = \dfrac{b-a}{n}$ 又 $\Delta x_i > 0$ 又 $f(x_i) \geq 0$，

　　　　　　$\therefore f(x_i) = 0$，$i = 1, 2 \cdots n$ 即 $f(x_i) = 0$

　　　　(3) $\because$ 在 $[a, b]$ 中 $f(x) \geq g(x)$，即 $f(x) - g(x) \geq 0$，

　　　　　　由 (1) $\int_a^b (f(x) - g(x))\,dx = \int_a^b f(x)\,dx - \int_a^b g(x)\,dx \geq 0$

　　　　　　即 $\int_a^b f(x)\,dx \geq \int_a^b g(x)\,dx$

　　　　(4) $-|f(x)| \leq f(x) \leq |f(x)|$

　　　　　　$\therefore \int_a^b -|f(x)|\,dx \leq \int_a^b f(x)\,dx \leq \int_a^b |f(x)|\,dx$

　　　　　　$\Rightarrow \left|\int_a^b f(x)\,dx\right| \leq \int_a^b |f(x)|\,dx$　　　■

微積分基本定理

【定理 B】　微積分基本定理（Fundamental theorem of calculus）若 $f(x)$ 在 $[a, b]$ 中
　　　　為連續，$F(x)$ 為 $f(x)$ 之任何一個反導函數，則 $\int_a^b f(x)dx = F(b) - F(a)$。
　　　　習慣上 $\int_a^b f(x)dx$ 常寫成 $\int_a^b f(x)dx = F(x)]_a^b = F(b) - F(a)$

　　微積分基本定理也稱爲**牛頓萊布尼茲公式**（Newton Leibniz formula）。不
定積分是從導函數（改變率）之反運算發展出來的，而定積分則是從面積之
角度定義的，乍看之下二者應無交集，但微積分基本定理能將二者做完美銜
接，這使得定積分變得容易運算，因此，它可說是一個很漂亮的定理。

【定理 C】　$f(x)$ 在 $[a, b]$ 為連續函數，$c \in [a, b]$ 則
　　　　(1) $\int_a^a f(x)dx = 0$
　　　　(2) $\int_a^b f(x)dx = -\int_b^a f(x)dx$
　　　　(3) $\int_a^c f(x)dx + \int_c^b f(x)dx = \int_a^b f(x)dx$
【證明】　1. $\int_a^a f(x)dx = F(a) - F(a) = 0$
　　　　2. $\int_a^b f(x)dx = F(b) - F(a) = -[F(a) - F(b)] = -\int_b^a f(x)dx$
　　　　定理 C(3) 之證明見練習第 8 題。　　　　　　　　　　■

例 2.　求 (1) $\int_0^1 x^2 dx$　(2) $\int_1^4 \sqrt{x}\,dx$　(3) $\int_1^2 e^x dx$

解　(1) $\int_0^1 x^2 dx = \frac{1}{3}x^3 \Big]_0^1$

　　　　$= \frac{1}{3}(1^3 - 0^3) = \frac{1}{3}$

　　(2) $\int_1^4 \sqrt{x}\,dx = \int_1^4 x^{\frac{1}{2}} dx$

　　　　$= \frac{2}{3}x^{\frac{3}{2}} \Big]_1^4$

　　　　$= \frac{2}{3}\left(4^{\frac{3}{2}} - 1^{\frac{3}{2}}\right)$

　　　　$= \frac{2}{3}\left((2^2)^{\frac{3}{2}} - 1\right)$

　　　　$= \frac{2}{3}(2^3 - 1) = \frac{14}{3}$

　　(3) $\int_1^2 e^x dx = e^x \Big]_1^2 = e^2 - e$

> 在解定積分時，所求之反導函數不需
> 考慮常數 c，因 c 會在計算過程中被消
> 掉。例如：$\int_0^1 x^2 dx = \frac{x^3}{3} + c \Big]_0^1 = \left(\frac{1}{3} + c\right)$
> $- (0 + c) = \frac{1}{3}$

【定理 D】　(1) $\dfrac{d}{dx}\displaystyle\int_a^x f(y)dy = f(x)$

　　　　　　(2) $\dfrac{d}{dx}\displaystyle\int_a^{g(x)} f(y)dy = f(g(x))g'(x)$，$g(x)$ 為 x 之可微分函數。

　　　　　　(3) $\dfrac{d}{dx}\displaystyle\int_{h(x)}^{g(x)} f(y)dy = f(g(x))g'(x) - f(h(x))h'(x)$

【證明】　應用定理 B（微積分基本定理），設 $F(x)$ 為 $f(x)$ 之反導函數，則

1. $\dfrac{d}{dx}\displaystyle\int_a^x f(y)dy = \dfrac{d}{dx}[F(x) - F(a)] = f(x)$

2. $\dfrac{d}{dx}\displaystyle\int_a^{g(x)} f(y)dy = \dfrac{d}{dx}[F(g(x)) - F(a)] = f(g(x))g'(x)$

3. $\dfrac{d}{dx}\displaystyle\int_{h(x)}^{g(x)} f(y)dy = \dfrac{d}{dx}[F(g(x)) - F(h(x))] = f(g(x))g'(x) - f(h(x))h'(x)$　∎

例 3.　求 (1) $\displaystyle\lim_{h\to 0}\dfrac{\displaystyle\int_x^{x+h}\dfrac{du}{u+\sqrt{u+1}}}{h}$　(2) $\displaystyle\lim_{h\to 0}\dfrac{\displaystyle\int_x^{x+h}\sqrt{y^4+1}\,dy}{h}$

解

提示	解答
$\displaystyle\lim_{h\to 0}\dfrac{\displaystyle\int_h^{x+h}f(u)du}{h} = \lim_{h\to 0}\dfrac{F(x+h)-F(x)}{h} = F'(x) = f(x)$	$\displaystyle\lim_{h\to 0}\dfrac{\displaystyle\int_x^{x+h}\dfrac{du}{u+\sqrt{u+1}}}{h} = \lim_{h\to 0}\dfrac{F(x+h)-F(x)}{h}$ $= \dfrac{1}{x+\sqrt{x+1}}$
	$\displaystyle\lim_{h\to 0}\dfrac{\displaystyle\int_x^{x+h}\sqrt{y^4+1}\,dy}{h}$ $= \displaystyle\lim_{h\to 0}\dfrac{F(x+h)-F(x)}{h} = \sqrt{x^4+1}$

例 4.　求 (1) $\dfrac{d}{dx}\displaystyle\int_0^{x^2}\sqrt{1+y^4}\,dy$　(2) $\dfrac{d}{dx}\displaystyle\int_{x^2}^{x^3}\sqrt{1+y^4}\,dy$

解　(1) $\dfrac{d}{dx}\displaystyle\int_0^{x^2}\sqrt{1+y^4}\,dy = \sqrt{1+(x^2)^4}\,\dfrac{d}{dx}x^2 = 2x\sqrt{1+x^8}$

　　(2) $\dfrac{d}{dx}\displaystyle\int_{x^2}^{x^3}\sqrt{1+y^4}\,dy = \sqrt{1+(x^3)^4}\,\dfrac{d}{dx}x^3 - \sqrt{1+(x^2)^4}\,\dfrac{d}{dx}x^2$

　　　　$= 3x^2\sqrt{1+x^{12}} - 2x\sqrt{1+x^8}$

【定理 D】 （定積分之線性性質）若 f，g 在 $[a, b]$ 為**可積**（Integrable），k 為常數，則 kf 與 $f+g$ 均為可積，且

(1) $\int_a^b kf(x)dx = k\int_a^b f(x)dx$

(2) $\int_a^b [f(x) \pm g(x)]dx = \int_a^b f(x)dx \pm \int_a^b g(x)dx$

【證明】 （定理 D(1) 部分證明見練習第 7 題）

$$\int_a^b (f(x)+g(x))dx = \lim_{n\to\infty} \sum_{k=1}^n (f(x_k)+g(x_k))\Delta x$$

$$= \lim_{n\to\infty} \sum_{k=1}^n f(x_k)\Delta x + \lim_{n\to\infty} \sum_{k=1}^n g(x_k)\Delta x = \int_a^b f(x)dx + \int_a^b g(x)dx,$$

其中 $\Delta x = \dfrac{b-a}{n}$

例 5. 求 (1) $\int_0^1 (x^2+3x+1)dx$　　(2) $\int_1^2 (3x+e^x)dx$

解 (1) $\int_0^1 (x^2+3x+1)dx = \dfrac{1}{3}x^3 + \dfrac{3}{2}x^2 + x \Big]_0^1$

$$= \left(\dfrac{1}{3}(1)^3 + \dfrac{3}{2}(1)^2 + 1\right) - \left(\dfrac{1}{3}0^3 + \dfrac{3}{2}0^2 + 0\right) = \dfrac{17}{6}$$

(2) $\int_1^2 (3x+e^x)dx = \dfrac{3}{2}x^2 + e^x \Big]_1^2$

$$= \left(\dfrac{3}{2}\cdot 2^2 + e^2\right) - \left(\dfrac{3}{2}\cdot 1^2 + e\right) = \dfrac{9}{2} + e^2 - e$$

例 6. 下列敘述何者為眞？

(1) $\int_a^b xe^x dx = be^b - ae^a$

(2) $\dfrac{1}{dx}\int f(x)dx = f(x)$

(3) $\int \dfrac{d}{dx}f(x)dx = f(x)$

(4) $\int_a^b \dfrac{d}{dx}f(x) = f(b) - f(a)$

(5) $\dfrac{d}{dx}\int_a^b f(x)dx = \int_a^b f'(x)dx$

解 (1) 不對：這是要用分部積分法，目前我們所用之定理均不適用

(2) 對：$\dfrac{d}{dx}\int f(x)dx = \dfrac{d}{dx}[F(x)+c] = f(x)$

(3) 不對：$\int \dfrac{d}{dx}f(x)dx = \int f'(x)dx = f(x) + c$

(4) 對：$\int_a^b \dfrac{d}{dx}f(x)dx = \int_a^b f'(x)dx = f(x)\Big]_a^b = f(b) - f(a)$

(5) 不對：$\dfrac{d}{dx}\int_a^b f(x)dx = 0$

定積分應用 —— 函數之平均數

若 $f(x)$ 在 $[a, b]$ 為連續，要求 $f(x)$ 在 $[a, b]$ 之**平均數**（Average value of $f(x)$）時，我們可用定積分中之先求黎曼和後取極限之老方法：

1. 先求黎曼和：

將 $[a, b]$ 分成 n 等份，則 $\Delta x = \dfrac{b-a}{n}$ 又從每個子區間任取 x_1，$x_2 \cdots x_n$ 則 $f(x)$ 在 $[a, b]$ 之 n 個函數值的平均值 V_n 為

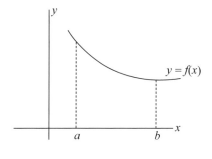

$$V_n = \dfrac{f(x_1) + f(x_2) + \cdots + f(x_n)}{n}$$

$$= \dfrac{1}{b-a}[f(x_1) + f(x_2) + \cdots + f(x_n)]\underbrace{\dfrac{b-a}{n}}_{\Delta x}$$

$$= \dfrac{1}{b-a}\sum_{k=1}^n f(x_k)\Delta x$$

2. 求極限

$$V = \lim_{n \to \infty} V_n = \lim_{n \to \infty} \dfrac{1}{b-a}\sum_{k=1}^n f(x_k)\Delta x = \dfrac{1}{b-a}\int_a^b f(x)dx$$

因此我們有了下列定義：

【定義】 若 $f(x)$ 在 $[a, b]$ 為連續，則 $f(x)$ 在 $[a, b]$ 之平均數 $V = \dfrac{1}{b-a}\int_a^b f(x)dx$。

例 7. $f(x) = x^2$，$2 \geq x \geq 0$，求 $f(x)$ 在 $[0, 2]$ 之平均數 V

解 由定義 $V = \dfrac{1}{b-a}\int_a^b f(x)dx = \dfrac{1}{2-0}\int_0^2 x^2dx = \dfrac{1}{2} \cdot \dfrac{x^3}{3}\Big]_0^2 = \dfrac{4}{3}$

經濟應用——消費者剩餘與生產者剩餘

消費者剩餘

像想買一件衣服，如果你願意花 $700 去買結果你 $650 就買到了，那麼你有 $700 – $650 = $50 之**消費者剩餘**（Consumer's surplus，以 CS 表之），如果所有之消費者對某商品 A 之需求函數為 $p = D(q)$，那麼所有消費者以 p_0 之單價購買了 q_0 單位之 A 商品實際支付為 $p_0 q_0$ 元，但他們願意購買至多可到 $\int_0^{q_0} D(q)dq$

∴消費者剩餘 $CS = \int_0^{q_0} D(q)dq - p_0 q_0$

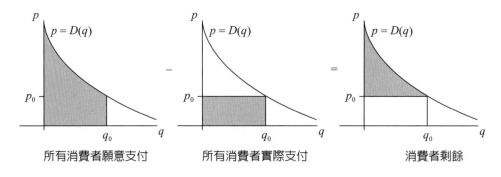

| 所有消費者願意支付 | 所有消費者實際支付 | 消費者剩餘 |

例 8. 某產品之市場需求函數 $p = D(q) = -0.3q^2 + 0.2q + 20$ 求 $p_0 = 5$，$q_0 = 10$ 時之消費者剩餘。

解 $p_0 = 5$，$q_0 = 10$ 時之消費者剩餘為

$$CS = \int_0^{q_0} D(q)dq - p_0 q_0 = \int_0^{10}(-0.3q^2 + 0.2q + 20)dq - 5 \times 10$$

$$= -0.1q^3 + 0.1q^2 + 20q \Big]_0^{10} - 50$$

$$= -0.1(10)^3 + 0.1(10)^2 + 20(10) - 50 = 60$$

生產者剩餘

若所有生產商品 B 之生產者之**供給函數**（Supply function）為 $p = S(q)$，在單價 p_0 下願意生產 q_0 單位商品 B，那麼**生產者剩餘**（Producers' surplus, PS）為 $PS = p_0 q_0 - \int_0^{q_0} S(q)dg$

例 9. 若企業估計某產品 B 在價格為 p 時之供給函數為 $S(q) = 0.03q^2 + 0.2q + 10$，求 $p_0 = 14$，$q_0 = 100$ 時之生產者剩餘

解
$$PS = p_0 q_0 - \int_0^{q_0} S(q)dq$$
$$= 14 \times 100 - \int_0^{100} (0.03q^2 + 0.2q + 10)dq$$
$$= 14{,}000 - (0.01q^3 + 0.1q^2 + 10q)\Big]_0^{100}$$
$$= 14{,}000 - [0.01(100)^3 + 0.1(100)^2 + 10(100)]$$
$$= \$2{,}000$$

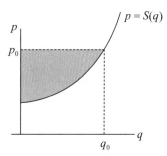

練習 6.2

1. 計算

  (1) $\int_1^2 x^2 dx$ (2) $\int_0^3 \frac{1}{2}x dx$ (3) $\int_0^4 \sqrt[3]{x} dx$ (4) $\int_{-1}^1 (x^3 - 3x + 5)dx$ (5) $\int_1^2 (ax^2 + bx + c)dx$

2. 求 $\lim\limits_{h \to 0} \dfrac{\int_x^{x+h} t^2 dt}{h}$

3. 求 $\lim\limits_{x \to 0} \dfrac{\int_0^x \frac{t}{\sqrt{1+t^3}}dt}{x^2}$

4. 求 $f(x) = x^3$，$3 \geq x \geq 0$ 在 $[0, 3]$ 之平均值 V

5. 某產品之市場需求 $p = D(q) = -0.6q^2 + 0.4q + 30$ 在 $p_0 = 3$，$q_0 = 10$ 之消費者剩餘。

6. 某產品供給函數 $p(q) = 0.06q^2 + 0.2q - 1$，求 $p_0 = 10$，$q_0 = 10$ 時之生產者剩餘。

7. 試證定理 D(3)

8. 試證定理 C(3)

6.3 積分之變數變換法

不定積分之變數變換法

學習目標
- 不定積分之變數變換法
- 定積分之變數變換法
- 奇偶函數在定積分上之應用

【定理 A】 （不定積分之變數變換），若 g 為一可微分函數，F 為 f 之反導數，取 $u = g(x)$，則 $\int f(g(x))g'(x)\,dx = \int f(u)\,du = F(u) + c = F(g(x)) + c$

【證明】 我們只需證明 $\dfrac{d}{dx}F(g(x)) = f(g(x))g'(x)$

$\dfrac{d}{dx}F(g(x)) \xrightarrow{\text{鏈鎖律}} F'(g(x))g'(x) = f(g(x))g'(x)$ ∎

不定積分之基本變數變換

$\int \dfrac{f'(x)}{(f(x))^t}\,dx$，取 $u = f(x)$	$\int \dfrac{4x^3 + 3x^2}{(x^4 + x^3 + 1)^t}\,dx$ 取 $u = x^4 + x^3 + 1$
$\int f'(x)e^{f(x)}\,dx$，取 $u = f(x)$	$\int (4x^3 + 3x^2)e^{(x^4 + x^3 + 1)}\,dx$ 取 $u = x^4 + x^3 + 1$
$\int f'(x)\sqrt[v]{f(x)}\,dx$，取 $u = f(x)$	$\int (4x^3 + 3x^2)\sqrt[3]{x^4 + x^3 + 1}\,dx$ 取 $u = x^4 + x^3 + 1$

箭頭為微分關係，即 $f(x) \to f'(x)$。有此微分關係才好用變數變換法，因此在應用變數變換法請先確認箭頭方向。

例 1. 求 $\int (3x+1)\sqrt[3]{6x^2 + 4x + 1}\,dx$

解 $\int (3x+1)\sqrt[3]{6x^2 + 4x + 1}\,dx \xrightarrow{u = 6x^2 + 4x + 1} \int u^{\frac{1}{3}}\dfrac{1}{4}\,du = \dfrac{1}{4}\left(\dfrac{3}{4}u^{\frac{4}{3}}\right) + c$

$= \dfrac{3}{16}(6x^2 + 4x + 1)^{\frac{4}{3}} + c$

上述方法為一般微積分教材之標準解法，熟練基本變數變換法之讀者可用

下述方法計算：

$$\int (3x+1)\sqrt[3]{6x^2+4x+1}\,dx$$

$$= \int (6x^2+4x+1)^{\frac{1}{3}} \frac{1}{4}\, d\,(6x^2+4x+1)$$

$$= \frac{1}{4}\,\frac{3}{4}\,(6x^2+4x+1)^{\frac{4}{3}}+c$$

$$= \frac{3}{16}\,(6x^2+4x+1)^{\frac{4}{3}}+c$$

例 2. 求 (1) $\int \dfrac{2x+1}{x^2+x+1}\,dx$　(2) $\int \dfrac{2x+1}{(x^2+x+1)^3}\,dx$

解

	提示	解答
(1)	$u=x^2+x+1$ $du=d(x^2+x+1)$ $\quad =(2x+1)dx$	$\int \dfrac{2x+1}{x^2+x+1}\,dx$ $\underset{u=x^2+x+1}{=\!=\!=}\int \dfrac{du}{u}$ $=\ln|u|+c=\ln|x^2+x+1|+c$
		$\int \dfrac{2x+1}{(x^2+x+1)}\,dx$ $=\int \dfrac{d(x^2+x+1)}{x^2+x+1}=\ln|x^2+x+1|+c$
(2)	$u=x^2+x+1$	$\int \dfrac{2x+1}{(x^2+x+1)^3}\,dx$ $\underset{u=x^2+x+1}{=\!=\!=}\int \dfrac{du}{u^3}=\int u^{-3}\,du$ $=\dfrac{1}{-2}u^{-2}+c=-\dfrac{1}{2}\dfrac{1}{(x^2+x+1)^2}+c$
		$\int \dfrac{2x+1}{(x^2+x+1)^3}\,dx=\int \dfrac{d(x^2+x+1)}{(x^2+x+1)^3}$ $=\int (x^2+x+1)^{-3}d\,(x^2+x+1)$ $=-\dfrac{1}{2}\,(x^2+x+1)^{-2}+c$

例 3. 求 $\int \dfrac{3x+2}{3x^2+4x+7}\,dx$

解

提示	解答
$u = 3x^2 + 4x + 7$ $du = d(3x^2 + 4x + 7)$ $\quad = 2(3x+2)dx$ $\therefore dx = \dfrac{1}{2(3x+2)}du = \dfrac{du}{2u}$	$\displaystyle\int \dfrac{3x+2}{3x^2+4x+7}dx$ $\underset{u=3x^2+4x+7}{=\!=\!=\!=}\displaystyle\int \dfrac{\frac{1}{2}du}{u}$ $= \dfrac{1}{2}\ln|u| + c = \dfrac{1}{2}\ln|3x^2+4x+7| + c$
	$\displaystyle\int \dfrac{3x+2}{3x^2+4x+7}dx = \int \dfrac{\frac{1}{2}d(3x^2+4x+7)}{3x^2+4x+7}$ $= \dfrac{1}{2}\ln|3x^2+4x+7| + c$

例 4. 求 $(1)\displaystyle\int \dfrac{e^x}{1+e^x}dx$ $\quad(2)\displaystyle\int \dfrac{dx}{1+e^x}$ $\quad(3)\displaystyle\int \dfrac{e^x - e^{-x}}{e^x + e^{-x}}dx$

解

	提示	解答
(1)	$u = 1 + e^x$ $du = e^x dx$	$\displaystyle\int \dfrac{e^x}{1+e^x}dx \underset{u=1+e^x}{=\!=\!=\!=} \int \dfrac{du}{u}$ $= \ln u + c = \ln(1 + e^x) + c$
		$\displaystyle\int \dfrac{e^x}{1+e^x}dx = \int \dfrac{d(1+e^x)}{1+e^x}$ $= \ln(1 + e^x) + c$
(2)	$\dfrac{1}{1+e^x} = \dfrac{1+e^x - e^x}{1+e^x} = 1 - \dfrac{e^x}{1+e^x}$	$\displaystyle\int \dfrac{dx}{1+e^x} = \int \dfrac{1+e^x - e^x}{1+e^x}dx$ $= \displaystyle\int \dfrac{1+e^x}{1+e^x}dx - \int \dfrac{e^x dx}{1+e^x}$ $= \displaystyle\int dx - \int \dfrac{e^x dx}{1+e^x}$ $= x - \ln(1 + e^x) + c \quad (\text{由}\,(1))$
(3)	$u = e^x + e^{-x}$ $du = (e^x - e^{-x})dx$	$\displaystyle\int \dfrac{e^x - e^{-x}}{e^x + e^{-x}}dx \underset{u=e^x+e^{-x}}{=\!=\!=\!=}$ $\displaystyle\int \dfrac{du}{u} = \ln u + c = \ln(e^x + e^{-x}) + c$
		$\displaystyle\int \dfrac{e^x - e^{-x}}{e^x + e^{-x}}dx = \int \dfrac{d(e^x + e^{-x})}{e^x + e^{-x}}$ $= \ln(e^x + e^{-x}) + c$

定積分之變數變換

> **【定理 B】** 若函數 g' 在 $[a, b]$ 中為連續，且 f 在 g 之值域中為連續，取 $u = g(x)$，則 $\int_a^b f[g(x)]g'(x)\,dx = \int_{g(a)}^{g(b)} f(u)\,du$。

1. 定理 B 可圖析如下，以方便讀者記憶：

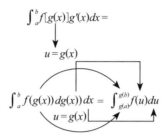

2. 讀者在做定積分變數變換時應把握下列原則：
   換元必換限：即變數變換要改變積分界限
   配元不換限：即配方法不要改變積分界限

例 5. 求 $\int_e^{e^2} \dfrac{\ln x}{x}\,dx$

解

說明	解答
方法一：換元：$x \to u$ 令 $\ln x = u$，則 $\int_e^{e^2} \quad \int_{\ln e = 1}^{\ln e^2 = 2}$	$\int_e^{e^2} \dfrac{\ln x}{x}\,dx \xrightarrow{u = \ln x} \int_1^2 u\,du$ $= \dfrac{u^2}{2}\Big]_1^2 = \dfrac{2^2}{2} - \dfrac{1^2}{2} = \dfrac{3}{2}$
方法二：配元：$x \to x$ 不變	$\int_e^{e^2} \dfrac{\ln x}{x}\,dx = \int_e^{e^2} \ln x\,d\ln x = \dfrac{(\ln x)^2}{2}\Big]_e^{e^2}$ $= \dfrac{(\ln e^2)^2}{2} - \dfrac{(\ln e)^2}{2} = \dfrac{2^2}{2} - \dfrac{1^2}{2} = \dfrac{3}{2}$

例 6. 求 $\int_0^1 \dfrac{x+1}{1+6x+3x^2}\,dx$

解

說明	解答
方法一：換元：$x \to u$ 令 $u = 1 + 6x + 3x^2$ $\int_0^1 \underset{1+6\cdot0+3\cdot0^2=1}{\overset{1+6\cdot1+3\cdot1^2=10}{\downarrow\uparrow}}$ $du = 6(1+x)dx$	$\int_0^1 \dfrac{(x+1)\,dx}{1+6x+3x^2} \xeq{u=1+6x+3x^2} \int_1^{10} \dfrac{du}{6u}$ $= \dfrac{1}{6}\ln u \Big]_1^{10} = \dfrac{1}{6}(\ln 10 - \ln 1)$ $= \dfrac{1}{6}\ln 10$
方法二：配元：$x \to x$	$\int_0^1 \dfrac{x+1}{1+6x+3x^2}\,dx$ $= \int_1^{10} \dfrac{\frac{1}{6}d(3x^2+6x+1)}{(3x^2+6x+1)}$ $= \dfrac{1}{6}\ln(3x^2+6x+1)\Big]_0^1$ $= \dfrac{1}{6}(\ln 10 - \ln 1) = \dfrac{1}{6}\ln 10$

例 7. 試證 $\int_0^1 x^m(1-x)^n dx = \int_0^1 x^n(1-x)^m dx$

解　$\int_0^1 x^m(1-x)^n dx \xeq{y=1-x} -\int_1^0 (1-y)^m y^n dy = \int_0^1 (1-y)^m y^n dy$

$= \int_0^1 x^n(1-x)^m\,dx$

$$\int_{-a}^{a} f(x)dx$$

讀者遇到 $\int_{-a}^{a} f(x)dx$ 時，腦海首先要想到 $f(x)$ 之奇偶性，它可大幅減少計算量與難度。因此，我們要先了解函數之奇偶性。

【定義】　1.若函數 f 在其定義域之每一數 x 均滿足 $f(-x) = f(x)$ 則稱 f 為**偶函數**（Even function）。
　　　　　2.若函數 f 在其定義域之每一數 x 均滿足 $f(-x) = -f(x)$ 則稱 f 為**奇函數**（Odd function）。

定義中有二點值得我們注意的：

1. f 為偶函數或奇函數之先決條件為函數之定義域必須為 $(-a, a)$ 之形式（即對稱原點），a 可為 ∞。

2. 不見得每個函數都是偶函數或奇函數。如 $f(x) = 1 + x + x^2$, $x \in (-1, 1)$ 既非偶函數亦非奇函數。

除了定義外，下式也是用來判斷 $f(x)$ 是否爲奇（偶）函數之好方法：

$$h(x) = f(x) + f(-x) = \begin{cases} 0 \\ 2f(x) \end{cases}，則 \begin{cases} f(x) 爲奇函數 \\ f(x) 爲偶函數 \end{cases}，x \in (-a, a)$$

	定義	圖示與代數意義	例
偶函數	$f(-x) = f(x)$ $x \in (-a, a)$	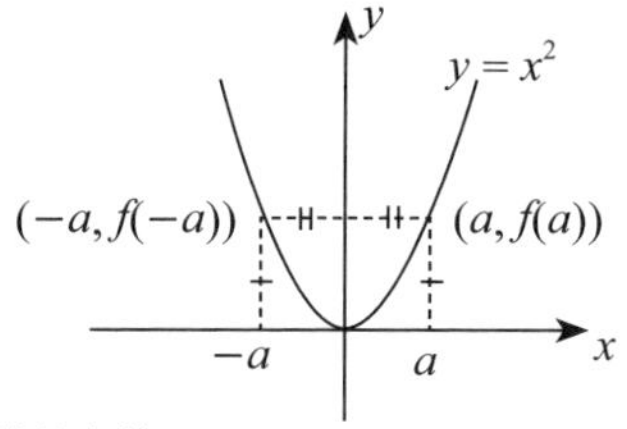 代數意義 $\because f(-a) = f(a)$ $\therefore f(a) + f(-a) = 2f(a)$	1. $f(x) = x^2 + 1$，$x \in R$ 為一偶函數 2. $f(x) = x^2 + x + 1$： $f(-x) + f(x) = 2x^2 + 2$ 不為 0 或 $2f(x)$ $\therefore$ 既非偶函數亦非奇函數 3. $f(x) = x^2$，$2 \geq x \geq -3$ 因定義域不為 $(-a, a)$，$a > 0$ 之形式故非偶函數亦非奇函數
奇函數	$f(-x) = -f(x)$ $x \in (-a, a)$	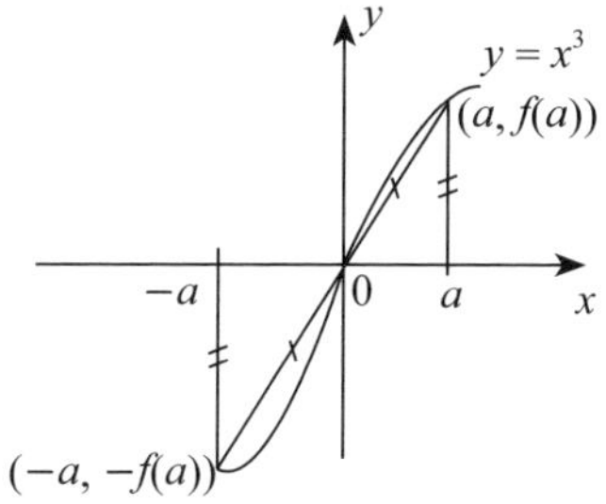 代數意義 $\because f(-a) = -f(a)$ $\therefore f(a) + f(-a) = 0$	1. $f(x) = x^3$，$x \in R$ 為一奇函數 2. $f(x) = x^3 + 1$ $\because f(-x) + f(x) = 2$ 不為 0 或 $2f(x)$ $\therefore$ 既非偶函數亦非奇函數

【定理 C】　設 f 為一偶函數（即 f 滿足 $f(-x) = f(x)$），則 $\int_{-a}^{a} f(x)\,dx = 2\int_{0}^{a} f(x)\,dx$

【證明】　$\int_{-a}^{a} f(x)\,dx = \int_{-a}^{0} f(x)\,dx + \int_{0}^{a} f(x)\,dx$

現在我們要證明的是：$\int_{-a}^{0} f(x)\,dx = \int_{0}^{a} f(x)\,dx$，

取 $y = -x$，則 $\int_{-a}^{0} f(x)\,dx = \int_{a}^{0} f(-y)\,d(-y) = -\int_{a}^{0} f(y)\,dy = \int_{0}^{a} f(y)\,dy$
$= \int_{0}^{a} f(x)\,dx$

$\therefore f(x)$ 為偶函數時，$\int_{-a}^{a} f(x)\,dx = 2\int_{0}^{a} f(x)\,dx$　∎

【定理 D】　設 f 為奇函數（即滿足 $f(-x) = -f(x)$），則 $\int_{-a}^{a} f(x)\,dx = 0$

【證明】　請讀者自證之。（練習第 3 題）

例 8. 判斷下列哪個函數是奇函數？偶函數？或皆非。假設下列函數均定義於 $(-a, a)$。

(1) $f_1(x) = x^3|x|$　　　(2) $f_2(x) = x^2$　(3) $f_3(x) = -x^2 + x$

(4) $f_4(x) = x^4 + x^2 + 1$　(5) $f_5(x) = x\sqrt{x^2+1}$　(6) $f_6(x) = \dfrac{x^3}{1+x^2}$

解　(1) $f_1(-x) = (-x)^3|-x| = -x^3|x| = -f_1(x)$　　$\therefore f_1(x)$ 為奇函數

(2) $f_2(-x) = (-x)^2 = x^2 = f(x)$　　$\therefore f_2(x)$ 為偶函數

(3) $f_3(-x) = -(-x)^2 + (-x) = -x^2 - x \neq f_3(x)$ 或 $-f_3(x)$　　$\therefore f_3(x)$ 不為奇函數亦不為偶函數

(4) $f_4(-x) = (-x)^4 + (-x)^2 + 1 = x^4 + x^2 + 1 = f_4(x)$　　$\therefore f_4(x)$ 為偶函數

(5) $f_5(-x) = -x\sqrt{(-x)^2+1} = -x\sqrt{x^2+1} = -f_5(x)$　　$\therefore f_5(x)$ 為奇函數

(6) $f_6(-x) = \dfrac{(-x)^3}{1+(-x)^2} = \dfrac{-x^3}{1+x^2} = -f_6(x)$　　$\therefore f_6(x)$ 為奇函數

例 9. 求 $\int_{-3}^{3}|x|dx = ?$

解　積分式 $f(x) = |x|$ 在 $(-3, 3)$ 有 $f(-x) = |-x| = |x| = f(x)$，

$\therefore f(x) = |x|$ 為一偶函數

由定理 C 知 $\int_{-3}^{3}|x|dx = 2\int_{0}^{3}xdx = 2 \cdot \dfrac{x^2}{2}\Big]_{0}^{3} = 9$

例 10. 求 (1) $\int_{-1}^{1}\dfrac{x^5}{1+x^4}dx$　(2) $\int_{-1}^{1}xe^{x^4}dx$

解　(1) $f(x) + f(-x) = \dfrac{x^5}{1+x^4} + \dfrac{(-x)^5}{1+(-x)^4} = \dfrac{x^5}{1+x^4} + \dfrac{-x^5}{1+x^4} = 0$

$\therefore f(x)$ 在 $(-1, 1)$ 為奇函數 $\Rightarrow \int_{-1}^{1}\dfrac{x^5}{1+x^4}dx = 0$

(2) $f(x) + f(-x) = xe^{x^4} + (-x)e = xe^{x^4} - xe^{x^4} = 0$

$\therefore f(x)$ 在 $(-1, 1)$ 為奇函數 $\Rightarrow \int_{-1}^{1}xe^{x^4} = 0$

例 11. 若 $\int_{0}^{a}f(x)dx = A$ 求 $\int_{-a}^{a}(f(x) + f(-x))dx$

解　$g(x) = f(x) + f(-x)$

$g(-x) = f(-x) + f(-(-x)) = f(-x) + f(x) = g(x)$

$\therefore g(x) = f(x) + f(-x)$ 為偶函數

$\int_{-a}^{a}(f(x) + f(-x))dx = 2\int_{0}^{a}f(x)dx = 2A$

練習 6.3

1. 求 (1) $\int (2x+3)(x^2+3x+6)^3\, dx$　(2) $\int (3x^2+2)(4x^3+8x+1)^{12}\, dx$

(3) $\int \dfrac{1}{x^2}\left(1+\dfrac{1}{x}\right)^4 dx$　(4) $\int \dfrac{e^{2x}}{1+e^x}\, dx$　(5) $\int \dfrac{dx}{x\ln x}$　(6) $\int \dfrac{dx}{x(1+\ln x)}$

(7) $\int_0^2 x\sqrt{x^2+1}\, dx$　(8) $\int_0^2 (x+1)\sqrt[3]{x^2+2x+3}\, dx$

(9) $\int_0^1 \sqrt{1+3x}\, dx$　(10) $\int_0^1 x\sqrt{x+2}\, dx$　(11) $\int_0^1 [(x^3+2x)/(x^4+4x^2+1)^3]dx$

2. 說明下列結果均為 0

(1) $\int_{-3}^3 \dfrac{x^3}{\sqrt{1+x^2}}\, dx$　(2) $\int_{-1}^1 x^3|x|dx$　(3) $\int_{-2}^2 x^5 e^{x^2}dx$

3. 試證定理 D

4. 求 $\int_{-1}^2 x^3|x|dx$

6.4 積分之進一步技巧

學習目標
- 有理函數積分（即部分積分法）
- 分部積分

有理函數積分

當我們在求有理函數之積分，$\int \dfrac{f(x)}{g(x)}\,dx$，$f(x)$，$g(x)$ 是多次式，首先要判斷可否用變數變換法，也就是 $g'(x)$ 是否為 $f(x)$（可能要乘常數 k，$k \neq 0$）。**能變數變換解決，就優先用變數變換法。**

本節有理函數積分主要是應用部分分式，把 $\dfrac{f(x)}{g(x)}$ 化成一些較小之便於積分之分式之和。

1. 若 $f(x)$ 的次數較 $g(x)$ 為高，則化 $\dfrac{f(x)}{g(x)} = h(x) + \dfrac{t(x)}{g(x)}$

2. 將 $g(x)$ 化成一連串**不可化約式**（Irreducible Factors）之積：
   - 分項之分母為 $(a + bx)^k$ 時：
     $$\frac{A_1}{a+bx} + \frac{A_2}{(a+bx)^2} + \cdots\cdots + \frac{A_k}{(a+bx)^k}$$
   - 分項之分母為 $(a + bx + cx^2)^p$ 時：
     $$\frac{B_1 x + C_1}{a+bx+cx^2} + \frac{B_2 x + C_2}{(a+bx+cx^2)^2} + \cdots\cdots + \frac{B_p x + C_p}{(a+bx+cx^2)^p}$$
     以此類推其餘

3. 用 $g(x)$ 遍乘 $\dfrac{f(x)}{g(x)} = h(x) + \dfrac{t(x)}{g(x)}$ 之兩邊，由比較兩邊係數或長除法（如 $g(x)$ 之分母為 $(a + bx)^n$ 形式）

case	圖示	說明
設 $\dfrac{f(x)}{g(x)} = \dfrac{f(x)}{(x-\alpha)(x-\beta)}$ $= \dfrac{A}{x-\alpha} + \dfrac{B}{x-\beta}$ $f(x) = cx + d$	A：$\dfrac{f(x)}{\boxed{}(x-\beta)}\Big\|_{x=\alpha}$ B：$\dfrac{f(x)}{(x-\alpha)\boxed{}}\Big\|_{x=\beta}$	令 $\dfrac{f(x)}{(x-\alpha)(x-\beta)} = \dfrac{A}{x-\alpha} + \dfrac{B}{x-\beta}$ 兩邊同乘 $(x-\alpha)(x-\beta)$ 得 $f(x) = A(x-\alpha) + B(x-\beta)$ 令 $x = \alpha$ 得 $A = \dfrac{f(\alpha)}{\alpha - \beta}$ 令 $x = \beta$ 得 $B = \dfrac{f(\beta)}{(\beta - \alpha)}$

case	圖示	說明
設 $\dfrac{f(x)}{g(x)} = \dfrac{f(x)}{(x-\alpha)(x-\beta)(x-\gamma)}$ $= \dfrac{A}{x-\alpha} + \dfrac{B}{x-\beta} + \dfrac{C}{x-\gamma}$ $f(x) = ax^2 + bx + c$	A : $\dfrac{f(x)}{\boxed{}(x-\beta)(x-\gamma)}\Big|_{x=\alpha}$ B : $\dfrac{f(x)}{(x-\alpha)\boxed{}(x-\gamma)}\Big|_{x=\beta}$ C : $\dfrac{f(x)}{(x-\alpha)\,(x-\beta)\boxed{}}\Big|_{x=\gamma}$	$A(x-\beta)(x-\gamma) + B(x-\alpha)(x-\gamma)$ $+ C(x-\alpha)(x-\beta) = f(x)$ $f(\alpha) = A(\alpha-\beta)(\alpha-\gamma)$ $\therefore A = \dfrac{f(\alpha)}{(\alpha-\beta)(\alpha-\gamma)}$ $f(\beta) = B(\beta-\alpha)(\beta-\gamma)$ $\therefore B = \dfrac{f(\beta)}{(\beta-\alpha)(\beta-\gamma)}$ $f(\gamma) = C(\gamma-\alpha)(\gamma-\beta)$ $\therefore C = \dfrac{f(\gamma)}{(\gamma-\alpha)(\gamma-\beta)}$
$\dfrac{f(x)}{g(x)} = \dfrac{f(x)}{(x-\alpha)(x^2+\beta x+\gamma)}$ $= \dfrac{A}{x-\alpha} + \dfrac{Bx+C}{x^2+\beta x+\gamma}$ $f(x) = ax^2 + bx + c$	A : $\dfrac{f(x)}{\boxed{}(x^2+\beta x+\gamma)}\Big|_{x=\alpha}$ B, C : $\dfrac{Bx+C}{x^2+\beta x+\gamma} = \dfrac{f(x)}{g(x)} - \dfrac{A}{x-\alpha}$	先用視察法求出 $A = ?$ 然後移項，用湊型方式得出 B, C
$\dfrac{f(x)}{g(x)} = \dfrac{f(x)}{(ax-b)(x-\beta)(x-\gamma)}$ $= \dfrac{A}{ax-b} + \dfrac{B}{x-\beta} + \dfrac{C}{x-\gamma}$ $f(x) = ax^2 + bx + c$	A : $\dfrac{f(x)}{\boxed{}(x-\beta)(x-\gamma)}\Big|_{x=\frac{b}{a}}$ B : $\dfrac{f(x)}{(ax-b)\boxed{}(x-\gamma)}\Big|_{x=\beta}$ C : $\dfrac{f(x)}{(ax-b)\,(x-\beta)\boxed{}}\Big|_{x=\gamma}$	

例 1. 求 1. $\displaystyle\int \frac{x+3}{(x+1)(x-2)}dx$ 2. $\displaystyle\int \frac{2x+1}{(x-2)(3x+1)}dx$

解

	圖示	解答
例1	1. $\dfrac{x+3}{(x+1)(x-2)} = \dfrac{A}{x+1} + \dfrac{B}{x-2}$ A : $\dfrac{x+3}{\boxed{}(x-2)}\Big|_{x=-1} = -\dfrac{2}{3}$ B : $\dfrac{x+3}{(x+1)\boxed{}}\Big|_{x=2} = \dfrac{5}{3}$	$\displaystyle\int \frac{x+3}{(x+1)(x-2)}dx = -\frac{2}{3}\int\frac{dx}{x+1} + \frac{5}{3}\int\frac{dx}{x-2}$ $= -\dfrac{2}{3}\ln|x+1| + \dfrac{5}{3}\ln|x-2| + C$
例2	2. $\dfrac{2x+1}{(x-2)(3x+1)} = \dfrac{A}{x-2} + \dfrac{B}{3x+1}$ A : $\dfrac{2x+1}{\boxed{}(3x+1)}\Big|_{x=2} = \dfrac{5}{7}$ B : $\dfrac{2x+1}{(x-2)\boxed{}}\Big|_{x=-\frac{1}{3}} = -\dfrac{1}{7}$	$\displaystyle\int \frac{2x+1}{(x-2)(3x+1)}dx$ $= \dfrac{5}{7}\int\dfrac{dx}{x-2} - \dfrac{1}{7}\int\dfrac{dx}{3x+1}$ $= \dfrac{5}{7}\int\dfrac{dx}{x-2} - \dfrac{1}{21}\int\dfrac{d(3x+1)}{3x+}$ $= \dfrac{5}{7}\ln|x-2| - \dfrac{1}{21}\ln|3x+1| + C$

例 2. 求 $\displaystyle\int \frac{x+3}{(x+1)^2(x+2)}dx$

解析 要解有理函數積分之關鍵是能將積分式分解成幾個便於積分之子式。一旦得到便於積分之子式，便可迎刃而解。

方法一：視察法 + 移項 $C:\dfrac{x+3}{(x+1)^2\,\square}\bigg\|_{x=-2}$	$\dfrac{x+3}{(x+1)^2(x+2)}=\dfrac{A}{x+1}+\dfrac{B}{(x+1)^2}+\dfrac{C}{x+2}$ 由視察法：$C=1$ $\therefore \dfrac{A}{(x+1)}+\dfrac{B}{(x+1)^2}=\dfrac{x+3}{(x+1)^2(x+2)}-\dfrac{1}{x+2}$ $=\dfrac{-x^2-x+2}{(x+1)^2(x+2)}=\dfrac{-(x-1)(x+2)}{(x+1)^2(x+2)}=\dfrac{-x+1}{(x+1)^2}$ $=\dfrac{-(x+1)+2}{(x+1)^2}=\dfrac{2}{(x+1)^2}-\dfrac{1}{x+1}$ 即 $\dfrac{x+3}{(x+1)^2(x+2)}=\dfrac{-1}{x+1}+\dfrac{2}{(x+1)^2}+\dfrac{1}{x+2}$
方法二：比較係數法	$\dfrac{x+3}{(x+1)^2(x+2)}=\dfrac{A}{x+1}+\dfrac{B}{(x+1)^2}+\dfrac{C}{x+2}$ $x+3=A(x+1)(x+2)+B(x+2)+C(x+1)^2$ 令 $x=-1$ 得　$-1+3=B(-1+2)$　$\therefore B=2$ 　　$x=-2$ 得　$-2+3=C(-2+1)$　$\therefore C=1$ $\therefore x+3=A(x+1)(x+2)+2(x+2)+(x+1)^2$ 左式 x^2 之係數為 0，右式 x^2 係數為 $A+1$ $\therefore A+1=0$ 得 $A=-1$ 即 $\dfrac{x+3}{(x+1)^2(x+2)}=\dfrac{-1}{x+1}+\dfrac{2}{(x+1)^2}+\dfrac{1}{x+2}$

解
$$\int \frac{x+3}{(x+1)^2(x+2)}\,dx=\int\left(\frac{-1}{(x+1)}+\frac{2}{(x+1)^2}+\frac{1}{x+2}\right)dx$$
$$=-\ln|x+1|-\frac{2}{x+1}+\ln|x+2|+c=\ln\left|\frac{x+2}{x+1}\right|-\frac{2}{x+1}+c$$

例 **3.** 求 $\displaystyle\int\left(\frac{2x+3}{(x+1)(x+2)}\right)^2 dx$

解析 $\displaystyle\int\left(\frac{2x+3}{(x+1)(x+2)}\right)^2=\frac{(2x+3)^2}{(x+1)^2(x+2)^2}=\frac{A}{x+1}+\frac{B}{(x+1)^2}+\frac{C}{x+2}+\frac{D}{(x+1)^2}$，用例 2

之解法可能是不方便定出 A, B, C, D，但我們細看積分式之結構：
$$\frac{2x+3}{(x+1)(x+2)}=\frac{1}{x+1}+\frac{1}{x+2}$$
$$\therefore \left(\frac{2x+2}{(x+1)(x+2)}\right)^2=\left(\frac{1}{x+1}+\frac{1}{x+2}\right)^2$$
$$=\frac{1}{(x+1)^2}+\frac{1}{(x+2)^2}+\frac{2}{(x+1)(x+2)}$$

$$= \frac{1}{(x+1)^2} + \frac{1}{(x+2)^2} + 2\left[\frac{1}{x+1} - \frac{1}{x+2}\right]$$

解　$\displaystyle\int\left(\frac{2x+3}{(x+1)(x+2)}\right)^2 dx = \int\left(\frac{1}{(x+1)^2} + \frac{1}{(x+2)^2} + \frac{2}{x+1} - \frac{2}{x+2}\right)dx$

$$= -\frac{1}{x+1} - \frac{1}{x+2} + 2\ln\left|\frac{x+1}{x+2}\right| + c$$

例 4.　求 $\displaystyle\int\frac{dx}{x(x^3+1)}$

解　本例雖也可用類似前幾個例子之方式來解，但不如用下法簡便：

$$\int\frac{dx}{x(x^3+1)} = \int\frac{x^2\,dx}{x^3(x^3+1)} = \int\frac{\frac{1}{3}dx^3}{x^3(x^3+1)}$$

$$\xrightarrow{u=x^3}\frac{1}{3}\int\frac{du}{u(u+1)} = \frac{1}{3}\left(\int\left(\frac{1}{u} - \frac{1}{u+1}\right)\right)dx$$

$$= \frac{1}{3}(\ln u - \ln(u+1)) + c = \frac{1}{3}\ln\left|\frac{u}{u+1}\right| + c = \frac{1}{3}\ln\left|\frac{x^3}{x^3+1}\right| + c$$

分部積分法

由微分之乘法法則得知：若 u，v 為 x 之函數，則有：

$$\frac{d}{dx}uv = u\frac{d}{dx}v + v\frac{d}{dx}u \qquad \therefore u\frac{d}{dx}v = \frac{d}{dx}uv - v\frac{d}{dx}u$$

兩邊同時對 x 積分可得 $\displaystyle\int u\,dv = uv - \int v\,du$。

分部積分之架構雖然簡單，但在實作上，何者當 u，何者當 v，和積分式結構有關。

在此，我們仍強調**若 $\displaystyle\int u\,dv$ 可用變數變換法時應優先應用變數變換法**。

題型	v	說明
$\int x^m e^{bx}dx$	$\int x^m d\frac{1}{b}e^{bx}$	$\int x^m e^{bx}dx$ 若從 $\int e^{bx}d\frac{x^{m+1}}{m+1}$，則會越積 x 之冪次越大，而得不到解答。
$\int x^m \ln^n x\,dx$	$\int \ln^n x\, d\frac{1}{m+1}x^{m+1}$	$\int \ln^n x\,dx = x\ln^n x - \int x\,d\ln^n x$

例 5. 求 (1) $\int xe^x dx = ?$　　(2) $\int xe^{x^2} dx = ?$

解 (1) $\int xe^x dx = \int x de^x = xe^x - \int e^x dx = xe^x - e^x + c$

(2) $\int xe^{x^2} dx \xrightarrow{u=x^2} \int \frac{1}{2} e^u du = \frac{1}{2} e^u + c = \frac{1}{2} e^{x^2} + c$

例 6. 求 $\int x^2 e^x dx$

解 $\int x^2 e^x dx = \int x^2 de^x = x^2 e^x - \int e^x dx^2 = x^2 e^x - 2 \int xe^x dx$

$= x^2 e^x - 2 \int x de^x = x^2 e^x - 2 [xe^x - \int e^x dx]$

$= x^2 e^x - 2 [xe^x - e^x] + c$

$= (x^2 - 2x + 2)e^x + c$

例 7. 求 $\int xe^{3x} dx$

解

方法一	$\int xe^{3x}dx = \int x d\frac{1}{3}e^{3x} = \frac{1}{3}xe^{3x} - \int \frac{1}{3}e^{3x}dx$
	$= \frac{1}{3}xe^{3x} - \frac{1}{9}e^{3x} + c$
方法二：我們可令 $u = 3x$，則 $\frac{1}{3}du = dx$	$\int xe^{3x}dx = \int \frac{u}{3}e^u \cdot \frac{1}{3}du$
	$= \frac{1}{9}\int ue^u du = \frac{1}{9}\int u de^u = \frac{1}{9}(ue^u - \int e^u du)$
	$= \frac{1}{9}(ue^u - e^u) + c$
	$= \frac{1}{9}(3xe^{3x} - e^{3x}) + c$

例 8. 求 (1) $\int x\ln x dx = ?$　　(2) $\int \ln x dx = ?$

解 (1) $\int x\ln x dx = \int \ln x d\frac{x^2}{2} = \frac{x^2}{2}\ln x - \int \frac{x^2}{2}d\ln x = \frac{x^2}{2}\ln x - \int \frac{x^2}{2} \cdot \frac{1}{x}dx$

$= \frac{x^2}{2}\ln x - \int \frac{x}{2}dx = \frac{x^2}{2}\ln x - \frac{x^2}{4} + c$

(2) $\int (\ln x) dx = x\ln x - \int x d(\ln x) = x\ln x - \int x \cdot \frac{1}{x}dx$

$= x\ln x - x + c$

分部積分之速解法

一些特殊之積分式，我們便可用所謂的速解法。

積分 $\int fg\,dx$（暫時忘了 $\int u\,dv$ 那個公式），速解法之積分表是由二欄組成，左欄是由 f, f', f''……直到 $f^{(k)} = 0$（$f^{(k-1)} \neq 0$），右欄是由 g 開始不斷地積分，直到左欄出現 0 為止。Ig 表示 $\int g$ 但積分常數不計，$I^2g = I(Ig)$……$I^{k-1}g$，I^kg。如此，我們可由積分表讀出各項式（在右圖之斜線部分表示相乘，連續之 +, − 號表示乘積之正負號，由右圖可看出是由 + 號開始正負相間）：

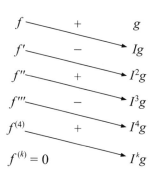

一些更複雜之情況可參考黃學亮之《基礎微積分》（六版，五南）。

例 9. 以速解法，重解例 6

解

	解答
x^2 $+$ e^x $2x$ $-$ e^x 2 $+$ e^x 0 e^x	由左表讀出 $\int x^2 e^x dx = (x^2 - 2x + 2)e^x + c$

例 10. 以速解法重解例 8(1)

解

	解答
$\ln x = u$ $+$ e^{2u} 1 $-$ $\dfrac{1}{2}e^{2u} = \dfrac{1}{2}(e^u)^2 = \dfrac{1}{2}x^2$ 0 $\dfrac{1}{4}e^{2u} = \dfrac{1}{4}(e^u)^2 = \dfrac{1}{4}x^2$	$\int x \ln x\, dx \xrightarrow[(u=e^u)]{u=\ln x} \int e^u \cdot u \cdot e^u\, du$ $= \int u e^{2u}\, du = \dfrac{x^2}{2}\ln x - \dfrac{1}{4}x^2 + c$

漸化式

例11. 試證 $\int x^n e^x dx = x^n e^x - n \int x^{n-1} e^x dx$，並以此求 $\int x^3 e^x dx$

解 (1) $\int x^n e^x dx = \int x^n de^x = x^n e^x - \int e^x dx^n$

$\quad = x^n e^x - \int e^x \cdot nx^{n-1} dx = x^n e^x - n \int x^{n-1} e^x dx$

(2) 由 (1) $\int x^3 e^x dx = x^3 e^x - 3 \int x^2 e^x dx = x^3 e^x - 3[x^2 e^x - 2\int xe^x dx]$

$\quad = x^3 e^x - 3x^2 e^x + 6[xe^x - \int e^x dx]$

$\quad = x^3 e^x - 3x^2 e^x + 6xe^x - 6e^x + c$

積分表法

有一些特殊形式之積分問題，往往可套用積分表（見表 A）而得解，這些積分可由變數變換等方式而得到：

例12. 求 $\int \dfrac{dx}{\sqrt{4+x^2}}$

解 $\int \dfrac{dx}{\sqrt{4+x^2}} = \ln|2+\sqrt{x^2+4}| + c$

例13. 求 $\int \dfrac{dx}{\sqrt{x^2-9}}$

解 $\int \dfrac{dx}{\sqrt{x^2-9}} = \ln|x+\sqrt{x^2-9}| + c$

表A　積分表（部分）

含 $au + b$

1. $\int \dfrac{u}{au+b} du = \dfrac{u}{a} - \dfrac{b}{a^2}\ln|au+b| + c$

2. $\int \dfrac{u}{(au+b)^2} du = \dfrac{b}{a^2(au+b)} + \dfrac{1}{a^2}\ln|au+b| + c$

3. $\int \dfrac{u^2}{au+b} du = \dfrac{1}{a^3}\left(\dfrac{(au+b)^2}{2} - 2b(au+b) + b^2\ln|au+b|\right) + c$

4. $\int \dfrac{u^2}{(au+b)^2} du = \dfrac{1}{a^3}\left[\ln|au+b| + \dfrac{2b}{au+b} - \dfrac{b^2}{2(au+b)^2}\right] + c$

含 $a^2 + u^2$

5. $\int \sqrt{a^2+u^2}\, du = \dfrac{u}{2}\sqrt{a^2+u^2} + \dfrac{a^2}{2}\ln|u+\sqrt{a^2+u^2}| + c$

6. $\int \dfrac{1}{\sqrt{a^2+u^2}} du = \ln|u+\sqrt{a^2+u^2}| + c$

7. $\int \dfrac{u^2}{\sqrt{a^2+u^2}} du = \dfrac{u}{2}\sqrt{a^2+u^2} - \dfrac{a^2}{2}\ln|u+\sqrt{a^2+u^2}| + c$

含 $a^2 - u^2$

8. $\int \dfrac{du}{a^2 - u^2} = \dfrac{1}{2a} \ln \left| \dfrac{a+u}{a-u} \right| + c$

9. $\int \dfrac{du}{u\sqrt{a^2 - u^2}} = -\dfrac{1}{a} \ln \left| \dfrac{a + \sqrt{a^2 - u^2}}{u} \right| + c$

含 $u^2 - a^2$

10. $\int \sqrt{u^2 - a^2}\, du = \dfrac{u}{2}\sqrt{u^2 - a^2} - \dfrac{a^2}{2} \ln |u + \sqrt{u^2 - a^2}| + c$

11. $\int \dfrac{1}{\sqrt{u^2 - a^2}}\, du = \ln |u + \sqrt{u^2 - a^2}| + c$

12. $\int \dfrac{du}{u^2 \sqrt{u^2 - a^2}} = \dfrac{\sqrt{u^2 - a^2}}{a^2 u} + c$

13. $\int \dfrac{\sqrt{u^2 - a^2}}{u^2}\, du = \dfrac{\sqrt{u^2 - a^2}}{u} + \ln |u + \sqrt{u^2 - a^2}| + c$

練習 6.4

1. 計算

(1) $\int \dfrac{1}{x(x+1)}\, dx$　　(2) $\int \dfrac{3x+4}{(x+1)(2x+3)}\, dx$　　(3) $\int \dfrac{x-3}{x(x-1)(x-2)}\, dx$

(4) $\int \dfrac{3x+1}{x(x^2-1)}\, dx$　　(5) $\int \dfrac{x+2}{(x+1)^2(x+3)}\, dx$

2. 計算

(1) $\int x^2 e^x dx$　　(2) $\int x e^{3x} dx$　　(3) $\int x^2 \ln x\, dx$　　(4) $\int \ln^2 x\, dx$　　(5) $\int x(\ln x)^2\, dx$

3. 用速解法重解第 2 題。

4. $\int_1^4 \sqrt{x}\, e^{\sqrt{x}}\, dx$（提示：$y = \sqrt{x}$ 以先變數變換）

5. 令 $I_n = \int_1^e (\ln x)^n dx$，試證 $I_{n+1} = e - (n+1)I_n$，$n \in Z^+$ 並以此結果求 I_4

6. 用積分表示

(1) $\int \dfrac{dx}{4 - x^2}$　　(2) $\int \sqrt{x^2 - 4}\, dx$

6.5 瑕積分（廣義積分）

學習目標
- 瑕積分斂散性
- Gamma 函數
- 連續機率

瑕積分

定義 若 1. 函數 $f(x)$ 在積分範圍 $[a, b]$ 內有一點不連續或 2. 至少有一個積分界限是無窮大，則稱 $\int_a^b f(x)\,dx$ 為**瑕積分**或**廣義積分**（Improper Integral）。

例 1. 以下均為瑕積分之例子：

1. $\int_0^1 \dfrac{e^x}{\sqrt{x}}\,dx$：$x = 0$ 時，$f(x) = e^x / \sqrt{x}$ 為不連續

2. $\int_0^3 \dfrac{1}{3-x}\,dx$：$x = 3$ 時，$f(x) = \dfrac{1}{3-x}$ 為不連續

3. $\int_{-1}^1 \dfrac{dx}{x^{\frac{4}{5}}}$：$x = 0$ 時，$f(x) = x^{-\frac{4}{5}}$ 為不連續

4. $\int_{-\infty}^{\infty} e^{-2x}\,dx$：兩個積分界限均為無窮大

【定義】 1. 若函數 f 在 $[a, b)$ 可積分，則

$$\int_a^b f(x)\,dx = \lim_{t \to b} \int_a^t f(x)\,dx \text{（若極限存在）}$$

2. 若 f 在 $(a, b]$ 可積分，則

$$\int_a^b f(x)\,dx = \lim_{s \to a} \int_s^b f(x)\,dx \text{（若極限存在）}$$

3. 若 f 在 $[a, b]$ 內除了 c 點以外的每一點都連續，$a < c < b$，則 $\int_a^b f(x)\,dx = \int_a^c f(x)\,dx + \int_c^b f(x)\,dx$（若右式兩瑕積分都存在）

若極限存在，則稱瑕積分為**收斂**（Convergent）否則為**發散**（Divergent）。

【定義】　1. 若函數 $f(x)$ 在區間 $[a, t]$ 連續，則 $\int_a^\infty f(x)\,dx = \lim\limits_{t\to\infty} \int_a^t f(x)\,dx$

若極限存在，則稱此瑕積分收斂，否則發散。

2. 若 $f(x)$ 在 $[s, b]$ 連續，則

$$\int_{-\infty}^b f(x)\,dx = \lim_{s\to-\infty} \int_s^b f(x)\,dx$$

3. 若 $\int_a^\infty f(x)dx$ 及 $\int_{-\infty}^a f(x)dx$ 都收斂，則稱 $\int_{-\infty}^\infty f(x)dx$ 收斂，且

$$\int_{-\infty}^\infty f(x)\,dx = \int_{-\infty}^a f(x)\,dx + \int_a^\infty f(x)\,dx$$

$$= \lim_{r\to-\infty} \int_r^a f(x)\,dx + \lim_{s\to\infty} \int_a^s f(x)\,dx$$

例 2. 求 $\int_0^2 \dfrac{dx}{2-x} = ?$

解　$\int_0^2 \dfrac{dx}{2-x} = \lim\limits_{x\to 2^-} \int_0^t \dfrac{dx}{2-x}$

$= \lim\limits_{t\to 2^-} ln\dfrac{1}{|\,x-2\,|} \Big]_0^t = \lim\limits_{t\to 2^-} \left(ln\dfrac{1}{|t-2|} - ln\dfrac{1}{2} \right)$，

但 $\lim\limits_{t\to 2^-} ln\dfrac{1}{|t-2|}$ 不存在　　$\therefore \int_0^2 \dfrac{dx}{2-x}$ 發散

例 3. 討論 $\int_1^\infty \dfrac{dx}{x^p}$ 的斂散性。

解　$p=1$, $\int_1^\infty \dfrac{1}{x}dx = \lim\limits_{t\to\infty} \int_1^t \dfrac{1}{x}dx = \lim\limits_{t\to\infty} ln\,|t| = \infty$

$p \neq 1$, $\int_1^\infty \dfrac{dx}{x^p} = \lim\limits_{t\to\infty} \int_1^t \dfrac{1}{x^p}dx = \lim\limits_{t\to\infty} \dfrac{x^{1-p}}{1-p}\Big]_1^t$

$\quad\quad = \lim\limits_{t\to\infty} \dfrac{t^{1-p}-1}{1-p} = \begin{cases} \infty & \text{若 } p<1 \\ \dfrac{1}{p-1} & \text{若 } p>1 \end{cases}$

故 $\int_1^\infty \dfrac{dx}{x^p}$ 當 $p>1$ 時為收斂，當 $p \leq 1$ 時為發散。

【定理 A】　（極限審斂法）：$\lim\limits_{x\to\infty} x^p f(x) = l$，則

1. $p>1$，$0 \leq l < \infty$ 時 $\int_a^\infty f(x)dx$ 收斂

2. $p \leq 1$，$0 < l < \infty$ 時 $\int_a^\infty f(x)dx$ 發散

定理 A 之證明超過本書，故證明從略，定理 A 在判斷有理分式 $f(x)$ 之斂散性上很方便。

例 **4.** 判斷下列各瑕積分之斂散性，若收斂的話，求其結果：

(1) $\int_1^\infty \dfrac{dx}{x^2}$ (2) $\int_1^\infty x^{\frac{3}{2}} dx$ (3) $\int_1^\infty \dfrac{1}{\sqrt{x}} dx$ (4) $\int_3^\infty \dfrac{dx}{2x-1}$

解 (1) $f(x) = \dfrac{1}{x^2}$，$\lim\limits_{x\to\infty} x^2 f(x) = \lim\limits_{x\to\infty} x^2 \cdot \dfrac{1}{x^2} = 1$，$p = 2 > 1$

$\therefore \int_1^\infty \dfrac{1}{x^2} dx$ 收斂

$\int_1^\infty \dfrac{1}{x^2} dx = \lim\limits_{t\to\infty} \int_1^t \dfrac{1}{x^2} dx = \lim\limits_{t\to\infty} \dfrac{-1}{x}\Big]_1^t = \lim\limits_{t\to\infty} \left(-\dfrac{1}{t} + 1 \right) = 1$

(2) $f(x) = x^{\frac{3}{2}}$，$\lim\limits_{x\to\infty} x^{-\frac{3}{2}} \cdot x^{\frac{3}{2}} = 1$，$p = -\dfrac{3}{2} < 1$

$\therefore \int_1^\infty x^{\frac{3}{2}} dx$ 發散

(3) $f(x) = \dfrac{1}{\sqrt{x}}$，$\lim\limits_{x\to\infty} \sqrt{x} f(x) = \lim\limits_{x\to\infty} \sqrt{x} \cdot \dfrac{1}{\sqrt{x}}$，$p = \dfrac{1}{2} < 1$

$\therefore \int_1^\infty \dfrac{1}{\sqrt{x}} dx$ 發散

(4) $f(x) = \dfrac{1}{2x-1}$，$\lim\limits_{x\to\infty} x \cdot f(x) = \lim\limits_{x\to\infty} x \cdot \dfrac{1}{2x-1} = \dfrac{1}{2}$，$p = 1$

$\therefore \int_3^\infty \dfrac{dx}{2x-1}$ 發散

Gamma函數

Gamma 函數本身是瑕積分，它在討論統計學之**指數族**（Exponential family）**機率密度函數**（Probability density function; PDF）時常被用到之工具。

【定義】　定義 Gamma 函數為 $\Gamma(n) = \int_0^\infty x^{n-1} e^{-x} dx$，$n > 0$

【定理 B】　若 n 為正整數則

$\Gamma(n) = (n-1)!$

$[(n-1)! = (n-1)(n-2) \cdots 3 \cdot 2 \cdot 1]$

【證明】　$\Gamma(n) = \int_0^\infty x^{n-1} e^{-x} dx$，由分部積分法

$= \int_0^\infty x^{n-1} d(-e^{-x})$

$$=\lim_{b\to\infty}(-e^{x}x^{n-1})]_0^b+\int_0^{\infty}e^{-x}\,dx^{n-1}$$

$$=\lim_{b\to\infty}(-e^{-b}b^{n-1})+(n-1)\int_0^{\infty}x^{n-2}\,e^{-x}\,dx$$

$$=(n-1)\Gamma(n-1)$$

由此遞迴定義，得：

$$\Gamma(n)=(n-1)\Gamma(n-1)=(n-1)(n-2)\Gamma(n-2)\cdots$$

$$=(n-1)!$$

■

由定理 B 易知 $\int_0^{\infty}x^n e^{-x}dx = n!$，$n$ 為非負整數。

例 5. 求 1. $\int_0^{\infty}x^3 e^{-x}\,dx$　　2. $\int_0^{\infty}x^3 e^{-2x}\,dx$　　3. $\int_{0^+}^1 (\ln x)^3\,dx$

解 　1. $\int_0^{\infty}x^3 e^{-x}\,dx = 3! = 6$

　2. $\int_{0^+}^{\infty}x^3 e^{-2x}\,dx \xrightarrow{u=2x} \int_{0^+}^{\infty}\left(\frac{u}{2}\right)^3 e^{-u}\cdot\frac{1}{2}\,du = \frac{1}{2^4}\int_{0^+}^{\infty}u^3 e^{-u}\,du$

　　$=\frac{1}{16}\cdot 3! = \frac{6}{16} = \frac{3}{8}$

　3. $\int_{0^+}^1 (\ln x)^3\,dx \xrightarrow{u=-\ln x} -\int_{\infty}^0 u^3 e^{-u}\,du$

　　$=\int_0^{\infty}u^3 e^{-u}\,du = 3! = 6$

$\Gamma(n)$ 之定義可擴到 $\Gamma(x)$，$x\in R$，$x>0$

$\Gamma(x)\triangleq\int_0^{\infty}t^{x-1}e^{-t}\,dt$，它的遞迴關係為 $\Gamma(x+1)=x\Gamma(x)$

【定理 C】 $\Gamma(\frac{1}{2})=\sqrt{\pi}$

$\Gamma\left(\frac{1}{2}\right)=\sqrt{\pi}$ 之證明要用到重積分之極座標轉換，本書不打算證明它。

例 6. 試表達

　求 (1) $\Gamma\left(\frac{8}{3}\right)$　　(2) $\Gamma\left(\frac{13}{4}\right)$　　(3) $\Gamma\left(\frac{11}{2}\right)$

解 $(1)\Gamma\left(\dfrac{8}{3}\right)=\dfrac{5}{3}\cdot\dfrac{2}{3}\Gamma\left(\dfrac{2}{3}\right)=\dfrac{10}{9}\Gamma\left(\dfrac{2}{3}\right)$

$(2)\Gamma\left(\dfrac{13}{4}\right)=\dfrac{9}{4}\cdot\dfrac{5}{4}\cdot\dfrac{1}{4}\Gamma\left(\dfrac{1}{4}\right)=\dfrac{45}{64}\Gamma\left(\dfrac{1}{4}\right)$

$(3)\Gamma\left(\dfrac{11}{2}\right)=\dfrac{9}{2}\cdot\dfrac{7}{2}\cdot\dfrac{5}{2}\cdot\dfrac{3}{2}\cdot\dfrac{1}{2}\Gamma\left(\dfrac{1}{2}\right)$

$\qquad\qquad=\dfrac{9}{2}\cdot\dfrac{7}{2}\cdot\dfrac{5}{2}\cdot\dfrac{3}{2}\cdot\dfrac{1}{2}\cdot\sqrt{\pi}$

$\qquad\qquad=\dfrac{945}{32}\sqrt{\pi}$

$(1)\ \Gamma(x+1)=x\cdot(x-1)\cdots p!$

$\quad0>p>-1$（連乘到 p 為止）

$\quad\Gamma\left(\dfrac{8}{3}\right)=\dfrac{5}{3}\cdot\dfrac{2}{3}\left(-\dfrac{1}{3}\right)!$

$\qquad\quad=\dfrac{5}{3}\cdot\dfrac{2}{3}\ \Gamma\left(\dfrac{2}{3}\right)$

$(2)\ 0>p>-1\begin{cases}p=\dfrac{1}{2}:\Gamma\left(\dfrac{1}{2}\right)=\sqrt{\pi}\\[2mm]p\neq\dfrac{1}{2}:\text{直接寫}\ \Gamma(1+p)\ \text{即可}\end{cases}$

連續機率

隨機實驗到隨機變數

　　像擲骰子、丟銅板等實驗，在實驗前無法確知實驗之結果是什麼，但在實驗前能得知所有可能結果，如果這些實驗能在相同之條件下反覆進行，我們便稱這種實驗為**隨機實驗**（Random experiment）。

【定義】　隨機實驗之所有可能結果所成的集合稱為**樣本空間**（Sample space）以 S 表示，樣本空間之任何子集合稱為**事件**（Event），樣本空間之元素稱為**樣本點**（sample point）。

集合	機率	統計
廣集合	樣本空間	母體
子集合	事件	樣本
元素	樣本點	觀測值

　　有了樣本空間，我們便可定義**隨機變數**（Random variable：簡稱 rv）（**注意：習慣上隨機變數 X 是用大寫英文字母表示**）我們用 r.v.X 表示隨機變數 X。

【定義】　設 S 為一隨機實驗之樣本空間，X 為定義於 S 之實函數，則 $X(w)$，$w\in S$ 稱為一隨機變數。

例 7. 擲一銅板 2 次之樣本空間 $S=\{\omega_1,\omega_2,\omega_3,\omega_4\}$，令 $\omega_1=$（正，正），$\omega_2=$（正，反），$\omega_3=$（反，正），$\omega_4=$（反，反），定義隨機變數 X

為正面出現之次數則

$X(\omega_1) = 2, X(\omega_2) = X(\omega_3) = 1, X(\omega_4) = 0$

隨機變數可分離散型隨機變數與連續型隨機變數二類，若隨機變數 X 可在區間中任一點取值者稱為連續性隨機變數，相對地，只在離散點上取值如 0, 1, 2, …則為離散性隨機變數。我們在此只討論連續型隨機變數（cordinuous random variable）。

【定義】　若函數 f 滿足

1. $f(x) \geq 0$，$\forall x$

2. $\int_{-\infty}^{\infty} f(x)dx = 1$

則稱 $f(x)$ 為 r.v.X 之機率密度函數。

---

r.v.X 介於 $[a, b]$ 之機率記做 $P(a \leq X \leq b)$，定義為 $P(a \leq X \leq b) = \int_a^b f(x)dx$，它是 $f(x)$ 在 $[a, b]$ 與 x 軸所求之面積。因為直線 $x = a$, $x = b$ 之面積之 0，因此，若 X 為連續性隨機變數時 $P(a \leq X \leq b) = P(a < X \leq b) = P(a \leq X \leq b) = P(a < X < b)$。

在此特別強調，**對離散 r.v.X 而言，$P(a \leq X) = P(a < X) + P(X = a)$，因此上述等式關係便不成立。**

例 **8.** 判斷下列哪些函數可為 r.v.X 之 PDF

(1) $f(x) = \begin{cases} \dfrac{1}{10} & , 10 \leq x \leq 20 \\ 0 & , 其它 \end{cases}$　　(2) $f(x) = \begin{cases} \dfrac{1}{10} & , -10 \leq x \leq 0 \\ 0 & , 其它 \end{cases}$

(3) $f(x) = \begin{cases} \dfrac{1}{10} & , 10 \leq x \leq 21 \\ 0 & , 其它 \end{cases}$　　(4) $f(x) = \begin{cases} \dfrac{3}{2}x^2 + \dfrac{x}{2} & , -1 \leq x \leq 1 \\ 0 & , 其它 \end{cases}$

解　本例只需判斷 $(1)f(x) \geq 0$, $\forall x$，$(2) \int_{-\infty}^{\infty} f(x)dx \doteqdot 1$ 即可。

(1) $f(x) = \dfrac{1}{10} \geq 0$，$\forall x \in [10, 20]$

$\int_{-\infty}^{\infty} f(x)dx = \int_{10}^{20} \dfrac{1}{10} dx = \dfrac{x}{10} \Big]_{10}^{20} = \dfrac{1}{10}[20 - 10] = 1$

$\therefore f(x)$ 為一 PDF

(2) $f(x) = \dfrac{1}{10} \geq 0$，$\forall x \in [-10, 0]$

$\displaystyle\int_{-\infty}^{\infty} f(x)dx = \int_{-10}^{0} \dfrac{1}{10} dx = \dfrac{x}{10}\Big]_{-10}^{0} = \dfrac{1}{10}[0-(-10)] = 1$

$\therefore f(x)$ 為一 PDF

(3) $f(x) = \dfrac{1}{10} > 0$，$\forall x \in [10, 21]$

$\displaystyle\int_{-\infty}^{\infty} f(x)dx = \int_{10}^{21} \dfrac{1}{10} dx = \dfrac{x}{10}\Big]_{10}^{21} = \dfrac{1}{10}(21-10) \neq 1$

$\therefore f(x)$ 不為 PDF

(4) $\because f(x) = \dfrac{3}{2}x^2 + \dfrac{x}{2} \geq 0$，$\forall x \in [-1, 0]$ 不成立 $\quad \therefore f(x)$ 不為 PDF

例 9. (1) 確認 $f(x) = \begin{cases} \lambda e^{-\lambda x} & , x > 0 \\ 0 & , 其它 \end{cases}$，為一 PDF，其中 λ 為正的實常數。

(2) 求 $P(X \geq 1)$ 　(3) $P(-2 \leq X \leq 3)$

解 (1) $f(x) = \lambda e^{-\lambda x} \geq 0$，$\forall x \in [0, \infty)$

$\displaystyle\int_{0}^{\infty} \lambda e^{-\lambda x} = \int_{0}^{\infty} e^{-\lambda x} d\lambda x = -e^{-\lambda x}\Big]_{0}^{\infty} = -(0-1) = 1$

$\therefore f(x)$ 為 PDF

(2) $P(X \geq 1) = P(\infty > X \geq 1) = \displaystyle\int_{1}^{\infty} \lambda e^{-\lambda x} dx$

$= -e^{-\lambda x}\Big]_{1}^{\infty} = 0-(-e^{-\lambda}) = e^{-\lambda}$

(3) $P(-2 \leq X \leq 3) = P(-2 \leq X \leq 0) + P(0 \leq X \leq 3)$

$= 0 + \displaystyle\int_{0}^{3} \lambda e^{-\lambda x} dx = -e^{-\lambda x}\Big]_{0}^{3} = 1 - e^{3\lambda}$

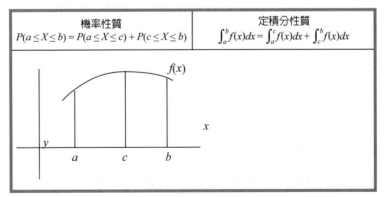

機率性質	定積分性質
$P(a \leq X \leq b) = P(a \leq X \leq c) + P(c \leq X \leq b)$	$\int_a^b f(x)dx = \int_a^c f(x)dx + \int_c^b f(x)dx$

期望值與變異數

在機率或統計的領域中，都不得不談到**期望值**（Expected value）與**變異數**（Variance）。

> 【定義】 r.v.X 之 PDF 為 $f(x)$，則 X 之期望值記做 μ 或 $E(X)$，定義 μ 或 $E(X) = \int_{-\infty}^{\infty} x f(x)\, dx$，而 X 之變異數記做 σ^2 或 $V(X)$，定義 σ^2 或 $V(X) = \int_{-\infty}^{\infty} (x-\mu)^2 f(x) dx$。

期望值表示隨機變數的代表值，而變異數是代表分散的程度。如果一個遊戲規定擲一骰子一次其點數即你可拿到的錢，即出 1 點你拿 1 元，2 點 2 元⋯ 6 點 6 元，如果骰子是均勻的那麼每點出現機率應該都是 $\frac{1}{6}$，那你可能會盤算從這場遊戲中拿到 $\frac{1}{6}(1+2+\cdots+6) = 3.5$ 元，如果你盤算是 5 元那是高估，若是 1 元則是低估。在這個例子，期望值 $E(X) = \sum_{i=1}^{6} x_i P(X=x_i)$，$x_i = 1, 2, \cdots 6$。

> 【定理 A】 r.v.X 之變異數 $V(X) = E(X-\mu)^2 = EX^2 - (EX)^2 = EX^2 - \mu^2$
>
> 【證明】 $V(X) = E(X-\mu)^2 = \int_{-\infty}^{\infty} (x-\mu)^2 f(x) dx = \int_{-\infty}^{\infty} (x^2 - 2\mu x + \mu^2) f(x)\, dx$
> $= \int_{-\infty}^{\infty} x^2 f(x) dx - 2\mu \int_{-\infty}^{\infty} x f(x) dx + \mu^2 \int_{-\infty}^{\infty} f(x) dx$
> $= \int_{-\infty}^{\infty} x^3 f(x) dx - 2\mu \cdot \mu + \mu^2 = \int_{-\infty}^{\infty} x^2 f(x) dx - \mu^2$
> $= EX^2 - \mu^2$

一致分配

> 【定義】 r.v.X 之 PDF 為
> $$f(x) = \begin{cases} \dfrac{1}{b-a} & , b \geq x \geq a \\ 0 & , \text{其它} \end{cases}$$
> 則稱 r.v.X 服從參數是 a, b 之**一致分配**（Uniform distribution），以 r.v.X $\sim U(a, b)$ 表之。r.v.X $\sim f(x)$（$X \sim f(x)$）是 r.v.X **服從**（Obey, Have）PDF $f(x)$ 的意思）

例**10.** r.v.$X \sim U(a, b)$
(1)驗證 $f(x)$ 滿足 PDF 之條件
(2)求 $P(c \leq X \leq d)$　(i)$[c, d] \subseteq [a, b]$　(ii)$c \leq a \leq X \leq d \leq b$
(3)求 $E(X)$ 與 $V(X)$

解　(1)$f(x) = \dfrac{1}{b-a} \geq 0$

$$\int_{-\infty}^{\infty} f(x)dx = \int_a^b \frac{1}{b-a}dx = \frac{x}{b-a}\Big]_a^b = \frac{1}{b-a}(b-a) = 1$$

$\therefore f(x)$ 為一 PDF。

(2)$\because [c, d] \subseteq [a, b]$

$$\therefore P(c \leq X \leq d) = \int_c^d \frac{1}{b-a}dx$$

$$= \frac{1}{b-a}\Big]_c^d = \frac{d-c}{b-a}$$

(3)$P(c \leq X \leq d)$

$$= P(c \leq X \leq a) + P(a \leq X \leq d)$$

$$= 0 + P(a \leq X \leq d) = \int_a^d \frac{dx}{b-a} = \frac{x}{b-a}\Big]_a^d = \frac{d-a}{b-a}$$

(4)$E(X) = \int_{-\infty}^{\infty} xf(x)dx = \int_a^b x \cdot \frac{1}{b-a}dx$

$$= \frac{1}{b-a}\int_a^b xdx = \frac{1}{b-a} \cdot \frac{x^2}{2}\Big]_a^b = \frac{1}{2}\frac{1}{b-a} \cdot (b^2 - a^2)$$

$$= \frac{b+a}{2}$$

$V(X) = E(X^2) - (EX)^2：$

$$E(X^2) = \int_{-\infty}^{\infty} x^2 f(x)dx = \int_a^b \frac{x^2}{b-a}dx = \frac{1}{b-a} \cdot \frac{x^3}{3}\Big]_a^b$$

$$= \frac{1}{3(b-a)} \cdot (b^3 - a^3) = \frac{b^2 + ab + a^2}{3}$$

$$\therefore V(X) = E(X^2) - (EX)^2 = \frac{b^2 + ab + a^2}{3} - \left(\frac{a+b}{2}\right)^2$$

$$= \frac{b^2 + ab + a^2}{3} - \frac{a^2 + 2ab + b^2}{4} = \frac{(b-a)^2}{12}$$

指數分配

【定義】 若 r.v.X 之 PDF 為
$$f(x) = \begin{cases} \lambda e^{-\lambda x} & , x \geq 0 \\ 0 & , x < 0 \end{cases}$$
則稱 r.v.X 服從參數是 λ 之**指數分配**（Exponential distribution），
以 r.v. $X \sim \text{Exp}(\lambda)$ 表之。

例11. r.v.X 之 PDF 為
$$f(x) = \begin{cases} ce^{-\lambda x} & , x \geq 0，\lambda > 0 \\ 0 & , x < 0 \end{cases}$$
求 (1)c
(2)$P(80 \leq X)$
(3)$E(X)$ 與 $V(X)$

解 (1)$\int_{-\infty}^{\infty} ce^{-\lambda x}dx = c\int_0^{\infty} e^{-\lambda x}dx = \dfrac{-c}{\lambda}e^{-\lambda x}\Big]_0^{\infty} = \dfrac{-c}{\lambda}(0-1) = \dfrac{c}{\lambda} = 1$

$\therefore c = \lambda$

(2)$P(X \geq 80) = P(\infty > X \geq 80) = \int_{80}^{\infty} \lambda e^{-\lambda x}dx = -e^{-\lambda x}\Big]_{80}^{\infty} = e^{-80\lambda}$

(3)$E(X)$：

$E(X) = \int_{-\infty}^{\infty} xf(x)dx = \int_0^{\infty} x \cdot \lambda e^{-\lambda x}dx = \lambda\int_0^{\infty} xe^{-\lambda x}dx \xlongequal{y=\lambda x} \lambda\int_0^{\infty} \dfrac{y}{\lambda}e^{-y}d\dfrac{y}{\lambda}$

$= \dfrac{1}{\lambda}\int_0^{\infty} ye^{-y}dy = \dfrac{1}{\lambda} \ (\because \int_0^{\infty} ye^{-y}dy = \Gamma(1) = 1)$

$V(X) = E(X^2) - (E(X))^2$

$E(X^2) = \int_{-\infty}^{\infty} x^2 f(x)dx = \int_0^{\infty} x^2 \lambda e^{-\lambda x}dx = \lambda\int_0^{\infty} x^2 e^{-\lambda x}dx \xlongequal{y=\lambda x} \lambda\int_0^{\infty} \left(\dfrac{y}{\lambda}\right)^2 e^{-y}d\dfrac{y}{\lambda}$

$= \lambda \cdot \dfrac{1}{\lambda^3}\int_0^{\infty} y^2 e^{-y}dy = \lambda \cdot \dfrac{2!}{\lambda^3} = \dfrac{2}{\lambda^2}$

$\therefore V(X) = E(X^2) - (E(X))^2 = \dfrac{2}{\lambda^2} - \left(\dfrac{1}{\lambda}\right)^2 = \dfrac{1}{\lambda^2}$

常態分配

連續機率分配有很多，除上述外還有機率統計學中最重要的**常態分配**
（Normal distribution），它的 PDF 為

$$f(x) = \frac{1}{\sqrt{2\pi}\sigma} e^{-\frac{(x-\mu)^2}{2\sigma^2}}, \ \infty > x > -\infty$$

它的 $E(X) = \mu$，變異數 $V(X) = \sigma^2$

它的數學要求比較高，我們暫不做推導。

期望值與變異數之進一步性質

期望值與變異數在機率統計導分演很重要的角色，有關它們的討論很多，在此舉一些較基本的性質，供讀者了解期望值與變異數論證之技巧。若 X 為一 $r.v.$ $E(X) = \mu$，$V(x) = \sigma^2$ 則有下列結果：

【定理 B】　若 $Y = aX + b$，a, b 為常數則 $E(Y) = a\mu$，$V(Y) = a^2\sigma^2$

【證明】

$$E(Y) = E(aX + b) = \int_{-\infty}^{\infty} (ax + b)f(x)dx$$

$$= a\int_{-\infty}^{\infty} xf(x)dx + b\int_{-\infty}^{\infty} f(x)dx$$

$$= a\mu + b \cdot 1 = a\mu + b$$

$$V(Y) = E(Y - E(Y))^2$$

$$= E[(aX + b) - (a\mu + b)]^2$$

$$= a^2 E(X - \mu)^2$$

$$= a^2\sigma^2 \qquad\blacksquare$$

【定理 C】　當 $a = \mu$ 時 $E[X - a]^2$ 為極小

【證明】　證法一

$$E[X - a]^2 = E[(X - \mu) + (\mu - a)]^2$$

$$= E(X - \mu)^2 - 2E(u - a)(X - \mu) + E(\mu - a)^2$$

$$= \sigma^2 - 2(\mu - a)\underbrace{E(X - \mu)}_{0} + (\mu - a)^2$$

$$= \sigma^2 + (\mu - a)^2 \geq \sigma^2$$

證法二

令 $h(a) = E(X - a)^2 = EX^2 - 2aEX + a^2$

$h'(a) = -2EX + 2a = 0$，得 $a = E(X) = \mu$

$h''(a) = 2 > 0$，$\therefore h(a) = E(X - a)^2$ 在 $a = \mu$ 時有極小值。　$\blacksquare$

> 讀者在學機率統計時應注意：μ 和 σ^2（或 σ）均為常數。

定理 C 導證時，我們應用了 $E(X - \mu) = E(X) - E(\mu) = \mu - \mu = 0$ 之明顯事實

【定理 D】 若 r.v X 之發生值僅在 $[a, b]$，則 $a \le \mu \le b$ 且 $V(X) \le \dfrac{(b-a)^2}{4}$

【證明】 (1) $a \le x \le b$

$\therefore af(x) \le xf(x) \le bf(x)$

$\int_{-\infty}^{\infty} af(x)dx \le \int_{-\infty}^{\infty} xf(x)dx \le \int_{-\infty}^{\infty} bf(x)dx$

$\Rightarrow a\int_{-\infty}^{\infty} f(x)dx \le \mu \le b\int_{-\infty}^{\infty} f(x)dx$ 即 $a \le \mu \le b$

(2) $a \le x \le b$

$\therefore a - \dfrac{a+b}{2} \le x - \dfrac{a+b}{2} \le b - \dfrac{a+b}{2} \Rightarrow \left(x - \dfrac{a+b}{2}\right)^2 \le \left(\dfrac{b-a}{2}\right)^2$

$E\left(X - \dfrac{a+b}{2}\right)^2 \le \left(\dfrac{b-a}{2}\right)^2$

由定理 C，$E\left(X - \dfrac{a+b}{2}\right)^2 \ge E(X-\mu)^2 = \sigma^2$

$\therefore \sigma^2 \le \left(\dfrac{b-a}{2}\right)^2 = \dfrac{1}{4}(b-a)^2$

練習 6.5

1. 判斷下列瑕積分為收斂或發散，若收斂並求其值

(1) $\int_0^{\infty} \dfrac{dx}{x^3}$ (2) $\int_1^2 \dfrac{dx}{x-1}$ (3) $\int_{-5}^2 \dfrac{1}{x^6}dx$ (4) $\int_0^2 \dfrac{dx}{(x-1)^3}$ (5) $\int_0^1 \dfrac{1}{\sqrt[3]{x}}dx$

(6) $\int_2^4 \dfrac{dx}{\sqrt{x-2}}$ (7) $\int_0^3 \dfrac{dx}{x-2}$ (8) $\int_1^2 \dfrac{dx}{\sqrt[3]{x-1}}$

2. 計算下列各題：

(1) $\int_0^{\infty} xe^{-x}dx$ (2) $\int_0^{\infty} x^3 e^{-x}dx$ (3) $\int_0^{\infty} x^5 e^{-x}dx$

(4) $\int_0^{\infty} x^3 e^{-3x}dx$ (5) $\int_0^{\infty} (xe^{-x})^3 dx$ (6) $\int_0^{\infty} x(xe^{-x})^3 dx$

3. 若 $f(x) = \begin{cases} \dfrac{c}{x^4} & , x \ge 1 \\ 0 & , x < 1 \end{cases}$ 為一 PDF 求

(1)c (2)$P(2 < X < \infty)$ (3)$E(X)$ (4)$V(X)$

4. 若 $f(x) = \begin{cases} cxe^{-\frac{x}{4}} & , x \ge 0 \\ 0 & , x < 0 \end{cases}$ 為一 PDF

求 (1)c (2)$P(X \ge 1)$ (3)$E(X)$ (4)$V(X)$

5. 若 r.v.X 之 $E(X) = \mu$，$V(X) = \sigma^2$，試證：$E\left(\dfrac{X-\mu}{\sigma}\right) = 0$，$V\left(\dfrac{X-\mu}{\sigma}\right) = 1$

6.6 平面面積

學習目標
■ 平面面積求算之進一步技巧

我們在 6.2 節定積分中已介紹了面積與定積分之關係，本節則進一步研究如何用定積分解答複雜之面積問題。

設 $y = f(x)$ 在 $[a, b]$ 中為連續函數，我們先在求 $y = f(x)$ 在 $[a, b]$ 與 x 軸所夾之面積。

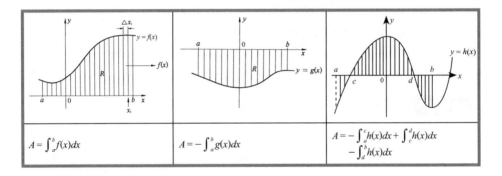

$$A = \int_a^b f(x)dx$$

$$A = -\int_a^b g(x)dx$$

$$A = -\int_a^c h(x)dx + \int_c^d h(x)dx - \int_d^b h(x)dx$$

在求面積時，一般作法是：
1. 繪出積分區域之概圖
2. 由區域之某一端作一與 x 軸垂直或平行之動線（垂直 x 軸或平行 x 軸是看我們要對 x 積分還是對 y 積分而定）

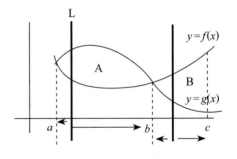

動線在 $a \le x \le b$ 移動時，若 f, g 關係是 g 上 f 下，那麼這部分面積為 $\int_a^b (g(x) - f(x))\, dx$。

動線在 $b \le x \le c$ 移動時，f, g 關係是 f 上 g 下那麼這部分面積是 $\int_b^c (f(x) - g(x))\, dx$。

因此「動線」是決定積分界限及積分式是 $f(x) - g(x)$ 還是 $g(x) - f(x)$ 的好方法。

對 x 積分	對 x 積分，動線在 $[a, b]$ 游走均為 $g(x) \geq f(x)$ 則面積 $A = \int_a^b (g(x) - f(x))\, dx$，故不需對積分區域作分割	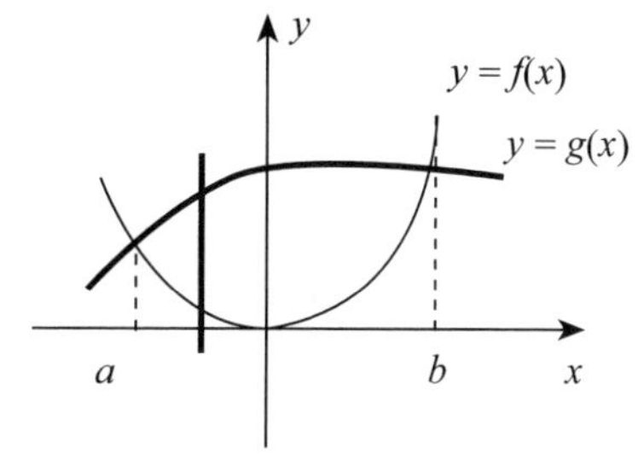
對 y 積分	對 y 積分：動線在 $[0, c]$ 移動時決定了 $A_1 = \int_0^c h(y)dy$。但動線在 $[c, d]$，$h(y) \geq k(y)$，$\therefore A_2 = \int_c^d (h(y) - k(y))\, dy$，$A = A_1 + A_2$	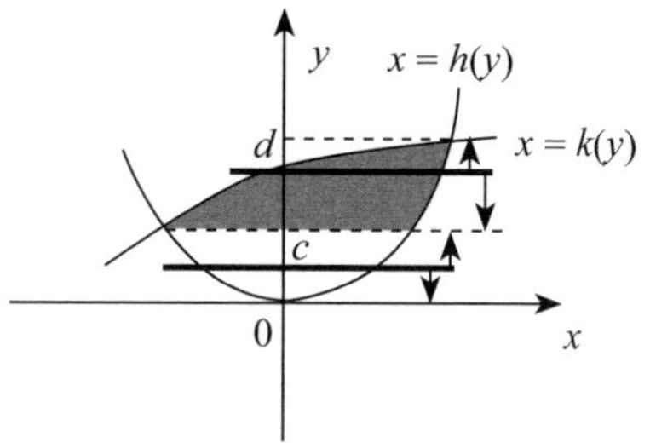

例 1. $y = x^2$ 試求以下之面積

(1) $y = x^2$ 與 x 軸，$x = 1$ 所夾之面積

(2) $y = x^2$ 與 y 所夾之面積

解

	圖示	解答
(1)	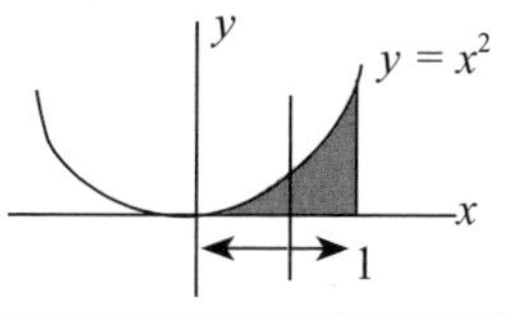	方法一　對 x 積分 $\int_0^1 x^2 dx = \dfrac{x^3}{3}\Big]_0^1 = \dfrac{1}{3}$
	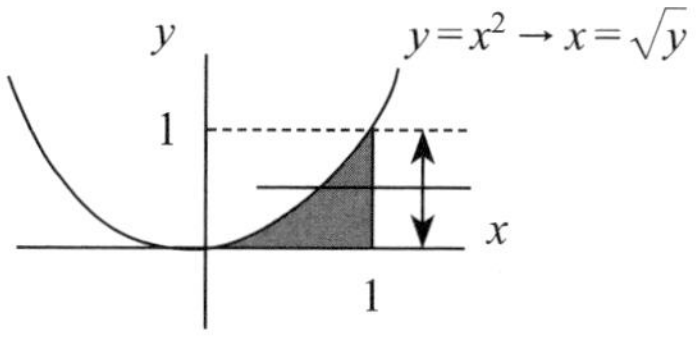	方法二　對 y 積分 $\int_0^1 (1 - \sqrt{y}) = y - \dfrac{2}{3}y^{\frac{3}{2}}\Big]_0^1 = 1 - \dfrac{2}{3} = \dfrac{1}{3}$
(2)	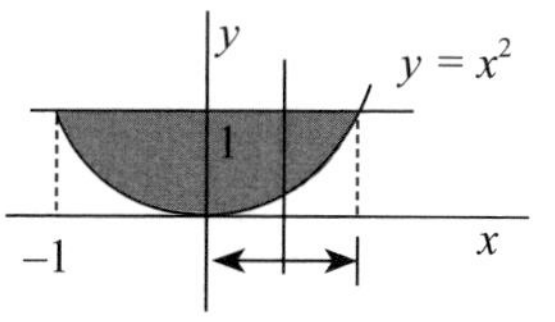	方法一　對 x 積分 $\int_{-1}^1 (1 - x^2)dx = 2\int_0^1 (1 - x^2)dx$ $= 2\left(x - \dfrac{x^3}{3}\right)\Big]_0^1 = \dfrac{4}{3}$

圖示	解答
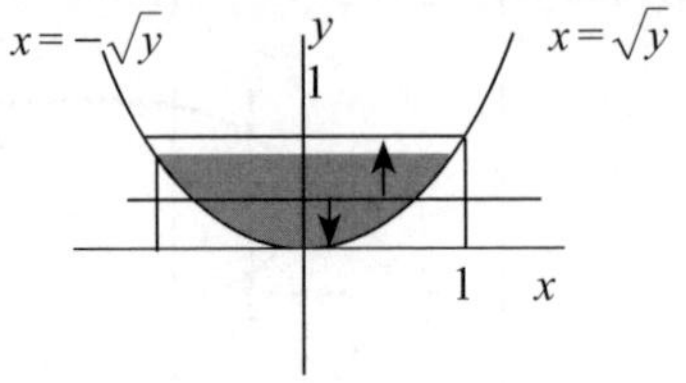 $x=-\sqrt{y}$　y　$x=\sqrt{y}$　1　1　x	方法二　對 y 積分 $$\int_0^1 (\sqrt{y}-(-\sqrt{y}))dy = 2\int_0^1 \sqrt{y}\,dy$$ $$= 2\cdot\frac{2}{3}y^{\frac{3}{2}}\Big]_0^1 = \frac{4}{3}$$
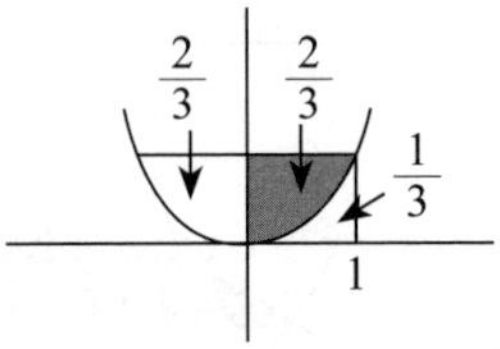 $\frac{2}{3}$　$\frac{2}{3}$　$\frac{1}{3}$　1	方法三 由 (1) 之結果，陰影部分之面積為正方形面積—(1) 結果 即 $1-\frac{1}{3}=\frac{2}{3}$，$\therefore y=x^2$ 在 $x=-1$、$x=1$ 與 x 軸所夾面積為 $\frac{4}{3}$

例 2. 給定 $y=f(x)=x^2-4$，
　　　求 1. $y=f(x)$ 在 $[0,1]$ 與 x 軸所夾之面積
　　　　 2. $y=f(x)$ 在 $[0,3]$ 與 x 軸所夾之面積

解

說明	解答
方法一　對 x 積分 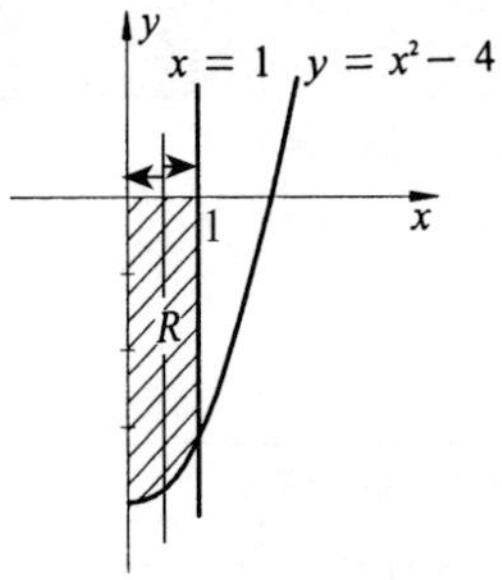　y　$x=1$　$y=x^2-4$　1　x　R	$A=-\int_0^1 (x^2-4)dx$ $$=-\left[\frac{x^3}{3}-4x\right]_0^1$$ $$=-\left(-\frac{11}{3}\right)=\frac{11}{3}$$

說明	解答
方法二　對 y 積分 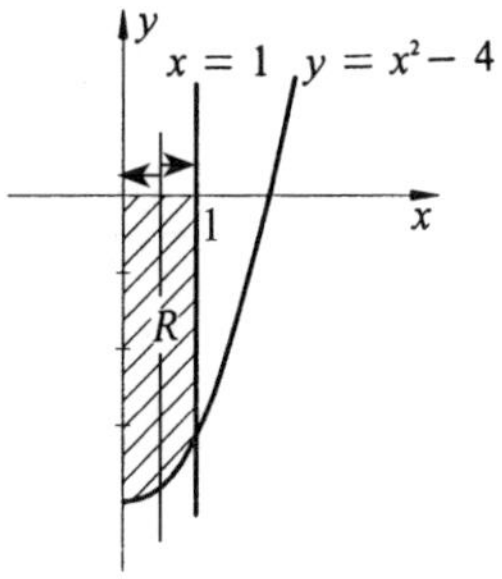 	$A = \int_{-3}^{0} 1\, dy + \int_{-4}^{-3} \sqrt{4+y}\, dy$ $= 3 + \dfrac{2}{3}(4+y)^{\frac{3}{2}} \Big]_{-4}^{-3}$ $= 3 + \dfrac{2}{3} = \dfrac{11}{3}$
方法一　對 x 積分 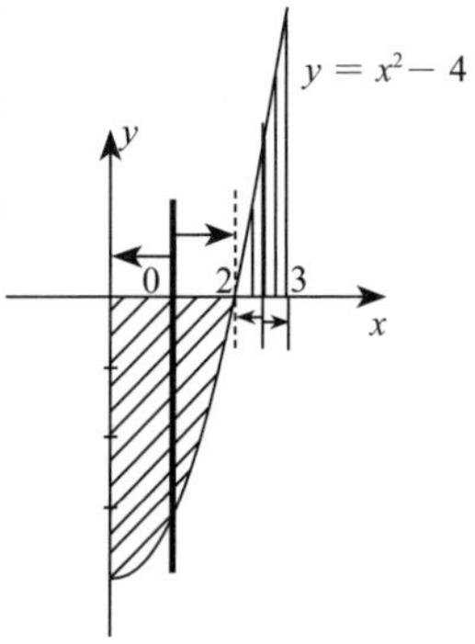　　由左圖：$f(x)$ 在 $[0, 2]$ 為負值函數，因此，我們需將 $[0, 3]$ 分割成 $[0, 2]$ 與 $[2, 3]$ 二個區域，分別求算後予以加總 	$A = -\int_{0}^{2}(x^2-4)dx + \int_{2}^{3}(x^2-4)dx$ $= -\left(\left[\dfrac{x^3}{3} - 4x \right]_{0}^{2} \right) + \left[\dfrac{x^3}{3} - 4x \right]_{2}^{3}$ $= \dfrac{16}{3} + \dfrac{7}{3} = \dfrac{23}{3}$
方法二　對 y 積分 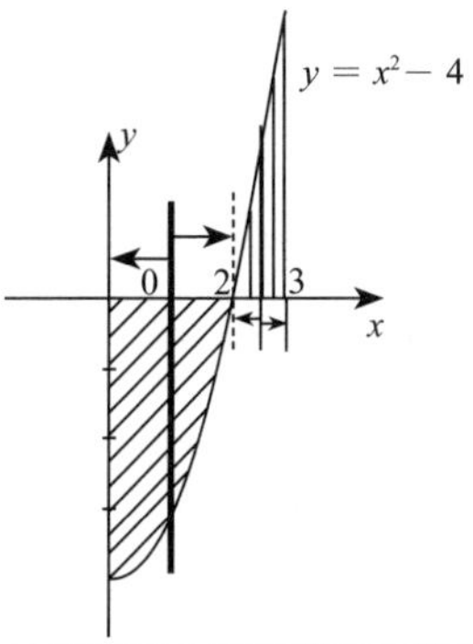 	$A = \int_{-4}^{0} \sqrt{4+y}\, dy + \int_{0}^{5}(3 - \sqrt{4+y})dy$ $= \dfrac{2}{3}(4+y)^{\frac{3}{2}} \Big]_{-4}^{0} + \left(3y - \dfrac{2}{3}(4+y)^{\frac{3}{2}} \right) \Big]_{0}^{5}$ $= \dfrac{23}{3}$

例 **3.** 求 $\sqrt{x} + \sqrt{y} = 1$ 與兩軸所圍之面積。

解

	解答	圖示
方法一： 對 x 積分	$\sqrt{x}+\sqrt{y}=1 \Rightarrow \sqrt{y}=1-\sqrt{x}$ $\therefore y=(1-\sqrt{x})^2$ $A=\int_0^1 (1-\sqrt{x})^2 dx$ $\quad=\int_0^1 (1-2\sqrt{x}+x)dx$ $\quad=x-\dfrac{4}{3}x^{\frac{3}{2}}+\dfrac{x^2}{2}\Big]_0^1=\dfrac{1}{6}$	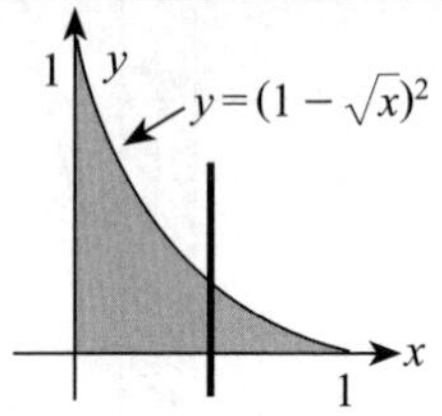
方法二： 對 y 積分	$\sqrt{x}+\sqrt{y}=1 \Rightarrow \sqrt{x}=1-\sqrt{y}$ $\therefore x=(1-\sqrt{y})^2$ $A=\int_0^1 (1-\sqrt{y})^2 dy=\dfrac{1}{6}$	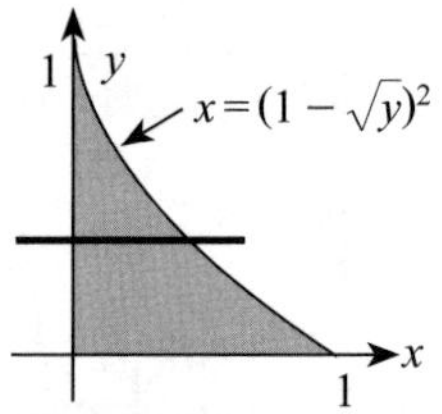

例 **4.** 求 $y=x^2$ 與 $y=x+6$ 圍成區域之面積。

解

	解答	圖示
方法一：對 x 積分	$(1)\,y=x^2$ 與 $y=x+6$ 交點之 x 座標： 令 $x^2=x+6,\ x^2-x-6=0$ $\quad\therefore (x-3)(x+2)=0,\ x=3,\ -2$ $(2)\,f(x)=x+6,\ g(x)=x^2$，則在 $[-2,3]$ 裡 $f>g$ $\quad\therefore A=\int_{-2}^{3}[(x+6)-x^2]dx$ $\quad\quad=-\dfrac{x^3}{3}+\dfrac{x^2}{2}+6x\Big]_{-2}^{3}$ $\quad\quad=20\dfrac{5}{6}$	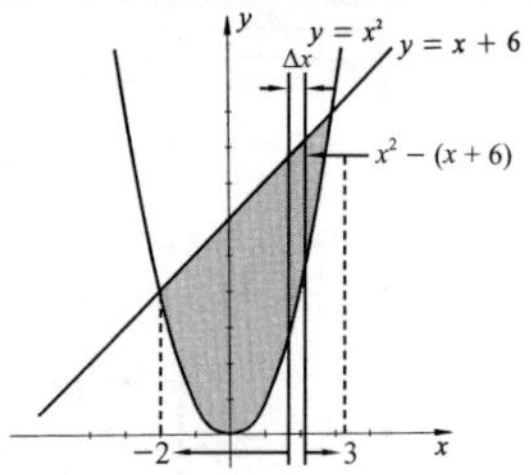
方法二：對 y 積分	對 y 軸上作分割：以 $y=4$ 將所圍區域分成 R_1, R_2 二個區域 $A(R_1)=\int_4^9 [\sqrt{y}-(y-6)]dy=\dfrac{2}{3}y^{\frac{3}{2}}-\dfrac{y^2}{2}+6y\Big]_4^9=\dfrac{61}{6}$ $A(R_2)=2\int_0^4 \sqrt{y}\,dy=\dfrac{4}{3}y^{\frac{3}{2}}\Big]_0^4=\dfrac{32}{3}$ $\therefore A(R)=A(R_1)+A(R_2)=20\dfrac{5}{6}$	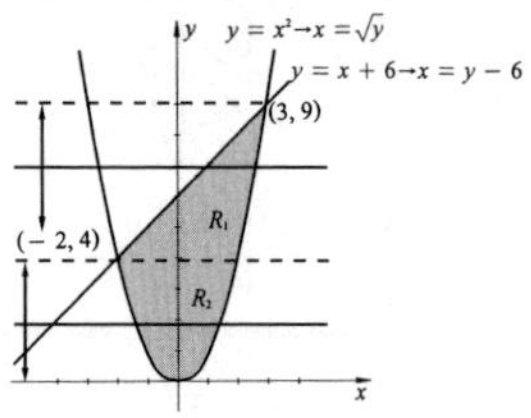

練習 6.7

1. 求下列面積？

(1) $y = \dfrac{1}{3}x^3$ 在 $0 \le x \le 2$ 與 x 軸所夾區域面積？

(2) $y = x^2 - 2x + 3$ 在 $0 \le x \le 3$ 與 x 軸所夾區域面積？

(3) $y = x(x-1)(x-2)$ 與 x 軸所夾區域面積？

2. 求下列面積？

(1) $y = x^2$ 與 $y = x$ 在第一象限所圍成區域之面積。

(2) 求 $y = x^2$ 與 $y = 1 - x^2$ 所夾區域之面積？

(3) 求 $y = \dfrac{x^2}{4}$ 與 $y = \dfrac{x+2}{4}$ 所圍成區域之面積？（請分別以對 x，y 積分求之）

(4) 求頂點為 $(0, 1), (-1, 0), (2, 0)$ 之三角形區域之面積？（請分別以對 x，y 積分求之）

第7章
多變量微積分

7.1　二變數函數

　　以前討論的是單一變數函數之微分與積分，本章則以二變數函數爲主。設 D 爲 xy 平面上之一集合，對 D 中之所有**有序配對**（Ordered pair）(x, y) 而言，都能在集合 R 中找到元素與之對應，這種對應元素所成之集合爲**像**（Image）。

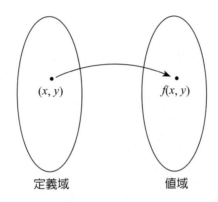

定義域　　　　　　　　值域

例 1. 若 $f(x, y) = \dfrac{2x^2 + 3y^2}{x - y}$，求 1. f 之定義域 = ？　　2. $f(1, -1)$ = ？

解　1. 當 $y = x$ 時 $f(x, y)$ 之分母爲 0，故除了 $y = x$ 外之所有實數對 (x, y) 對 f 均有意義　∴ f 之定義域爲

$\{(x, y) \mid x \neq y, x \in R, y \in R\}$

2. $f(1, -1) = \dfrac{2(1)^2 + 3(-1)^2}{1 - (-1)} = \dfrac{2 + 3}{2} = \dfrac{5}{2}$

例 2. $f(x, y) = \sqrt{x^2 - y}$，求 (1) $f(3, 1)$　(2) f 之定義域

解　(1) $f(3, 1) = \sqrt{3^2 - 1} = \sqrt{8} = 2\sqrt{2}$

(2) $f(x, y)$ 之定義域爲 $\{(x, y) \mid x^2 \geq y\}$

例 **3.** $f(x, y) = x^2 e^{xy}$，求 (1) $f(1, 3)$　(2) f 之定義域　(3) f 之值域

解　(1) $f(1, 3) = 1^2 e^{1 \cdot 3} = e^3$

(2) $\because f(x, y) = x^2 e^{xy}$ 對任意 $x, y \in R$ 均有意義

$\therefore f$ 之定義域為整個實數平面，即 $(-\infty, \infty)$

(3) $x^2 \geq 0$，$e^{xy} > 0$，對所有實數均成立

$\therefore f$ 之值域為 $[0, \infty)$

二變數函數之圖形

二變數函數圖形顯然比單變數函數之圖形複雜許多，我們就舉 4 個常見的二變數函數。

名稱	平面	球
圖形		
方程式	$x + y + z = 1$	$x^2 + y^2 + z^2 = 1$ 圓心為 $(0, 0, 0)$，半徑為 1 之球
名稱	拋物面	橢圓球
圖形		
方程式	$y = \dfrac{z^2}{c^2} + \dfrac{x^2}{a^2}$	$\dfrac{x^2}{a^2} + \dfrac{y^2}{b^2} + \dfrac{z^2}{c^2} = 1$

等高線

等高線（Contour 或 Level curve）這個名詞可能來自地理學，它的定義是：

【定義】 二變數函數 $f(x, y)$ 之等高線是 $f(x, y) = c$，c 為 f 值域中之任意常數。

由定義我們可知等高線爲一個曲線族。

例 4. 繪 $f(x, y) = x^2 + y^2$ 之等高線

解 本例的意思是要繪圓族 $x^2 + y^2 = c$，圖形如右

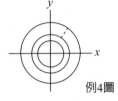

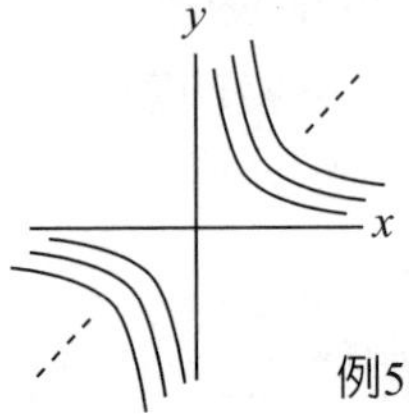

例4圖

例 5. 繪 $f(x, y) = xy$ 之等高線

解 曲線族 $xy = c$ 之圖形如右

例5圖

等高線在經濟學之應用

1. 效用函數與無差異曲線

消費者購買二種商品分別爲 x 單位與 y 單位，x，y 之不同組合形成了**效用函數**（utility function），它可用來測度二個商品不同數量之組合下對消費者之**效用**（utility），而等高線 $u(x, y) = c$ 稱爲**無差異曲線**（indifference curve），它是指二個商品之所有 x，y 數量組合下，都能提供消費者相同之效用水準。

例 6. 設消費者購買 A 商品 x 單位，B 商品 y 單位之效用函數 $u(x, y) = x^{\frac{2}{3}} y$，求消費者買 A 商品 25 個單位，B 商品 2 個單位之效用水準及對應之無差異曲線

解 (1) $u(25, 2) = (25)^{\frac{2}{3}} \cdot 2 = 125 \cdot 2 = 250$

(2) 對應之無差異曲線 $u(x, y) = x^{\frac{2}{3}} y = 250$

2. Cobb-Douglas 生產函數

Cobb-Douglas 生產函數：$Q(K, L) = A L^\alpha K^\beta$；$K, L$：資本，勞動力投入量。

例 7. 生產者投入生產要素 A，B 分別爲 x，y 單位，進行生產某個產品，若投入 A，B 之數量與產量 Q 有 $Q(x, y) = Ax^\alpha y^\beta$ 之關係，A，α，β 均爲正的常數，現在生產者打算加倍 A，B 之投入量，問對產量之影響爲何？

解 因 A，B 之生產要素加倍，亦即由 x，y 個單位變爲 $2x$，$2y$ 個單位

$$Q(2x, 2y) = A(2x)^\alpha(2y)^\beta = 2^{\alpha+\beta}Ax^\alpha y^\beta = 2^{\alpha+\beta}Q(x, y)$$

(1) $\alpha + \beta < 1$ 時，$2^{\alpha+\beta} < 2$ $\therefore Q(2x, 2y) < 2Q(x, y)$

即 $\alpha + \beta < 1$ 時，A，B 之投入量加倍，但增加後之產量小於原先產量之 2 倍。

(2) $\alpha + \beta = 1$ 時，$Q(2x, 2y) = 2^{\alpha+\beta}Q(x, y) = 2Q(x, y)$

即 $\alpha + \beta = 1$ 時，A，B 投入量加倍後之產量是原先產量之 2 倍

(3) $\alpha + \beta > 1$ 時，$Q(2x, 2y) = 2^{\alpha+\beta}Q(x, y) > 2Q(x, y)$

即 $\alpha + \beta > 1$ 時，A，B 投入量加倍後之產量大於原先產量之 2 倍

3. 常替代性（Constant Elasticity of Substitution；簡稱 CES）生產函數

$Q(K, L) = A\left[\alpha K^\rho + (1-\alpha)L^\rho\right]^{\frac{1}{\rho}}$，其中 $\rho \le 1$，且 $\rho \ne 0$，其中 A：要素生產率，ρ：比例參數，K, L：資本，勞動力投入量。

練習 7.1

1. 求下列各題之定義域。

(1) $f(x, y, z) = \sqrt{xyz}$ (2) $f(x, y, z) = \sqrt{x}\sqrt{y}\sqrt{z}$

(3) $f(x, y, z) = \sqrt{\dfrac{xz}{y}}$ (4) $f(x, y, z) = \sqrt[3]{xz} \cdot \sqrt{y}$

2. 求 (1) $f(x, y) = \sqrt{x^2 + y^2 - 1}$ 之定義域

(2) $f(x, y) = \ln(y - x)$ 之定義域

(3) $f(x, y) = \dfrac{x+y}{1+x^2+y^2}$ 之定義域

3. 試繪 $f(x, y) = x + 2y = c$，$c = 1, 2, 3$ 之等高線

4. 計算

(1) $f(x, y) = \dfrac{x}{x+y}$，求 $f(2, 3)$

(2) $f(x, y) = x^2y + \sqrt{x}$，求 $f(4, 1)$

(3) $f(x, y, z) = \sqrt{y + e^x} + \ln z$，求 $f(3, 2, 1)$

5. 一個人之智商 IQ 可用下列函數定義

$I(m, a) = \dfrac{100m}{a}$，$m$：人之心智年齡，$a$：人之實際年齡，若 A 之心智年齡為 15，實際年齡為 12，B 之心智年齡為 14，實際年齡為 11，問那個人之 IQ 比較高？

6. 假定一消費者對 A，B 二種商品之效用函數為 $U(x, y) = 2x\sqrt{y}$，x 表 A 商品之使用量，y 為 B 商品之使用量，問當消費者使用 A 商品 4 個單位，B 商品 9 個單位，其效用為何？

7.2　偏導函數

二變數函數之基本偏微分

一階偏導函數

我們是以**逐次微分**（Iternative differentiation）的概念來看待偏微分，因此，對商管科系讀者只要對第三章有一定熟悉的話，在學習上相當容易入門。

函數 $z = f(x, y)$ 對 x 之偏微分記做 $\dfrac{\partial f}{\partial x}$，或 f_x, $f_x(x, y)$, $\dfrac{\partial f}{\partial x}\big|_y$，在此 y 視為常數。同樣地 $f(x, y)$ 對 y 之偏微分記做 $\dfrac{\partial f}{\partial y}$，或 f_y, $f_y(x, y)$, $\dfrac{\partial f}{\partial y}\big|_x$，在此 x 視為常數。

例 1. 求 $\dfrac{\partial z}{\partial x}$ 與 $\dfrac{\partial z}{\partial y}$　(1) $z = f(x, y) = xy$　(2) $z = f(x, y) = (x^2 + xy + y^2)^{10}$

解　(1) $\dfrac{\partial z}{\partial x} = \dfrac{\partial}{\partial x} xy = y$

$\dfrac{\partial z}{\partial y} = \dfrac{\partial}{\partial y} xy = x$

(2) $\dfrac{\partial z}{\partial x} = \dfrac{\partial}{\partial x}(x^2 + xy + y^2)^{10} = 10(x^2 + xy + y^2)^9(2x + y)$

$\dfrac{\partial z}{\partial y} = \dfrac{\partial}{\partial y}(x^2 + xy + y^2)^{10} = 10(x^2 + xy + y^2)^9(x + 2y)$

例 2. $z = x^y$，$x > 0$ 求 $\dfrac{\partial z}{\partial x}$ 與 $\dfrac{\partial z}{\partial y}$

解　$\dfrac{\partial z}{\partial x} = yx^{y-1}$

$\dfrac{\partial z}{\partial y} = x^y \ln x$

偏導函數之經濟意義

如同單變數函數，$f(x, y)$ 之偏導函數也有邊際函數之概念，例如 $C(x, y)$ 代表生產 A 產品 x 單位，B 產品 y 單位之成本函數，那麼 $C_x(x, y)$ 代表 B 產品產量不變下，生產 x 單位 A 產品之邊際成本函數，同理 $C_y(x, y)$ 就代表 A 產品產量不變下生產 y 單位 B 產品之邊際成本函數。

例 3. 設工廠每月產出 Q 是 Cobb-Douglas 函數 $Q = Q(K, L) = 100K^{0.3}L^{0.7}$，$K$ 是資本投資，L 是勞動工時，求 (1) 資本投資之**邊際生產力**（Marginal productivity of capital）；(2) 勞動工時之**邊際生產力**（Marginal productivity of labor）

解 (1) 資本投資之邊際生產力 $= \dfrac{\partial Q}{\partial K} = 100 \times 0.3K^{-0.7}L^{0.7} = 30K^{-0.7}L^{0.7}$

(2) 勞動力之邊際生產力 $= \dfrac{\partial Q}{\partial L} = 100 \times 0.7K^{0.3}L^{-0.3} = 70K^{0.3}L^{-0.3}$

齊次函數

【定義】 若 $f(\lambda x, \lambda y) = \lambda^k f(x, y)$，$\lambda$ 為異於 0 之實數，則稱 $f(x, y)$ 為 k 階齊次函數。

例 4. (1) $f(x, y) = x^2 + y^2$：

$\because f(\lambda x, \lambda y) = \lambda^2 x^2 + \lambda^2 y^2 = \lambda^2(x^2 + y^2) = \lambda^2 f(x, y)$

$\therefore$ 為 2 階齊次函數

(2) $f(x, y, z) = (x^2 + y^2 + z^2)^{\frac{3}{2}}$：

$\because f(\lambda x, \lambda y, \lambda z) = (\lambda^2 x^2 + \lambda^2 y^2 + \lambda^2 z^2)^{\frac{3}{2}} = \lambda^3 \left[(x^2 + y^2 + z^2)^{\frac{3}{2}}\right]$

$\therefore$ 為 3 階齊次函數

關於多變數之 k 階齊次函數有以下重要定理：

【定理 A】 若 $f(x, y)$ 為 k 階齊次函數，即 $f(\lambda x, \lambda y) = \lambda^k f(x, y)$，$\lambda \neq 0$，$\lambda \in R$ 則 $xf_x + yf_y = kf(x, y)$

【證明】 $\because f(\lambda x, \lambda y) = \lambda^k f(x, y)$ 兩邊同時對 λ 微分

$xf_x + yf_y = k\lambda^{k-1}f$

因上式是對任何實數 λ 均成立，所以在上式中令 $\lambda = 1$ 則得

$xf_x + yf_y = kf$ ∎

定理 A 可推廣到 n 個變數情況：$f(x_1, x_2, \cdots\cdots x_n)$ 為一 k 階齊次函數，即 $f(\lambda x_1, \lambda x_2, \cdots\cdots \lambda x_n) = \lambda^k f(x_1, x_2, \cdots\cdots x_n)$ 則 $\sum\limits_{i=1}^{n} x_i \dfrac{\partial f}{\partial x_i} = kf(x_1, x_2, \cdots\cdots x_n)$。

例 5. 若 $f(x, y) = \dfrac{y}{x}$ 求 $xf_x + yf_y = ?$

解

方法一	$f(x, y) = \dfrac{y}{x}$ $\therefore f_x = -\dfrac{y}{x^2}, \ f_y = \dfrac{1}{x}$ 因此 $xf_x + yf_y = x\left(-\dfrac{y}{x^2}\right) + y\left(\dfrac{1}{x}\right) = 0$
方法二 應用定理A	$\because f(\lambda x, \lambda y) = \dfrac{\lambda y}{\lambda x} = \dfrac{y}{x} = \lambda^0 \dfrac{y}{x}$ 可知 $f(x, y) = \dfrac{y}{x}$ 為零階齊次函數 $\therefore xf_x + yf_y = 0f(x, y) = 0$

例 6. 若 $z = g(x, y) = x^n f\left(\dfrac{y}{x}\right)$，試證 $x\dfrac{\partial g}{\partial x} + y\dfrac{\partial g}{\partial y} = nz$。

解

解法一	$z = g(x, y) = x^n f\left(\dfrac{y}{x}\right)$ 則 $g(\lambda x, \lambda y) = (\lambda x)^n f\left(\dfrac{\lambda y}{\lambda x}\right) = \lambda^n \left[x^n f\left(\dfrac{y}{x}\right)\right]$ 即 z 為 n 階齊次函數，由定理 A $x\dfrac{\partial g}{\partial x} + y\dfrac{\partial g}{\partial y} = nz$
解法二	$\dfrac{\partial g}{\partial x} = nx^{n-1} f\left(\dfrac{y}{x}\right) + x^n\left(-\dfrac{y}{x^2}\right) f'\left(\dfrac{y}{x}\right) = nx^{n-1} f\left(\dfrac{y}{x}\right) - x^{n-2} y f'\left(\dfrac{y}{x}\right)$ $\dfrac{\partial g}{\partial y} = x^n\left(\dfrac{1}{x}\right) f'\left(\dfrac{y}{x}\right) = x^{n-1} f'\left(\dfrac{y}{x}\right)$ $x\dfrac{\partial g}{\partial x} + y\dfrac{\partial g}{\partial y} = x\left[nx^{n-1} f\left(\dfrac{y}{x}\right) - x^{n-2} y f'\left(\dfrac{y}{x}\right)\right] + yx^{n-1} f'\left(\dfrac{y}{x}\right)$ $\qquad = nx^n f\left(\dfrac{y}{x}\right) - x^{n-1} y f'\left(\dfrac{y}{x}\right) + x^{n-1} y f'\left(\dfrac{y}{x}\right)$ $\qquad = nx^n f\left(\dfrac{y}{x}\right) = nz$

雜例

例 7. 是否存在一個 $f(x, y)$ 滿足 $f_x = 2x + y$，$f_y = x + 2y$？

解　$f_x = 2x + y$

$$\therefore f(x, y) = \int (2x+y)dx = x^2 + xy + h(y)$$
$$\Rightarrow f_y = x + h'(y) = x + 2y$$
$$\therefore h(y) = \int 2y \, dy = y^2 + c$$
即 $f(x, y) = x^2 + xy + y^2 + c$

> 單變數函數之不定積分的積分常數是 c
> 多變數函數之偏積分則是積分變數外其它變數之函數。

齊次生產函數與規模報酬（Return to scale）

設 $Q = Q(x, y)$ 為一 k 階生產函數，若 $Q(\lambda x, \lambda y) = \lambda^k Q(x, y)$，則
(1) $k > 1$ 為規模報酬遞增
(2) $k = 1$ 為規模報酬不變
(3) $k < 1$ 為規模報酬遞減

例 8. 生產函數 $Q(x, y) = Ax^\alpha y^\beta$，試討論此生產函數為規模報酬遞增，規模報酬不變及規模報酬遞減之條件。

解 (1) 令 $Q(\lambda x, \lambda y) = A(\lambda x)^\alpha (\lambda y)^\beta = A\lambda^{\alpha+\beta} x^\alpha y^\beta$
$$= \lambda^{\alpha+\beta}(Ax^\alpha y^\beta) = \lambda^{\alpha+\beta} Q(x, y)$$
$\therefore$ (1) $\alpha + \beta > 1$，但 $\lambda > 1$ 時，$Q(\lambda x, \lambda y) > \lambda Q(x, y)$，故為規模報酬遞增
(2) $\alpha + \beta = 1$，但 $\lambda > 0$ 時，$Q(\lambda x, \lambda y) = \lambda Q(x, y)$，故為規模報酬不變
(3) $\alpha + \beta < 1$，但 $\lambda > 1$ 時，$Q(\lambda x, \lambda y) < \lambda Q(x, y)$，故為規模報酬遞減

例 9. 判斷下列生產函數之規模報酬
(1) $Q(K, L) = A\sqrt{LK}$，$A > 0$，A 為常數
(2) $Q(K, L) = K^{\frac{1}{3}} L^{\frac{1}{2}}$

解 (1) $Q(\lambda K, \lambda L) = A(\sqrt{\lambda L} \, \lambda K) = \lambda^{\frac{3}{2}} A(\sqrt{LK}) = \lambda^{\frac{3}{2}} Q(K, L)$，$k > 1$
$\therefore Q(K, L) = A\sqrt{LK}$ 為規模報酬遞增
(2) $Q(\lambda K, \lambda L) = A(\lambda K)^{\frac{1}{3}}(\lambda L)^{\frac{1}{2}} = A\lambda^{\frac{5}{6}} K^{\frac{1}{3}} L^{\frac{1}{2}} = \lambda^{\frac{5}{6}} AK^{\frac{1}{3}} L^{\frac{1}{2}} = \lambda^{\frac{5}{6}} Q(K, L)$，$k < 1$
$\therefore Q(K, L) = K^{\frac{1}{3}} L^{\frac{1}{2}}$ 為規模報酬遞減

高階導函數

$z = f(x, y)$ 之一階偏導數 $f_x(x, y)$ 及 $f_y(x, y)$ 求出後，我們可能透過 $f_x(x, y)$ 再對 x 或 y 再實施偏微分，如此做下去可有 4 個可能結果：

$$f_{xx} = \frac{\partial}{\partial x}\left(\frac{\partial f}{\partial x}\right) = \frac{\partial^2 f}{\partial x^2} \qquad f_{xy} = \frac{\partial}{\partial y}\left(\frac{\partial f}{\partial x}\right) = \frac{\partial^2 f}{\partial y \partial x}$$

$$f_{yx} = \frac{\partial}{\partial x}\left(\frac{\partial f}{\partial y}\right) = \frac{\partial^2 f}{\partial x \partial y} \qquad f_{yy} = \frac{\partial}{\partial y}\left(\frac{\partial f}{\partial y}\right) = \frac{\partial^2 f}{\partial y^2}$$

由上面之符號，我們知道二階偏導數 f_{xy} 有兩種表達方式：

1. f_{xy} 及 2. $\dfrac{\partial^2 f}{\partial y \partial x}$，其偏微順序為：$\underset{① \ ②}{f_{xy}}$ ； $\underset{② \quad ①}{\dfrac{\partial^2 f}{\partial y \ \partial x}}$，其規則可推廣之。

例10. 若 $f(x, y) = x^4 + xy + y^4$，求 f_{xx}，f_{xy}，f_{yy}，f_{xxx}，f_{yxy}？

解 $f_x = 4x^3 + y \quad f_{xx} = 12x^2$，$f_{xy} = 1$，$f_{xxx} = 24x$

$f_y = x + 4y^3$，$f_{yy} = 12y^2$，$f_{yx} = 1$，$f_{yxy} = 0$

例11. $f(x, y) = y^2 2^x$ 求 (1) f_x (2) f_{xy} (3) f_{xx} (4) f_{xyx}？

解 應用 $a > 0$ 時，$\dfrac{d}{dx} a^x = a^x \ln a$ 之結果，我們易得

(1) $f_x = y^2 (2^x) \ln 2$

(2) $f_{xy} = 2y (2^x) \ln 2$

(3) $f_{xx} = y^2 (2^x) \ln 2 \cdot \ln 2 = y^2 (2^x)(\ln 2)^2$

(4) $f_{xyx} = 2y (2^x) \ln 2 \cdot \ln 2 = 2y (2^x)(\ln 2)^2$

★例12. $f(x, y) = \begin{cases} xy\left(\dfrac{x^2 - y^2}{x^2 + y^2}\right), & (x, y) \neq (0, 0) \\ \quad 0 & , (x, y) = (0, 0)) \end{cases}$

求 $f_{xy}(0, 0)$ 與 $f_{yx}(0, 0)$

解 $f_x(0, y) = \lim_{h \to 0} \dfrac{f(0+h, y) - f(0, y)}{h}$

$= \lim_{h \to 0} \dfrac{f(h, y) - f(0, y)}{h}$

$= \lim_{h \to 0} \dfrac{1}{h}\left[hy\dfrac{h^2 - y^2}{h^2 + y^2} - 0 \cdot y\dfrac{0^2 - y^2}{0^2 + y^2}\right]$

$= \lim_{h \to 0} \dfrac{1}{h} \cdot hy\left(\dfrac{h^2 - y^2}{h^2 + y^2}\right) = -y$，對所有 y 均成立

$f_y(x, 0) = \lim_{h \to 0} \dfrac{f(x, 0+h) - f(x, 0)}{h}$

$= \lim_{h \to 0} \dfrac{1}{h}\left[xh\dfrac{x^2 - h^2}{x^2 + h^2} - x \cdot 0\dfrac{x^2 - 0^2}{x^2 + 0^2}\right]$

$= \lim_{h \to 0} \dfrac{1}{h} xh\left(\dfrac{x^2 - h^2}{x^2 + h^2}\right) = x$，對所有 x 均成立

$$f_{yx}(0,0) = \lim_{h \to 0} \frac{f_y(0+h,0) - f_y(0,0)}{h}$$

$$= \lim_{h \to 0} \frac{f_y(h,0) - f_y(0,0)}{h}$$

$$= \lim_{h \to 0} \frac{h-0}{h} = 1$$

$$f_{xy}(0,0) = \lim_{h \to 0} \frac{f_x(0+h) - f_x(0,0)}{h}$$

$$= \lim_{h \to 0} \frac{f_x(0,h) - f_x(0,0)}{h}$$

$$= \lim_{h \to 0} \frac{-h-0}{h} = 1$$

例 12 說明了 f_{xy} 與 f_{yx} 不恆相等。接著我們要討論的是 $z = f(x, y)$ 之 $f_{xy} = f_{yx}$ 的條件，它在理論和應用上都很重要。

若 $z = f(x, y)$ 之所有二階編導數均為連續，我們用 $z \in c^2$ 表之

【定理 B】　若 $z = f(x, y) \in c^2$ 則 $f_{xy} = f_{yx}$

例13. $z \in c^2$，$z = f\left(x, \dfrac{y}{x}\right)$ 求 $\dfrac{\partial^2 z}{\partial x^2}$

解　$\dfrac{\partial z}{\partial x} = f_x\left(x, \dfrac{y}{x}\right) - \dfrac{y}{x^2} f_y\left(x, \dfrac{y}{x}\right)$

$\dfrac{\partial^2 z}{\partial x^2} = f_{xx}\left(x, \dfrac{y}{x}\right) - \dfrac{y}{x^2} f_{xy}\left(x, \dfrac{y}{x}\right) + \dfrac{2y}{x^3} f_y\left(x, \dfrac{y}{x}\right) - \dfrac{y}{x^2} f_{yx}\left(x, \dfrac{y}{x}\right) + \dfrac{y^2}{x^4} f_{yy}\left(x, \dfrac{y}{x}\right)$

———合併———

$= f_{xx} - \dfrac{2y}{x^2} f_{xy} + \dfrac{2y}{x^3} f_y + \dfrac{y^2}{x^4} f_{yy}$

鏈鎖法則

第 3 章之鏈鎖法則係解單變數函數之合成函數微分法之利器，本節則研究如何對二變數函數之合成函數進行偏微分。

如果我們只取函數之自變數及因變數畫成樹形圖，對合成函數之偏導數公式推導大有幫助。

	圖示	說明
$\begin{cases} z = f(x, y) \\ x = g(r, s),\ y = h(r, s) \end{cases}$	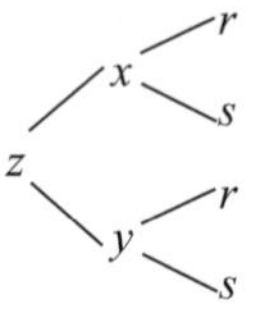	$\dfrac{\partial z}{\partial r}$ 相當於由 z 到 r 之所有途徑，在此有二條即 ① $z \longrightarrow x \longrightarrow r$ $\quad \dfrac{\partial z}{\partial x} \qquad \dfrac{\partial x}{\partial r}$ ② $z \longrightarrow y \longrightarrow r$ $\quad \dfrac{\partial z}{\partial y} \qquad \dfrac{\partial y}{\partial r}$ $\therefore \dfrac{\partial z}{\partial r} = \dfrac{\partial z}{\partial x} \cdot \dfrac{\partial x}{\partial r} + \dfrac{\partial z}{\partial y} \cdot \dfrac{\partial y}{\partial r}$
$z = f(x, y)$ $x = h(s, t)$ $y = k(t)$	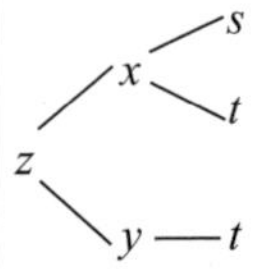	1. $\dfrac{\partial z}{\partial s} = \dfrac{\partial z}{\partial x} \cdot \dfrac{\partial x}{\partial s}$ 2. $\dfrac{\partial z}{\partial t} = \dfrac{\partial z}{\partial x} \cdot \dfrac{\partial x}{\partial t} + \dfrac{\partial z}{\partial y} \cdot \dfrac{dy}{dt}$ 上式 $\dfrac{dy}{dt}$ 是因 y 是 t 之單變數函數之故。

【定理 C】 （鏈鎖法則）令 $z = f(u, v)$，$u = g(x, y)$，$v = h(x, y)$，則

$$\frac{\partial z}{\partial x} = \frac{\partial z}{\partial u} \cdot \frac{\partial u}{\partial x} + \frac{\partial z}{\partial v} \cdot \frac{\partial v}{\partial x},$$

$$\frac{\partial z}{\partial y} = \frac{\partial z}{\partial u} \cdot \frac{\partial u}{\partial y} + \frac{\partial z}{\partial v} \cdot \frac{\partial v}{\partial y}.$$

例 14. 若 $z = f(x, y) = xy$，$x = s^3 t^2$，$y = se^t$，求 $\dfrac{\partial z}{\partial s} = ?$ 及 $\dfrac{\partial z}{\partial t} = ?$

解
$$\frac{\partial z}{\partial s} = \frac{\partial z}{\partial x} \cdot \frac{\partial x}{\partial s} + \frac{\partial z}{\partial y} \cdot \frac{\partial y}{\partial s}$$

$$= y \cdot 3s^2 t^2 + x \cdot e^t$$

$$= (se^t)(3s^2 t^2) + (s^3 t^2)\, e^t = 3s^3 t^2 e^t + s^3 t^2 e^t$$

$$= 4s^3 t^2 e^t$$

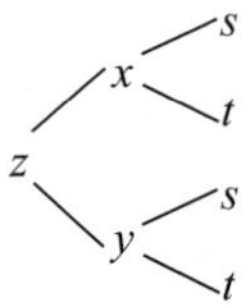

$$\frac{\partial z}{\partial t} = \frac{\partial z}{\partial x} \cdot \frac{\partial x}{\partial t} + \frac{\partial z}{\partial y} \cdot \frac{\partial y}{\partial t} = y \cdot (2s^3 t) + x \cdot (se^t)$$

$$= (se^t) \cdot (2s^3 t) + s^3 t^2 \cdot se^t = 2s^4 te^t + s^4 t^2 e^t$$

例 15. $z = f(x, y) = x^2 + xy + y^2$，$x = s^2$，$y = st$ 求 $\dfrac{\partial z}{\partial s}$ 與 $\dfrac{\partial z}{\partial t}$

方法一	$\dfrac{\partial z}{\partial s} = \dfrac{\partial z}{\partial x} \cdot \dfrac{dx}{ds} + \dfrac{\partial z}{\partial y}\dfrac{\partial y}{\partial s}$ $= (2x+y)2s + (x+2y)t$ $= (2s^2+st)2s + (s^2+2st)t = 4s^3 + 3s^2t + 2st^2$ $\dfrac{\partial z}{\partial t} = \dfrac{\partial z}{\partial y} \cdot \dfrac{\partial z}{\partial t} = (x+2y)s = (s^2+2st)s$ $= s^3 + 2s^2t$

方法二	$z = f(s,t) = (s^2)^2 + s^2 \cdot st + (st)^2$ $= s^4 + s^3t + s^2t^2$ $\therefore \dfrac{\partial z}{\partial s} = 4s^3 + 3s^2t + 2st^2$ $\dfrac{\partial z}{\partial t} = s^3 + 2s^2t$	把 s, t 代入 x, y

媒介變數之應用

例16. 若 $u = f(x-y, y-x)$，求證 $\dfrac{\partial u}{\partial x} + \dfrac{\partial u}{\partial y} = 0$

解 在本例中我們引入二個媒介變數 s, t

其中 $\begin{cases} s = x-y, \ \dfrac{\partial s}{\partial x} = 1, \ \dfrac{\partial s}{\partial y} = -1 \\ t = y-x, \ \dfrac{\partial t}{\partial y} = 1, \ \dfrac{\partial t}{\partial x} = -1 \end{cases}$

$\dfrac{\partial u}{\partial x} = \dfrac{\partial u}{\partial s} \cdot \dfrac{\partial s}{\partial x} + \dfrac{\partial u}{\partial t} \cdot \dfrac{\partial t}{\partial x}$

$\quad = \dfrac{\partial u}{\partial s} \cdot 1 + \dfrac{\partial u}{\partial t}(-1)$

$\quad = \dfrac{\partial u}{\partial s} - \dfrac{\partial u}{\partial t}$

$\dfrac{\partial u}{\partial y} = \dfrac{\partial u}{\partial s} \cdot \dfrac{\partial s}{\partial y} + \dfrac{\partial u}{\partial t} \cdot \dfrac{\partial t}{\partial y}$

$\quad = \dfrac{\partial u}{\partial s}(-1) + \dfrac{\partial u}{\partial t} \cdot 1 = -\dfrac{\partial u}{\partial s} + \dfrac{\partial u}{\partial t}$

$\therefore \dfrac{\partial u}{\partial x} + \dfrac{\partial u}{\partial y} = \left(\dfrac{\partial u}{\partial s} - \dfrac{\partial u}{\partial t}\right) + \left(-\dfrac{\partial u}{\partial s} + \dfrac{\partial u}{\partial t}\right) = 0$

例17. 若 $u = f(x^2 - y^2, \ y^2 - x^2)$，$f$ 為可微分函數，試證 $y\dfrac{\partial u}{\partial x} + x\dfrac{\partial u}{\partial y} = 0$

解 令 $s = x^2 - y^2$，$t = y^2 - x^2$

$$\frac{\partial u}{\partial x} = \frac{\partial u}{\partial s}\frac{\partial s}{\partial x} + \frac{\partial u}{\partial t} \cdot \frac{\partial t}{\partial x} = \frac{\partial u}{\partial s}(2x) + \frac{\partial u}{\partial t}(-2x)$$

$$\frac{\partial u}{\partial y} = \frac{\partial u}{\partial s} \cdot \frac{\partial s}{\partial y} + \frac{\partial u}{\partial t} \cdot \frac{\partial t}{\partial y} = \frac{\partial u}{\partial s}(-2y) + \frac{\partial u}{\partial t}(2y)$$

$$\therefore y\frac{\partial u}{\partial x} + x\frac{\partial u}{\partial y} = y\left[\frac{\partial u}{\partial s}(2x) + \frac{\partial u}{\partial t}(-2x)\right] + x\left[\frac{\partial u}{\partial s}(-2y) + \frac{\partial u}{\partial t}(2y)\right] = 0$$

例18. $z = xy + xF\left(\frac{y}{x}\right)$，求證 $x\frac{\partial z}{\partial x} + y\frac{\partial z}{\partial y} = xy + z$。

解
$$\frac{\partial z}{\partial x} = y + F\left(\frac{y}{x}\right) + xF'\left(\frac{y}{x}\right)\left(-\frac{y}{x^2}\right) = y + F\left(\frac{y}{x}\right) - \frac{y}{x}F'\left(\frac{y}{x}\right)$$

$$\frac{\partial z}{\partial y} = x + xF'\left(\frac{y}{x}\right)\left(\frac{1}{x}\right) = x + F'\left(\frac{y}{x}\right)$$

$$\therefore x\frac{\partial z}{\partial x} + y\frac{\partial z}{\partial y} = x\left(y + F\left(\frac{y}{x}\right) - \frac{y}{x}F'\left(\frac{y}{x}\right)\right) + y\left(x + F'\left(\frac{y}{x}\right)\right)$$

$$= xy + \left(xy + xF\left(\frac{y}{x}\right)\right)$$

$$= xy + z$$

隱函數微分法

我們討論之函數均為 $y = f(x)$ 之形式，如 $y = x^2+1$，我們稱這種函數為**顯函數**（Explicit functions），另一種型態函數是 $f(x, y) = 0$，這種型態的函數稱為**隱函數**（Implicit functions），隱函數中有的可化成顯函數，如 $2x + 3y = 0$，有的無法或不易化成顯函數，如 $x^2 + xy^3 + y^4 - 9 = 0$。

本節討論隱函數 $f(x, y) = 0$ 之 $\frac{dy}{dx}$ 的求法。在隱函數微分法中，我們往往假設 y 是 x 之可微分函數，然後解出 $\frac{dy}{dx}$。

【定理 D】 $F(x, y) = 0$，則 $\frac{dy}{dx} = -\frac{Fx}{Fy}$

【證明】 $F(x, y) = 0$，二邊同時對 x 微分，得

$$\frac{\partial F}{\partial x} \cdot \frac{dx}{dx} + \frac{\partial F}{\partial y} \cdot \frac{dy}{dx} = \frac{\partial F}{\partial x} + \frac{\partial F}{\partial y}\frac{dy}{dx}$$

$$\therefore \frac{dy}{dx} = -\frac{\partial F/\partial x}{\partial F/\partial y} \text{ 或 } -\frac{Fx}{Fy}$$ ∎

定理 D 之敘述與導證中，我們**假設所有有關「可微分」均存在**。

例19. $x^2 + e^x y + y = 0$ 求 $\dfrac{dy}{dx}$:

解

方法一 應用定理A	$\dfrac{dy}{dx} = -\dfrac{\partial F/\partial x}{\partial F/\partial y} = -\dfrac{2x + e^x y}{e^x + 1}$
方法二	$x^2 + e^x y + y = 0$，二邊同時對 1 微分： $2x + e^x y + e^x y' + y' = 0$ $\therefore \dfrac{dy}{dx} = y' = -\dfrac{2x + e^x y}{e^x + 1}$

例20. $x^2 + y^2 = 25$，求 $y' = $ ？求過 $(3, 4)$ 之切線方程式？

解

1. $x^2 + y^2 = 25$，二邊對 x 微分得：$2x + 2y \cdot y' = 0$　$\therefore y' = -\dfrac{x}{y}$

2. $x^2 + y^2 = 25$ 在 $(3, 4)$ 之切線斜率爲 $m = -\dfrac{3}{4}$　$\therefore$過 $(3, 4)$ 之切線方程式爲

$$\dfrac{y - 4}{x - 3} = -\dfrac{3}{4}　\therefore 4y - 16 = -3x + 9　即 4y + 3x = 25$$

練習 7.2

1. 求下列偏導函數：

    $u = f(x, y) = x^2 + y^2$，求 (1) $\dfrac{\partial u}{\partial x}$ (2) $\dfrac{\partial u}{\partial y}$ (3) $\dfrac{\partial^2 u}{\partial x \partial y}$ (4) $\dfrac{\partial^2 u}{\partial y \partial x}$

2. 求下列偏導函數：

    $u = f(x, y) = e^{xy}$，求 (1) $\dfrac{\partial u}{\partial x}$ (2) $\dfrac{\partial u}{\partial y}$ (3) $\dfrac{\partial^2 u}{\partial x \partial y}$ (4) $\dfrac{\partial^2 u}{\partial y \partial x}$

3. 求下列偏導函數：

    $u = f(x, y) = x^y$，求 (1) $\dfrac{\partial u}{\partial x}$ (2) $\dfrac{\partial u}{\partial y}$ (3) $\dfrac{\partial^2 u}{\partial x \partial y}$ (4) $\dfrac{\partial^2 u}{\partial y \partial x}$

4. $u = f(x, y) = x^2 + y^2$，$x = r\theta$，$y = r^2$，求 (1) $\dfrac{\partial u}{\partial r}$ 與 (2) $\dfrac{\partial u}{\partial \theta}$

5. $u = xyf\left(\dfrac{y}{x}\right)$ 求 $x\dfrac{\partial u}{\partial x} + y\dfrac{\partial u}{\partial y}$

6. $F(x, y) = x + e^{xy} = 0$ 求 $\dfrac{dy}{dx}$

7. 求過 $x^2 + xy + y^2 = 1$ 上 $(-1, 1)$ 之切線方程式與法線方程式

8. CES 生產函數爲 $Q(K, L) = A\left[\alpha K^{-\beta} + (1 - \alpha)L^{-\beta}\right]^{-\frac{1}{\beta}}$，$K$ 爲資本支出，L 爲勞動力水準，A，α，β 爲常數且滿足 $A > 0$，$1 > \alpha > 0$，$\beta > 1$

    試證 $Q(K, L)$ 爲規模不變。

7.3 二變數函數之極值

沒有限制條件下之極值問題

給定 $f(x, y)$，若存在一個開矩形區域 $R, (x_0, y_0) \in R$，使得

$f(x_0, y_0) \geqq f(x, y), \forall (x, y) \in R$，則稱 f 在 (x_0, y_0) 有一相對極大值。
$f(x_0, y_0) \leqq f(x, y), \forall (x, y) \in R$，則稱 f 在 (x_0, y_0) 有一相對極小值。

一階條件：令 $\begin{cases} f_x = 0 \\ f_y = 0 \end{cases}$ 得到 $f(x, y)$ 之臨界點 (x_0, y_0)

二階條件：計算 $\Delta = \begin{vmatrix} f_{xx} & f_{xy} \\ f_{yx} & f_{yy} \end{vmatrix}_{(x_0, y_0)}$

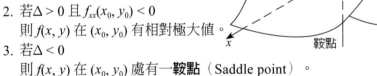

1. 若 $\Delta > 0$ 且 $f_{xx}(x_0, y_0) > 0$
   則 $f(x, y)$ 在 (x_0, y_0) 有相對極小值。
2. 若 $\Delta > 0$ 且 $f_{xx}(x_0, y_0) < 0$
   則 $f(x, y)$ 在 (x_0, y_0) 有相對極大值。
3. 若 $\Delta < 0$
   則 $f(x, y)$ 在 (x_0, y_0) 處有一**鞍點**（Saddle point）。
4. 若 $\Delta = 0$
   則 $f(x, y)$ 在 (x_0, y_0) 處無任何資訊（即非以上三種）。

單變數與雙變數函數之相對極值求法之比較

	$f(x)$之相對極值	$f(x, y)$之相對極值
一階條件	$f'(x) = 0$ 或 $f'(x)$ 不存在	$\begin{cases} f_x = 0 \\ f_y = 0 \end{cases}$
二階條件	相對極小 $f''(x) > 0$ 相對極大 $f''(x) < 0$	$\Delta > 0：\begin{cases} 相對極小 \\ \quad f_{xx} > 0 \\ 相對極大 \\ \quad f_{xx} < 0 \end{cases} \quad \Delta = \begin{vmatrix} f_{xx} & f_{xy} \\ f_{yx} & f_{yy} \end{vmatrix}$ $\Delta < 0：鞍點$ $\Delta = 0：無資訊$

例 1. 求 $f(x, y) = x^3 - 3xy + y^3$ 之極值與鞍點？

解 先求一階條件（臨界點）：

$$\begin{cases} f_x = 3x^2 - 3y = 0 \\ f_y = -3x + 3y^2 = 0 \end{cases} 即 \begin{cases} f_x = x^2 - y = 0 \cdots\cdots(1) \\ f_y = y^2 - x = 0 \cdots\cdots(2) \end{cases}$$

由 (2)$x = y^2$ 代入 (1) 得：

$$(y^2)^2 - y = y^4 - y = y(y - 1)(y^2 + y + 1) = 0$$

$$\therefore y = 0，y = 1$$

$y = 0$ 時 $x = 0$ 及 $y = 1$ 時 $x = 1$

可得二個臨界點 $(0, 0)$ 及 $(1, 1)$

次求二階條件：

$$\begin{cases} f_{xx} = 6x, \ f_{xy} = -3 \\ f_{yy} = 6y, \ f_{yx} = -3 \end{cases}$$

$$\therefore \Delta = \begin{vmatrix} f_{xx} & f_{xy} \\ f_{yx} & f_{yy} \end{vmatrix} = \begin{vmatrix} 6x & -3 \\ -3 & 6y \end{vmatrix}$$

檢驗二個臨界點之Δ值：

① $(0, 0)$：

$$\Delta = \begin{vmatrix} 0 & -3 \\ -3 & 0 \end{vmatrix} < 0 \quad \therefore f(x, y) 在 (0, 0) 處有一鞍點$$

② $(1, 1)$：

$$\Delta = \begin{vmatrix} 6 & -3 \\ -3 & 6 \end{vmatrix} > 0，且 f_{xx}(1, 1) > 0$$

$$\therefore f(x, y) 在 (1, 1) 處有一相對極小值 f(1, 1) = -1$$

例 2. 求 $f(x, y) = x^3 + y^3 - 3x - 3y^2 + 4$ 之極值與鞍點？

解 先求一階條件（臨界點）：

$$\begin{cases} f_x = 3x^2 - 3 = 3(x-1)(x+1) = 0 \quad \therefore x = 1, -1 \\ f_y = 3y^2 - 6y = 3y(y-2) = 0 \quad y = 0, 2 \end{cases}$$

由此可得 4 個臨界點：$(1, 0), (1, 2), (-1, 0), (-1, 2)$

次求二階條件：

$f_{xx} = 6x, f_{xy} = 0, f_{yx} = 0, f_{yy} = 6y - 6$

$$\therefore \Delta = \begin{vmatrix} f_{xx} & f_{xy} \\ f_{yx} & f_{yy} \end{vmatrix} = \begin{vmatrix} 6x & 0 \\ 0 & 6y-6 \end{vmatrix}$$

檢驗四個臨界點之 Δ 值：

1. $(1, 0)$：$\Delta = \begin{vmatrix} 6 & 0 \\ 0 & -6 \end{vmatrix} < 0$

   $\therefore f(x, y)$ 在 $(1, 0)$ 處有一鞍點

2. $(1, 2)$：$\Delta = \begin{vmatrix} 6 & 0 \\ 0 & 6 \end{vmatrix} > 0$，且 $f_{xx} = 6 > 0$

   $\therefore f(x, y)$ 有一相對極小值 $f(1, 2) = -2$

3. $(-1, 0)$：$\Delta = \begin{vmatrix} -6 & 0 \\ 0 & -6 \end{vmatrix} > 0$，且 $f_{xx} = -6 < 0$

   $\therefore f(x, y)$ 有一相對極大值 $f(-1, 0) = 6$

4. $(-1, 2)$：$\Delta = \begin{vmatrix} -6 & 0 \\ 0 & 6 \end{vmatrix} < 0$，$\therefore f(x, y)$ 在 $(-1, 2)$ 處有鞍點

一個供應鏈管理之應用

例 3. （倉庫設址）公司在 $O(0, 0)$，$A(1, 2)$，$C(3, 0)$ 均設有一銷售點，現計畫找一位置設分銷倉庫，希望倉庫 W 到 A，O，C 三點之距離平方和為最小，問應設在何處？

解 設倉庫 W 之座標為 (x, y)，則 W 到 A，O，C 之距離平方和 $S(x, y) = [(x-1)^2 + (y-2)^2] + [(x-0)^2 + (y-0)^2] + [(x-3)^2 + (y-0)^2]$

$= 3x^2 + 3y^2 - 8x - 2y + 14$

$\therefore$ 一階條件

$S_x = 6x - 8 = 0$

$S_y = 6y - 2 = 0$

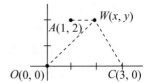

$\therefore (\frac{4}{3}, \frac{1}{3})$ 為臨界點

二階條件

$$\Delta = \begin{vmatrix} S_{xx} & S_{xy} \\ S_{yx} & S_{yy} \end{vmatrix}_{(\frac{4}{3}, \frac{1}{3})} \begin{vmatrix} 6 & 0 \\ 0 & 6 \end{vmatrix}_{(\frac{4}{3}, \frac{1}{3})} = 36 > 0$$

即 W 應設在 $(\frac{4}{3}, \frac{1}{3})$ 處可使 W 到 A，O，C 三點之距離平方和為最小。

最小平方法

在一個散布圖上有 n 個點 $(x_1, y_1), (x_2, y_2) \cdots\cdots (x_n, y_n)$，**最小平方法**（Least square method）是要去**找出一條直線方程式 $y = a + bx$，（a, b 值等估計），以使得 n 個點與 $y = a + bx$ 之距離平方和為最小。**

令 $D = \overset{n}{\underset{i=1}{\Sigma}} (y_i - a - bx_i)^2$

令 $\dfrac{\partial}{\partial a} D = 2 \overset{n}{\underset{i=1}{\Sigma}} (y_i - a - bx_i)(-1) = 0$ (1)

及 $\dfrac{\partial}{\partial b} D = 2 \overset{n}{\underset{i=1}{\Sigma}} (y_i - a - bx_i)(-x_i) = 0$ (2)

由 (1) $\overset{n}{\underset{i=1}{\Sigma}} (y_i - a - bx_i)(-1) = 0$

$\qquad \overset{n}{\underset{i=1}{\Sigma}} y_i - na - b \overset{n}{\underset{i=1}{\Sigma}} x_i = 0$

$\qquad \therefore \overset{n}{\underset{i=1}{\Sigma}} y_i = na + b \overset{n}{\underset{i=1}{\Sigma}} x_i$ (3)

由 (2) $\overset{n}{\underset{i=1}{\Sigma}} (-x_i)(y_i - a - bx_i) = 0$

$\qquad \overset{n}{\underset{i=1}{\Sigma}} x_i y_i - a \overset{n}{\underset{i=1}{\Sigma}} x_i - b \overset{n}{\underset{i=1}{\Sigma}} x_i^2 = 0$

$\qquad \therefore \overset{n}{\underset{i=1}{\Sigma}} x_i y_i = a \overset{n}{\underset{i=1}{\Sigma}} x_i + b \overset{n}{\underset{i=1}{\Sigma}} x_i^2$ (4)

由 (3)，(4) 解之

$$a = \dfrac{\begin{vmatrix} \Sigma y & \Sigma x \\ \Sigma xy & \Sigma x^2 \end{vmatrix}}{\begin{vmatrix} n & \Sigma x \\ \Sigma x & \Sigma x^2 \end{vmatrix}} = \dfrac{\Sigma x^2 \Sigma y - \Sigma x \Sigma xy}{n \Sigma x^2 - (\Sigma x)^2}$$

$$b = \dfrac{\begin{vmatrix} n & \Sigma y \\ \Sigma x & \Sigma xy \end{vmatrix}}{\begin{vmatrix} n & \Sigma x \\ \Sigma x & \Sigma x^2 \end{vmatrix}} = \dfrac{n \Sigma xy - \Sigma x \Sigma y}{n \Sigma x^2 - (\Sigma x)^2}$$

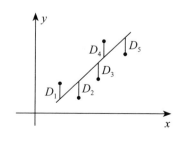

例 4. 給定下列三點 $(1, 0), (0, 1), (2, 2)$，求其對應之最小平方直線方程式。

解

$a = \dfrac{\Sigma x^2 \Sigma y - \Sigma x \Sigma xy}{n\Sigma x^2 - (\Sigma x)^2}$

$= \dfrac{5 \times 3 - 3 \times 4}{3 \times 5 - (3)^2} = \dfrac{1}{2}$

$b = \dfrac{n\Sigma xy - \Sigma x \Sigma y}{n\Sigma x^2 - (\Sigma x)^2}$

$= \dfrac{3 \times 4 - 3 \times 3}{3 \times 5 - (3)^2}$

$= \dfrac{3}{6} = \dfrac{1}{2}$

$\therefore y = \dfrac{1}{2} + \dfrac{x}{2}$ 是為所求

	x	y	x^2	xy
	1	0	1	0
	0	1	0	0
	2	2	4	4
小計	3	3	5	4

管理應用

例 5. 求收益函數 $R = px$ 之 p 的最小平方估計式

解 設 $D = \sum\limits_{i=1}^{n} (R - px_i)^2$

$\dfrac{d}{dp}D = \sum\limits_{i=1}^{n} 2 (R_i - px_i)(-x_i) = 0$

$\therefore \sum\limits_{i=1}^{n} R_i x_i - p \sum\limits_{i=1}^{n} x_i^2 = 0$

得 $p = \dfrac{\sum\limits_{i=1}^{n} R_i x_i}{\sum\limits_{i=1}^{n} x_i^2}$

例 6. 設消費者對某產品之需求函數 $p = Ae^{mx}$，(1) 試問如何求取參數 A，m 之最小平方估計量？(2) 若統計出 $\Sigma x = 120$，$\Sigma \ln p = 30$，$\Sigma x \ln p = 610$，$\Sigma x^2 = 2900$，$n = 6$，那麼 A，m 之最小平方估計值為何？

解 (1) 對 $p = Ae^{mx}$ 兩邊取自然對數

$\ln p = \ln A + \ln e^{mx} = \ln A + mx$

則 $\ln A = \dfrac{\Sigma x^2 \Sigma \ln p - \Sigma x \Sigma x \ln p}{n\Sigma x^2 - (\Sigma x)^2}$ $\therefore A = e^{\ln A}$

$m = \dfrac{n\Sigma x \ln p - \Sigma x \Sigma \ln p}{n\Sigma x^2 - (\Sigma x)^2}$

$$(2) m = \frac{6 \times 610 - 120 \times 30}{6 \times 2900 - (120)^2} = \frac{60}{3000} = 0.02$$

$$\ln A = \frac{2900 \times 30 - 120 \times 610}{6 \times 2900 - (120)^2} = \frac{13800}{3000} = 4.6$$

$$\therefore A = e^{4.6} = 99.48$$

$$p = 99.48 e^{0.02x}$$

帶有限制條件之極值問題——拉格蘭日法

拉格蘭日法是在限制條件下求極值的一個方法（但不是唯一的方法）。其求算方法如下：

$f(x, y)$ 在 $g(x, y) = 0$ 條件下之極值求算，是先令 $L(x, y) = f(x, y) + \lambda g(x, y)$，$\lambda$ 一般稱為**拉格蘭日乘數**（Lagrange multiplier），$\lambda \neq 0$（**$\lambda \neq 0$ 之條件極為重要**），由 $L_x = 0$，$L_y = 0$ 及 $L_\lambda = 0$ 解之即可得出極大值或極小值。

例 7. 若 $x + 2y = 1$，求 $f(x, y) = x^2 + y^2$ 之極值

解 令 $L(x, y) = x^2 + y^2 + \lambda(x + 2y - 1)$

$$\frac{\partial L}{\partial x} = 2x + \lambda = 0 \cdots\cdots ①$$

$$\frac{\partial L}{\partial y} = 2y + 2\lambda = 0 \cdots\cdots ②$$

$$\frac{\partial L}{\partial \lambda} = x + 2y - 1 = 0 \cdots\cdots ③$$

由① $\lambda = -2x$

由② $\lambda = -y$

$\therefore -2x = -y$，即 $y = 2x$，代 $y = 2x$ 入③得

$x + 2y - 1 = x + 2(2x) - 1 = 0$，即 $x = \dfrac{1}{5}$，

$\therefore y = 2x = \dfrac{2}{5}$

因此 $f(x, y) = x^2 + y^2$ 之極值為 $f\left(\dfrac{1}{5}, \dfrac{2}{5}\right) = \dfrac{5}{25} = \dfrac{1}{5}$

我們已求出在 $x + 2y = 1$ 之條件下，$f(x, y) = x^2 + y^2$ 之極值是 $\dfrac{1}{5}$，但我們並未指出這 $\dfrac{1}{5}$ 是極大值還是極小值。在較高等的微積分教材中會有如何判斷它是極大值還是極小值的方法，在本書中，我們假設用拉格蘭乘數所得之結果便是我們所要之極值。

例 7 至少還可有下列兩種解法：

方法一：代 $x + 2y = 1$ 之條件入 $f(x, y) = x^2 + y^2$ 中，因

$\quad\quad x = 1 - 2y$　∴得 $g(y) = (1 - 2y)^2 + y^2 = 1 - 4y + 5y^2$

$\quad\quad g'(y) = 10y - 4 = 0, \ y = \dfrac{2}{5}$

$\quad\quad g''(y) = 10 > 0, \ \left(g''\left(\dfrac{2}{5}\right) = 10 > 0 \right)$ ，得 $g(y) = \dfrac{1}{5}$

方法二：用 Cauchy 不等式，Cauchy 不等式是

$\quad\quad (a^2 + b^2)(x^2 + y^2) \geqq (ax + by)^2$，在本例，$a = 1, b = 2$

$\quad\quad \therefore (1^2 + 2^2)(x^2 + y^2) \geqq (1 \cdot x + 2 \cdot y)^2 = (1)^2$

$\quad\quad$即 $(x^2 + y^2) \geqq \dfrac{1}{5}$

Lagrange 法之解題是令 $L = f(x, y) + \lambda g(x, y)$，解 $\dfrac{\partial L}{\partial x} = \dfrac{\partial L}{\partial y} = \dfrac{\partial L}{\partial \lambda} = 0$：

$\therefore \begin{cases} L_x = f_x + \lambda g_x \\ L_y = f_y + \lambda g_y \end{cases}$

$\therefore \begin{bmatrix} f_x & \lambda g_x \\ f_y & \lambda g_y \end{bmatrix} \begin{bmatrix} x \\ y \end{bmatrix} = \begin{bmatrix} 0 \\ 0 \end{bmatrix}$

要 $\begin{bmatrix} x \\ y \end{bmatrix}$ 有異於 $\begin{bmatrix} 0 \\ 0 \end{bmatrix}$ 之解，必須 $\begin{vmatrix} f_x & \lambda g_x \\ f_y & \lambda g_y \end{vmatrix} = 0$，又 $\lambda \neq 0$

即 $\begin{vmatrix} f_x & g_x \\ f_y & g_y \end{vmatrix} = 0$，根據行列式性質，我們又有 $\begin{vmatrix} f_x & f_y \\ g_x & g_y \end{vmatrix} = \begin{vmatrix} f_x & g_x \\ f_y & g_y \end{vmatrix}$

利用 $\begin{vmatrix} f_x & f_y \\ g_x & g_y \end{vmatrix} = 0$ 往往可簡化求解過程

例 8. 給 $3x^2 + xy + 3y^2 = 48$，求 $x^2 + y^2$ 之極值

解 $L = x^2 + y^2 + \lambda(3x^2 + xy + 3y^2 - 48)$

$\quad\quad$由 $\begin{cases} \dfrac{\partial L}{\partial x} = 2x \quad\quad + \lambda(6x + y) = 0 \\[2mm] \dfrac{\partial L}{\partial y} = \quad 2y \quad + \lambda(x + 6y) = 0 \\[2mm] \dfrac{\partial L}{\partial \lambda} = 3x^2 + xy + 3y^2 \quad\quad = 48 \end{cases}$

$\begin{vmatrix} f_x & f_y \\ g_x & g_y \end{vmatrix} = \begin{vmatrix} 2x & 2y \\ 6x + y & x + 6y \end{vmatrix} = 0$，得 $2x(x + 6y) - 2y(6x + y) = 0$

$\therefore (x + y)(x - y) = 0$

$\therefore y = -x，y = x$

1. $y = -x$ 時，$3x^2 + x(-x) + 3(-x)^2 = 48$

$\therefore x = \pm\sqrt{\dfrac{48}{5}}$，$y = \mp\sqrt{\dfrac{48}{5}}$，得 $x^2 + y^2 = \dfrac{96}{5}$（極大值）

2. $y = x$ 時，$3x^2 + x(x) + 3(x)^2 = 48$，即 $x^2 = \dfrac{48}{7}$

$\therefore x = \pm\sqrt{\dfrac{48}{7}}$ 時 $y = \mp\sqrt{\dfrac{48}{7}}$，得 $x^2 + y^2 = \dfrac{96}{7}$（極小值）

經濟應用

例 **9.** 設消費者要購買 $A，B$ 二種商品，若已知 $A，B$ 之單價為 $p_1，p_2$，效用函數為 $u(x, y)$，x, y 分別為消費者購買 $A，B$ 之數量，問效用最大之條件？

解　令 $L = u(x, y) + \lambda(p_1 x + p_2 y)$，則

$\dfrac{\partial L}{\partial x} = \dfrac{\partial u}{\partial x} + \lambda p_1 = 0$　(1)

$\dfrac{\partial L}{\partial y} = \dfrac{\partial u}{\partial y} + x p_2 = 0$　(2)

由 (1) $\dfrac{\partial u}{\partial x} = -\lambda p_1$　(3)

由 (2) $\dfrac{\partial u}{\partial y} = -\lambda p_2$　(4)

$\therefore \dfrac{\dfrac{\partial u}{\partial x}}{\dfrac{\partial u}{\partial y}} = \dfrac{p_1}{p_2}$，即二個商品之邊際效用比與價格比相等時為效用最大

之條件。

例 **10.** 在 $p_1 K + p_2 L = M$ 之限制條件，求 CES 生產函數

$Q(K, L) = A\left[\alpha K^{-r} + (1 - \alpha)L^{-r}\right]^{\frac{-1}{r}}$ 產量極大值之條件

解　令 $\mathscr{L}(K, L) = A\left[\alpha K^r + (1 - \alpha)L^r\right]^{\frac{1}{r}} + \lambda(p_1 K + p_2 L - M)$

$\dfrac{\partial}{\partial K}\mathscr{L}(K, L) = A\dfrac{1}{r}\left[\alpha K^r + (1 - \alpha)L^r\right]^{\frac{1}{r} - 1} \cdot \alpha r K^{r-1} + \lambda p_1 = 0$　(1)

$\dfrac{\partial}{\partial L}\mathscr{L}(K, L) = A\dfrac{1}{r}\left[\alpha K^r + (1 - \alpha)L^r\right]^{\frac{1}{r} - 1} \cdot (1 - \alpha)r L^{r-1} + \lambda p_2 = 0$　(2)

即 $\dfrac{A}{r}[\alpha K^r + (1-\alpha)L^r]^{\frac{1}{r}-1} \cdot \alpha r K^{r-1} = -\lambda p_1$ (3)

$\dfrac{A}{r}[\alpha K^r + (1-\alpha)L^r]^{\frac{1}{r}-1} \cdot (1-\alpha) r L^{r-1} = -\lambda p_2$ (4)

$\dfrac{(3)}{(4)}$ 得 $\dfrac{\alpha}{1-\alpha}\left(\dfrac{K}{L}\right)^{r-1} = \dfrac{p_1}{p_2}$

即 $\left(\dfrac{K}{L}\right)^{r-1} = \dfrac{1-\alpha}{\alpha} \cdot \dfrac{p_1}{p_2}$

$f(x, y)$在封閉有界區域R之極值問題

由定理 2.3C 知若 $f(x)$ 在 $[a, b]$ 中為連續，則 $f(x)$ 在 $[a, b]$ 有極大值，我們在 4.4 節也知極值會在臨界點、端點處出現，然後比較這些點對應之函數值之大小以決定出 $f(x)$ 在 $[a, b]$ 之絕對極大值及絕對極小值，這個方法可推廣到兩變數 $f(x, y)$ 在封閉有界區域 R 之極值的場合。

因此，$f(x, y)$ 在封閉有界區域 R 之極值之步驟：

step 1：求 R 內 $f(x, y)$ 之所有臨界點

step 2：求 R 邊界上所有極值可能發生之點

step 3：比較 step 1 和 step 2

例11. 求 $f(x, y) = x^3 - 3xy + y^3$ 在以 $(0, 0)$，$(2, 0)$，$(0, 2)$ 為頂點之直角三角形區域之極值。

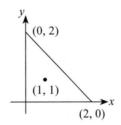

解   1. 讀者可驗證 $f(x, y)$ 有二個臨界點 $(0, 0)$，$(1, 1)$

     2. (1) $(0, 0)$ 到 $(2, 0)$ 線段：令 $u(x) = f(x, 0) = x^3$，$2 \geq x \geq 0$

         $\therefore u(x)$ 在 $(2, 0)$，$(0, 0)$ 處發生極值

       (2) $(0, 0)$ 到 $(0, 2)$ 線段：令 $v(y) = f(0, y) = y^3$，$2 \geq y \geq 0$

         $\therefore u(y)$ 在 $(0, 0)$，$(0, 2)$ 處發生極值

       (3) $x + y = 2$，$\because y = 2 - x$，代入 $f(x, y) = x^3 - 3xy + y^3$ 得

         $g(x) = x^3 - 3x(2-x) + (2-x)^3$，$0 \leq x \leq 2$

$$g'(x) = 3x^2 - 6 + 6x + 3(2-x)^2(-1) = 18x - 18 = 0$$
$$\therefore x = 1, y = 1$$

比較

(x_0, y_0)	$(0, 0)$	$(1, 1)$	$(2, 0)$	$(0, 2)$
$f(x_0, y_0)$	0	−1	8	8

$\therefore$ 在 $(1, 1)$ 處有絕對極小 -1

$(2, 0)$ 或 $(0, 2)$ 處有絕對極大 8

練習 7.3

1. 求下列函數之極值

(1) $f(x, y) = x^2 + xy + y^2 - 3x - 3y$

(2) $f(x, y) = x^3 - 3x + y^3 - 3y + 4$

(3) $f(x, y) = 4xy - x^4 - y^4 + 3$

2. 求下列函數之極值

(1) $x^2 + y^2 = 1$ 求 $f(x, y) = 2x^2 + 3y^2$ 之極值

(2) $x^2 + y^2 = 9$，求 $f(x, y) = x^2 - 4y$ 之極值

3. 若 $(x_1, y_1), (x_2, y_2) \cdots\cdots (x_m, y_n)$ 之最小平方直線方程式為 $\hat{y} = \hat{a} + \hat{b}x$，試證 $(\dfrac{\Sigma x}{n}, \dfrac{\Sigma y}{n})$ 滿足此最小平方直線方程式

7.4　二重積分

學習目標
- 二重積分之迭算技巧
- 改變積分順序
- 重積分在面積上之應用
- 三重積分淺介

基本二重積分之算法

就商用微積分之實用導向之精神，我們將用**逐次積分**（Interated integral）來看重積分。

$\int [\int f(x, y)dx]dy$：先對 x 積分，在對 x 積分時把 y 視做常數。x 積分後再對 y 積分。

$\int [\int f(x, y)dy]dx$：先對 y 積分，在對 y 積分時把 x 視做常數。對 y 積分後再對 x 積分。

有時我們稱先積的為內積分，後積的為外積分。

$$\int \underbrace{\overbrace{\int f(x, y)dx}^{\text{內積分}} \quad dy}_{\text{外積分}} \qquad \int \underbrace{\overbrace{\int f(x, y)dy}^{\text{內積分}} \quad dx}_{\text{外積分}}$$

例 1. $\int_1^2 \int_2^3 xydxdy$ 與 $\int_2^3 \int_1^2 xydydx$

解
$$\int_1^2 \int_2^3 xydxdy = \int_1^2 [\int_2^3 xydx]dy = \int_1^2 [y\int_2^3 xdx]dy$$
$$= \int_1^2 y \cdot \frac{x^2}{2} \Big]_2^3 dy = \int_1^2 y \cdot \frac{5}{2}dy = \frac{5}{2}\int_1^2 ydy = \frac{5}{2} \cdot \frac{y^2}{2} \Big]_1^2$$
$$= \frac{5}{2} \cdot \frac{3}{2} = \frac{15}{4}$$

$$\int_2^3 \int_1^2 xydydx = \int_2^3 [\int_1^2 xydy]dx = \int_2^3 [x\int_1^2 ydy]dx$$
$$= \int_2^3 x \cdot \frac{y^2}{2} \Big]_1^2 dx = \int_2^3 x \cdot \frac{3}{2}dx = \frac{3}{2}\int_2^3 xdx = \frac{3}{2} \cdot \frac{x^2}{2} \Big]_2^3$$
$$= \frac{3}{2} \cdot \frac{5}{2} = \frac{15}{4}$$

由例 1. 我們發現 $\int_1^2 \int_2^3 xydxdy = \int_2^3 \int_1^2 xydydx$，這並非特例。

【定理 A】 （富比尼定理 Fubini's theorem）
$$\int_a^b \int_c^d f(x,y)dxdy = \int_c^d \int_a^b f(x,y)dydx$$

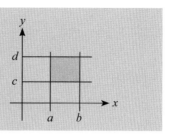

例 2. 求 $\int_0^1 \int_0^1 \frac{xy}{1+x^2}dxdy$ 與 $\int_0^1 \int_0^1 \frac{xy}{1+x^2}dydx$ 以驗證富比尼定理。

解 $(1)\int_0^1 \int_0^1 \frac{xy}{1+x^2}dxdy = \int_0^1 y \left[\int_0^1 \frac{x}{1+x^2}dx \right] dy$

$= \int_0^1 y \left[\int_0^1 \frac{d(1+x^2)}{2(1+x^2)} \right] dy = \int_0^1 y \frac{1}{2} \ln(1+x^2) \Big]_0^1 dy$

$= \int_0^1 y \frac{1}{2}\ln2 dy = \frac{1}{2}\ln2 \int_0^1 y dy = \frac{1}{2}\ln2 \cdot \frac{y^2}{2} \Big]_0^1 = \frac{1}{4}\ln2$

$(2)\int_0^1 \int_0^1 \frac{xy}{1+x^2}dydx = \int_0^1 \frac{x}{1+x^2} [\int_0^1 ydy]dx = \int_0^1 \frac{x}{1+x^2} \frac{y^2}{2} \Big]_0^1 dx$

$= \frac{1}{2}\int_0^1 \frac{x}{1+x^2}dx = \frac{1}{2}\int_0^1 \frac{\frac{1}{2}d(1+x^2)}{1+x^2}$

$= \frac{1}{4}\ln(1+x^2) \Big]_0^1 = \frac{1}{4}\ln2$

$\therefore \int_0^1 \int_0^1 \frac{xy}{1+x^2}dxdy = \int_0^1 \int_0^1 \frac{xy}{1+x^2}dydx$

例 3. 求 $\int_0^1 \int_{-3}^3 (x+ye^{y^4})dydx$

解 $\int_0^1 \int_{-3}^3 (x+ye^{y^4})dydx$

$= \int_0^1 \int_{-3}^3 xdydx + \int_0^1 \int_{-3}^3 ye^{y^4}dydx$

$= \int_0^1 xy \Big]_{-3}^3 dx + \int_0^1 [\underbrace{\int_{-3}^3 ye^{y^4}dy}_{奇函數}]dx$

$= \int_0^1 6xdx + \int_0^1 0dx$

$= 3x^2 \Big]_0^1 + 0 = 3$

【定理 B】 若 $f(x, y) = g(x)h(y)$ 則

$$\int_a^b \int_c^d f(x, y)dxdy = \int_c^d g(x)dx \int_a^b h(y)dy$$

【證明】 $\int_a^b \int_c^d f(x, y)dxdy = \int_a^b \int_c^d g(x)h(y)dxdy$

$$= \int_a^b [\int_c^d g(x)dx]h(y)dy$$

$$= \int_c^d g(x)dx \int_a^b h(y)dy \qquad \blacksquare$$

例 4. 求 $\int_0^1 \int_0^1 xye^{x^2+y^2}dxdy$

解 $\int_0^1 \int_0^1 xye^{x^2+y^2}dxdy = \int_0^1 xe^{x^2}dx \int_0^1 ye^{y^2}dy$

$$= \int_0^1 e^{x^2}d\frac{1}{2}x^2 \int_0^1 e^{y^2}d\frac{1}{2}y^2$$

$$= \frac{1}{2}e^{x^2}\Big]_0^1 \cdot \frac{1}{2}e^{y^2}\Big]_0^1 = \frac{1}{4}(e-1)^2$$

有些重積分之內積分之積分上下限會有外積分積分變數之函數，其解法與前二個例子並無不同之處。

例 5. 求 $\int_0^1 \int_0^x x^2 dydx$

解 $\int_0^1 \int_0^x x^2 dydx = \int_0^1 [\int_0^x x^2 dy]dx = \int_0^1 \frac{x^3}{3}\Big]_0^x dydx$

$$= \frac{1}{3}\int_0^1 x^3 dx = \frac{1}{3} \cdot \frac{1}{4}x^4 \Big]_0^1 = \frac{1}{3}\Big(\frac{1}{4} - 0\Big) = \frac{1}{12}$$

例 6. 求 $\int_2^3 \int_0^{\ln x} e^{2y}dydx$

解 $\int_2^3 \int_0^{\ln x} e^{2y}dydx = \int_2^3 [\int_0^{\ln x} e^{2y}dy]dx$

$$= \int_2^3 \frac{1}{2}e^{2y}\Big]_0^{\ln x} dx = \frac{1}{2}\int_2^3 (\underset{x^2}{\underbrace{e^{2\ln x}}} - e^{2 \cdot 0})dx$$

$$= \frac{1}{2}\int_2^3 (x^2 - 1)dx = \frac{1}{2}\Big(\frac{1}{3}x^3 - x\Big)\Big]_2^3 = \frac{1}{2}\Big(\Big(\frac{1}{3}3^3 - 3\Big) - \Big(\frac{1}{3}2^3 - 2\Big)\Big)$$

$$= \frac{1}{2}\Big(6 - \frac{2}{3}\Big) = \frac{8}{3}$$

給定積分區域之重積分

在面對如 $\int_A \int (x+y)dxdy$，A 是某個積分區域，解這類重積分時，我們先繪積分區域之概圖，然後應用第 5 章之「動線法」即可解答出。

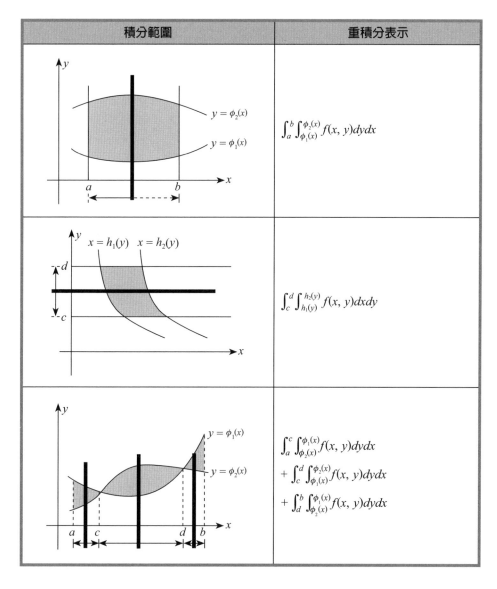

積分範圍	重積分表示
	$\int_a^b \int_{\phi_1(x)}^{\phi_2(x)} f(x, y)dydx$
	$\int_c^d \int_{h_1(y)}^{h_2(y)} f(x, y)dxdy$
	$\int_a^c \int_{\phi_2(x)}^{\phi_1(x)} f(x, y)dydx$ $+ \int_c^d \int_{\phi_1(x)}^{\phi_2(x)} f(x, y)dydx$ $+ \int_d^b \int_{\phi_2(x)}^{\phi_1(x)} f(x, y)dydx$

上表之三個情形中之粗線可視爲動線，它輕易地顯示了 (1) 積分之範圍；(2) 內外積分之積分上下限。（注意：外積分之積分上、下限爲數值）

例 **7.** 求 $\int_A \int \dfrac{2y}{1+x} dxdy$，$A：x=0，y=0，y=x-1$ 圍成之區域

解

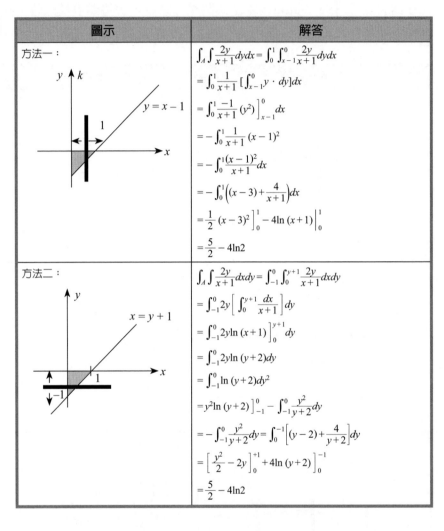

圖示	解答
方法一：	$\int_A \int \dfrac{2y}{x+1} dydx = \int_0^1 \int_{x-1}^0 \dfrac{2y}{x+1} dydx$
	$= \int_0^1 \dfrac{1}{x+1} [\int_{x-1}^0 y \cdot dy] dx$
	$= \int_0^1 \dfrac{-1}{x+1} (y^2) \Big]_{x-1}^0 dx$
	$= -\int_0^1 \dfrac{1}{x+1} (x-1)^2$
	$= -\int_0^1 \dfrac{(x-1)^2}{x+1} dx$
	$= -\int_0^1 \Big((x-3) + \dfrac{4}{x+1}\Big) dx$
	$= \dfrac{1}{2} (x-3)^2 \Big]_0^1 - 4\ln (x+1) \Big|_0^1$
	$= \dfrac{5}{2} - 4\ln 2$
方法二：	$\int_A \int \dfrac{2y}{x+1} dxdy = \int_{-1}^0 \int_0^{y+1} \dfrac{2y}{x+1} dxdy$
	$= \int_{-1}^0 2y \Big[\int_0^{y+1} \dfrac{dx}{x+1} \Big] dy$
	$= \int_{-1}^0 2y\ln (x+1) \Big]_0^{y+1} dy$
	$= \int_{-1}^0 2y\ln (y+2) dy$
	$= \int_{-1}^0 \ln (y+2) dy^2$
	$= y^2\ln (y+2) \Big]_{-1}^0 - \int_{-1}^0 \dfrac{y^2}{y+2} dy$
	$= -\int_{-1}^0 \dfrac{y^2}{y+2} dy = \int_0^{-1} \Big[(y-2) + \dfrac{4}{y+2}\Big] dy$
	$= \Big[\dfrac{y^2}{2} - 2y \Big]_0^{+1} + 4\ln (y+2) \Big]_0^{-1}$
	$= \dfrac{5}{2} - 4\ln 2$

例 **8.** 用兩種積分方式（先積 x 與先積 y）求下列區域之面積 $R = \{(x, y)|y = -x$，$y = x^2$，$y = 1\}$ 所圍成之區域？

解

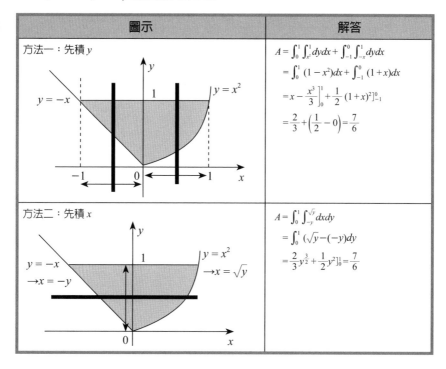

圖示	解答
方法一：先積 y	$A = \int_0^1 \int_{x^2}^1 dydx + \int_{-1}^0 \int_{-x}^1 dydx$
	$= \int_0^1 (1-x^2)dx + \int_{-1}^0 (1+x)dx$
	$= x - \frac{x^3}{3} \Big]_0^1 + \frac{1}{2}(1+x)^2 \Big]_{-1}^0$
	$= \frac{2}{3} + \left(\frac{1}{2} - 0\right) = \frac{7}{6}$
方法二：先積 x	$A = \int_0^1 \int_{-y}^{\sqrt{y}} dxdy$
	$= \int_0^1 (\sqrt{y} - (-y))dy$
	$= \frac{2}{3}y^{\frac{3}{2}} + \frac{1}{2}y^2 \Big]_0^1 = \frac{7}{6}$

　　由例 7、8 可知，對 x，y 哪個先積往往決定了重積分解題之難易，更重要的是，有時先積 x 行不通時用先積 y 就輕易解決了，這就進入了重積分之改變積分順序的課題了。

改變重積分之積分順序

　　一些無法用上節方法求出重積分的問題，我們就試用改變積分順序解之。請特別注意原動線與新動線之改變。但若改變積分順序仍無法解答時，那要用複雜之變數變換法，這不在本書討論範圍了。

例 **9.** 求 $\int_0^3 \int_y^3 e^{x^2} dxdy$

解

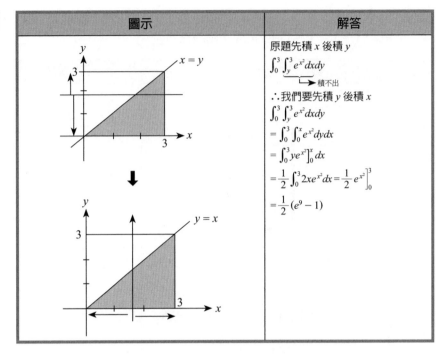

圖示	解答
	原題先積 x 後積 y $$\int_0^3 \int_y^3 e^{x^2} dxdy$$ $\rightarrow$ 積不出 $\therefore$ 我們要先積 y 後積 x $$\int_0^3 \int_y^3 e^{x^2} dxdy$$ $$= \int_0^3 \int_0^x e^{x^2} dydx$$ $$= \int_0^3 ye^{x^2}\Big]_0^x dx$$ $$= \frac{1}{2}\int_0^3 2xe^{x^2} dx = \frac{1}{2}e^{x^2}\Big]_0^3$$ $$= \frac{1}{2}(e^9 - 1)$$

例10. 求 $\int_0^2 \int_x^2 e^{y^2} dydx$

解

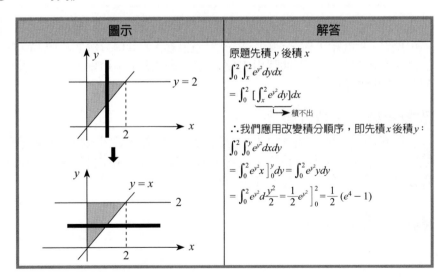

圖示	解答
	原題先積 y 後積 x $$\int_0^2 \int_x^2 e^{y^2} dydx$$ $$= \int_0^2 \left[\int_x^2 e^{y^2} dy\right]dx$$ $\rightarrow$ 積不出 $\therefore$ 我們應用改變積分順序，即先積 x 後積 y： $$\int_0^2 \int_0^y e^{y^2} dxdy$$ $$= \int_0^2 e^{y^2}x\,\Big]_0^y dy = \int_0^2 e^{y^2}ydy$$ $$= \int_0^2 e^{y^2} d\frac{y^2}{2} = \frac{1}{2}e^{y^2}\,\Big]_0^2 = \frac{1}{2}(e^4 - 1)$$

例11. 求 $\int_0^2 \int_{\frac{y}{2}}^1 ye^{x^3} dxdy$

解

圖示	解答
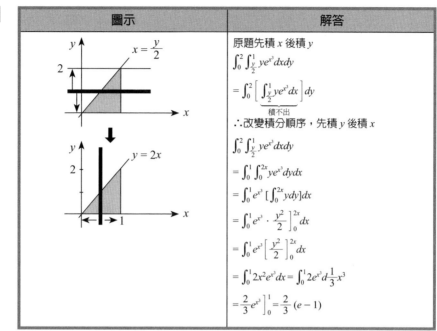	原題先積 x 後積 y $\int_0^2 \int_{\frac{y}{2}}^1 ye^{x^3} dxdy$ $= \int_0^2 \left[\underbrace{\int_{\frac{y}{2}}^1 ye^{x^3} dx}_{\text{積不出}} \right] dy$ ∴改變積分順序，先積 y 後積 x $\int_0^2 \int_{\frac{y}{2}}^1 ye^{x^3} dxdy$ $= \int_0^1 \int_0^{2x} ye^{x^3} dydx$ $= \int_0^1 e^{x^3} \left[\int_0^{2x} ydy \right] dx$ $= \int_0^1 e^{x^3} \cdot \frac{y^2}{2} \Big]_0^{2x} dx$ $= \int_0^1 e^{x^3} \left[\frac{y^2}{2} \right]_0^{2x} dx$ $= \int_0^1 2x^2 e^{x^3} dx = \int_0^1 2e^{x^3} d\frac{1}{3}x^3$ $= \frac{2}{3} e^{x^3} \Big]_0^1 = \frac{2}{3}(e-1)$

重積分在求平面面積之應用

由前之討論 $\int_a^b \int_{h(x)}^{g(x)} f(x, y)dydx$ 中若 $f(x, y) = 1$，那麼 $\int_a^b \int_{h(x)}^{g(x)} dydx$，就是由 $x = a$，$x = b$，$y = g(x)$，$y = h(x)$ 所圍成區域之面積，$\int_c^d \int_{h(y)}^{g(y)} f(x, y)dxdy$ 中若 $f(x, y) = 1$，那麼 $\int_c^d \int_{h(y)}^{g(y)} dxdy$ 就是 $x = g(y)$，$x = h(y)$，$y = d$，$y = c$ 所圍成區域之面積。

例12. 求 $y = x$，$y = x + 2$，$y = 3$ 與 x 軸所圍面積。

解

圖示	解答
方法一 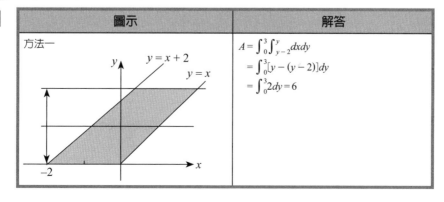	$A = \int_0^3 \int_{y-2}^y dxdy$ $= \int_0^3 [y - (y-2)]dy$ $= \int_0^3 2dy = 6$

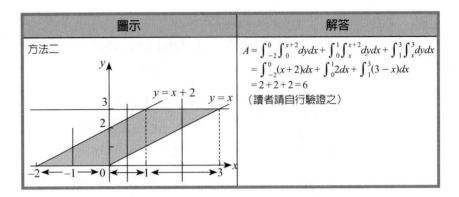

圖示	解答
方法二	$A = \int_{-2}^{0}\int_{0}^{x+2}dydx + \int_{0}^{1}\int_{x}^{x+2}dydx + \int_{1}^{3}\int_{x}^{3}dydx$ $= \int_{-2}^{0}(x+2)dx + \int_{0}^{1}2dx + \int_{1}^{3}(3-x)dx$ $= 2 + 2 + 2 = 6$ （讀者請自行驗證之）

由例 11 可知，不同之積分順序的計算複雜度經常差很多，讀者能否用算術得到例 11 之結果？（提示：梯形面積 = 底 × 高）。

例13. 用重積分解 $y = x^2$ 與 $y = x^3$ 所圍之面積。

解

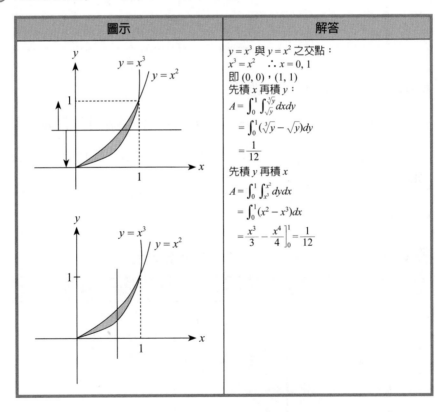

圖示	解答
	$y = x^3$ 與 $y = x^2$ 之交點： $x^3 = x^2$ ∴ $x = 0, 1$ 即 $(0, 0)$，$(1, 1)$ 先積 x 再積 y： $A = \int_{0}^{1}\int_{\sqrt{y}}^{\sqrt[3]{y}}dxdy$ $= \int_{0}^{1}(\sqrt[3]{y} - \sqrt{y})dy$ $= \dfrac{1}{12}$ 先積 y 再積 x $A = \int_{0}^{1}\int_{x^3}^{x^2}dydx$ $= \int_{0}^{1}(x^2 - x^3)dx$ $= \dfrac{x^3}{3} - \dfrac{x^4}{4}\Big]_{0}^{1} = \dfrac{1}{12}$

三重積分淺介

我們可將二重積分逐次積分之方法輕易推廣到三重積分。

例14. 求 $\int_1^2 \int_0^1 \int_1^3 xyz\,dxdydz$

解 $\int_1^2 \int_0^1 \int_1^3 xyz\,dxdydz$

$= \int_1^2 \int_0^1 \left(\dfrac{x^2}{2} \Big]_1^3 \right) yz\,dydz$

$= \int_1^2 \int_0^1 4yz\,dydz$

$= \int_1^2 \left(2y^2 \right]_0^1 \right) z\,dz = \int_1^2 2z\,dz = z^2 \big]_1^2 = 3$

例15. 求 $\int_{-1}^2 \int_0^x \int_0^{1-y} dxdydz$

解 $\int_{-1}^2 \int_0^x \int_0^{1-y} dxdydz$

$= \int_{-1}^2 \int_0^z (1-y)\,dydz$

$= \int_{-1}^2 y - \dfrac{y^2}{2} \Big]_0^z dz$

$= \int_{-1}^2 \left(z - \dfrac{z^2}{2} \right) dz = \dfrac{z^2}{2} - \dfrac{y^3}{6} \Big]_{-1}^2 = \dfrac{1}{3}$

練習 7.4

1. 計算

　(1) $\int_0^1 \int_0^1 xy\,dxdy$　　　(2) $\int_0^1 \int_0^1 (x+y)\,dxdy$　　(3) $\int_1^3 \int_0^{\ln x} e^y\,dydx$

　(4) $\int_0^2 \int_{-3}^3 x^2 y^5\,dydx$　　(5) $\int_0^{\ln 2} \int_{-1}^0 2xe^y\,dxdy$　　(6) $\int_0^1 \int_0^1 (x+y)^2\,dxdy$

2. 計算

　(1) $\int_A \int xdydx$：A 以 $(0,0)$, $(0,1)$, $(1,0)$ 且為頂點之三角形區域

　(2) $\int_A \int xydxdy$：A 為 $y=1$，$y=x$ 與 $x=2$ 所圍成之區域

3. 以改變積分順序求：$\int_0^2 \int_y^2 e^{x^2} dxdy$

4. 用重積分法求

　(1) $y=x^2$ 與 $y=2x$ 所圍成之面積

　(2) 以 $(0,0)$, $(0,1)$, $(1,0)$ 為頂點之三角形面積

附錄
馬克勞林級數

【定義】 $f(x)$ 之馬克勞林級數（Maclaurine's series）為

$$f(x) = f(0) + f'(0)x + \frac{f''(0)}{2!}x^2 + \frac{f'''(0)}{3!}x^3 + \cdots\cdots + \frac{f^{(n)}(0)}{n!}x^n + \cdots\cdots$$

類似的方法我們可定義：

$$f(x) = f(c) + f'(c)(x-c) + \frac{f''(c)}{2!}(x-c)^2 + \cdots\cdots + \frac{f^{(n)}(c)}{n!}(x-c)^n + \cdots\cdots$$

上述級數稱為 $x = c$ 之泰勒級數（Taylor's series）。

常用之馬克勞林級數

茲列舉幾個常用之馬克勞林級數如下：

1. $e^x = 1 + x + \frac{x^2}{2!} + \frac{x^3}{3!} + \cdots\cdots + \frac{x^{n-1}}{(n-1)!} + \cdots\cdots \quad x \in R$

2. $(1+x)^n = 1 + nx + \frac{n(n-1)}{2!}x^2 + \cdots\cdots + \frac{n(n-1)\cdots\cdots(n-k+1)}{k!}x^k + \cdots\cdots$

3. $\ln(1+x) = x - \frac{x^2}{2} + \frac{x^3}{3} - \frac{x^4}{4} + \cdots\cdots \quad 1 \geq x > -1$

4. $\frac{1}{1+x} = 1 - x + x^2 + \cdots\cdots \quad |x| < 1$

由馬克勞林級數之定義，不難導出上列公式。以 $f(x) = \ln(1+x)$ 為例：

$f(x) = \ln(1+x)$

$f(0) = \ln(1+0) = \ln 1 = 0$

$f'(0) = \frac{1}{1+x}\Big]_{x=0} = 1$

$f''(0) = -(1+x)^{-2}]_{x=0} = -1$

$f'''(0) = (-1)(-2)(1+x)^{-3}]_{x=0} = 2$

$\therefore \ln(1+x) = f(0) + f'(0)x + \frac{f''(0)}{2!}x^2 + \frac{f'''(0)}{3!}x^3 + \cdots\cdots$

$\qquad = x + \frac{(-1)x^2}{2} + \frac{2}{3!}x^3 + \cdots\cdots$

$\qquad = x - \frac{x^2}{2} + \frac{1}{3}x^3 - \frac{1}{4}x^4 + \cdots\cdots$

或是下列較技巧性之導出法：

$\ln(1+x) = \int_0^x \frac{dt}{1+t}$

$\qquad = \int_0^x (1 - t + t^2 - t^3 + \cdots\cdots)dt$

$$=t - \frac{t^2}{2} + \frac{t^3}{3} - \frac{t^4}{4} + \cdots \Big]_0^x$$

$$=x - \frac{x^2}{2} + \frac{x^3}{3} - \frac{x^4}{4} + \cdots$$

以下我們將用兩個例子說明，如何用給定函數之馬克勞林級數透過某種變數變換，以求出該函數泰勒級數。

例 1. 求 (1) $f(x) = \ln x$ 展爲 $x - 1$ 的泰勒級數。(2) $f(x) = \ln(x + b)$，$b > 0$ 之 x 的冪級數。(3) $f(x) = \ln x$，$x > 0$ 之 $x - 2$ 的冪級數。(4) $f(x) = \ln x$，$x > 0$ 之 $2x - 3$ 的冪級數。

解 (1) $f(x) = \ln x$　$f(1) = 0$　$f'(1) = \dfrac{1}{x}\Big|_{x=1} = 1$　$f''(1) = -\dfrac{1}{x^2}\Big|_{x=1} = -1$

$$f'''(1) = \frac{2}{x^3}\Big|_{x=1} = 2$$

$$\therefore \ln x = 0 + 1\,(x-1) + \frac{(-1)}{2!}(x-1)^2 + \frac{2}{3!}(x-1)^3 + \cdots$$

$$= (x-1) - \frac{1}{2}(x-1)^2 + \frac{1}{3}(x-1)^3 - \cdots$$

但一種更爲簡便的方法是透過馬克勞林級數：

$$\ln x = \ln[1 + (x - 1)] = \ln(1 + y) \,(\text{取 } y = x - 1)$$

$$= y - \frac{y^2}{2} + \frac{y^3}{3} - \frac{y^4}{4} + \cdots$$

$$= (x-1) - \frac{(x-1)^2}{2} + \frac{(x-1)^3}{3} - \frac{(x-1)^4}{4} + \cdots$$

(2) $\ln(x + b) = \ln b\left(1 + \dfrac{x}{b}\right) = \ln b + \ln\left(1 + \dfrac{x}{b}\right)$

$$= \ln b + \left(\frac{x}{b} - \frac{1}{2}\left(\frac{x}{b}\right)^2 + \frac{1}{3}\left(\frac{x}{b}\right)^3 - \frac{1}{4}\left(\frac{x}{b}\right)^4 + \cdots\right)$$

$$= \ln b + \sum_{n=1}^{\infty} (-1)^{n-1} \frac{1}{n}\left(\frac{x}{b}\right)^n$$

(3) $\ln x = \ln((x - 2) + 2) \xrightarrow{y = x - 2} \ln(y + 2) = \ln 2 + \ln\left(1 + \dfrac{y}{2}\right)$

$$= \ln 2 + \left[\frac{y}{2} - \frac{1}{2}\left(\frac{y}{2}\right)^2 + \frac{1}{3}\left(\frac{y}{2}\right)^3 - \frac{1}{4}\left(\frac{y}{2}\right)^4 + \cdots\right]$$

$$= \ln 2 + \frac{y}{2} - \frac{1}{8}y^2 + \frac{1}{24}y^3 - \frac{1}{64}y^4 + \cdots$$

$$= \ln 2 + \frac{1}{2}(x-2) - \frac{1}{8}(x-2)^2 + \frac{1}{24}(x-2)^3 - \frac{1}{64}(x-2)^4 + \cdots$$

$(4)\ln x = \ln\left(\dfrac{1}{2}(2x-3)+\dfrac{3}{2}\right) = \ln((2x-3)+3) - \ln 2$

$\xrightarrow{y=2x-3} \ln(y+3) - \ln 2 = \left(\ln 3 + \ln\left(1+\dfrac{y}{3}\right)\right) - \ln 2$

$= \ln\dfrac{3}{2} + \left[\dfrac{y}{3} - \dfrac{1}{2}\left(\dfrac{y}{3}\right)^2 + \dfrac{1}{3}\left(\dfrac{y}{3}\right)^3 + \cdots\cdots\right]$

$= \ln\dfrac{3}{2} + \dfrac{1}{3}(2x-3) - \dfrac{1}{18}(2x-3)^2 + \dfrac{1}{27}(2x-3)^3 + \cdots\cdots$

例 2. 求 $(1)\ f(x)$ $(2)\ f(x) = \dfrac{x}{x^2-2x-3}$ $(3)\ f(x) = \dfrac{1}{(1-x)^2}$ 之馬克勞林級數

解 $(1)e^x = 1 + x + \dfrac{x^2}{2} + \dfrac{x^3}{6} + \cdots\cdots$

$\therefore xe^x = x\left(1 + x + \dfrac{x^2}{2} + \dfrac{x^3}{6} + \cdots\right)$

$= x + x^2 + \dfrac{x^3}{2} + \dfrac{x^4}{6} + \cdots$

$(2)\because \dfrac{x}{(x-3)(x+1)} = \dfrac{A}{x-3} + \dfrac{B}{x+1}$，由視察法 $A = \dfrac{3}{4}$，$B = \dfrac{1}{4}$

$\therefore \dfrac{x}{(x-3)(x+1)} = \dfrac{3}{4}\dfrac{1}{x-3} + \dfrac{1}{4}\dfrac{1}{x+1}$

$= \dfrac{3}{4} \cdot \dfrac{-1}{3}\dfrac{1}{1-\dfrac{x}{3}} + \dfrac{1}{4}\dfrac{1}{1+x}$

$= -\dfrac{1}{4}\left(1+\left(\dfrac{x}{3}\right)+\left(\dfrac{x}{3}\right)^2+\cdots\cdots\right) + \dfrac{1}{4}(1-x+x^2+\cdots\cdots)$

$= \dfrac{1}{4}\sum_{n=0}^{\infty}\left((-1)^n - \dfrac{1}{3^n}\right)x^n$

$(3)\because \dfrac{1}{1-x} = 1 + x + x^2 + \cdots\cdots x^n + \cdots\cdots$

$\therefore \dfrac{1}{(1-x)^2} = \dfrac{d}{dx}\dfrac{1}{1-x} = \dfrac{d}{dx}(1+x+x^2+\cdots\cdots x^n+\cdots\cdots)$

$= 1 + 2x + \cdots\cdots + nx^{n-1} + \cdots\cdots$

解 答

練習 1.1

1. (1) 充分，必要
   (2) 充分，必要
   (3) 充分，必要
   (4) 必要，充分
   (5) 必要，充分
2. (1) 因 2 為質數 ∴每一個質數均為奇數為偽
   (2) 否定是「存在一個質數不為奇數」，其真值為真
3.

p	q	$p \to q$	$\neg p \lor q$
T	T	T	F T
T	F	F	F F
F	T	T	T T
F	F	T	T T

└──────相同──────┘

4.

p	q	$(p \land q) \leftrightarrow p$
T	T	T T
T	F	F F
F	T	F T
F	F	F T

5. (1) 若 $2 + 3 = 7$（偽）則 $5 + 2 = 8$（偽）∴若 $2 + 3 = 7$ 則 $5 + 2 = 8$ 為真（T）
   (2) 若 $2 + 3 = 7$（偽）則 $5 + 2 = 7$（真）∴若且惟若 $2 + 3 = 7$ 則 $5 + 2 = 7$ 為偽（F）

練習 1.2

1. (1) 錯　(2) 對　(3) 錯　(4) 對　(5) 對
2. (1) 對　(2) 對　(3) 對　(4) 對　(5) 對
3. (1){1, 3}　(2){1, 2}　(3){3, 9}　(4)ϕ
4. (1) 　(2) 　(3)

5. (1) 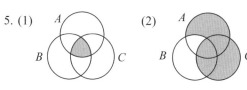 (2)

(3) 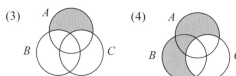 (4)

6. $\because A \subseteq \phi$ 又 $\phi \subseteq A$ $\therefore A = \phi$

練習 1.3

1.

	非負整數	負整數	有理數	無理數	實數
$1 + \sqrt{3}$				✓	✓
0.375			✓		✓
$\log 4$				✓	✓
$-4/2$		✓	✓		✓

2. (1), (2) 　　　(1)$(-1, 5] \cap [2, 6] = [2, 5]$
　　　　　−1　2　　5　6　　(2)$(-1, 5] \cup [2, 6] = (-1, 6]$

3. (1)對　(2)錯　(3)對　(4)對　(5)錯 $\left(x_1 = \sqrt{2} , x_2 = 2\sqrt{2} \text{ 則} \dfrac{x_1}{x_2} = \dfrac{1}{2} \in Q \right)$　(6)對

4. (1) 　＋　−　−　＋　　$\therefore$解爲 $(-\infty, 0] \cup \{1\} \cup [2, \infty)$
　　　　0　1　2

(2) 　　　　　　　$\therefore$解爲 $(-\infty, 0) \cup (0, 1)$
　　　　1

(3) 　−　＋　−　＋　　$\therefore$解爲 $(2, \infty) \cup (0, 1)$
　　　0　1　2

(4) 　−　＋　−　＋　　$x > \dfrac{1}{x}$ $\therefore x - \dfrac{1}{x} = \dfrac{x^2 - 1}{x} > 0$
　　−1　0　1
　　　　　　　　此不等式相當 $x(x^2 - 1) = x(x + 1)(x - 1) > 0$
　　　　　　　　解爲 $(1, \infty) \cup (-1, 0)$

5. (1)$|x - 1| \leq 2 \Rightarrow -2 \leq x - 1 \leq 2$ $\therefore -1 \leq x \leq 3$，即 $[-1, 3]$

(2)$\left| \dfrac{x}{3} - 2 \right| \leq 2 \Rightarrow -2 \leq \dfrac{x}{3} - 2 \leq 2$ $\therefore 0 \leq x \leq 12$，即 $[0, 12]$

(3)$|x - 1| \leq -1$　無解

(4) $|2x+1| \geq 5 \Rightarrow 2x+1 \geq 5$ 或 $2x+1 \leq -5$ ∴ $x \geq 2$ 或 $x \leq -3$，即 $(-\infty, -3] \cup [2, \infty)$

6. $|a-b| = |a+(-b)| \leq |a| + |-b| = |a| + |b|$

練習 1.4

1. (1) f 之定義域 $\{a, b, c, d\}$，值域 $\{1, 2, 3\}$
   (2) g 之定義域 $\{1, 2, 3\}$，值域 $\{a, b, c\}$
   (3) $f(g(x))$ 之定義域 $\{1, 2, 3\}$，值域 $\{1, 3\}$

2. (1) $f(g(x)) = 2g(x) + 3 = 2(3x+1) + 3 = 6x + 5$
   (2) $f(f(x)) = 2f(x) + 3 = 2(2x+3) + 3 = 4x + 9$
   (3) $g(f(x)) = 3f(x) + 1 = 3(2x+3) + 1 = 6x + 10$
   (4) $g(g(x)) = 3g(x) + 1 = 3(3x+1) + 1 = 9x + 4$
   (5) $f(g(f(x))) = f(3f(x)+1) = f(3(2x+3)+1) = f(6x+10) = 2(6x+10) + 3 = 12x + 23$

3. (1) $x \in R$ (2) $(1, \infty)$ (3) $(1, \infty) \cup (-\infty, -1)$ (4) $[2, \infty)$

4. (1) $f(2) = 2(2) + 3 = 7$
   (2) $f(-1) = 3(-1) + 2 = -1$

5. (1) $f(2) = 2 + 2 = 4$
   (2) $f(1) = 2(1) + 3 = 5$
   (3) $f(\pi) = \pi^2$

練習 1.5

1. (1) $\dfrac{y-2}{x-1} = \dfrac{2-4}{1-(-3)} = -\dfrac{1}{2}$ ∴ $2y - 4 = -x + 1$，即 $x + 2y = 5$

   (2) $\dfrac{y-2}{x-1} = -2$ ∴ $y - 2 = -2x + 2$，即 $y + 2x = 4$

   (3) 由 (2) 知過 $(1, 2)$，斜率為 -2 之直線方程式為 $y + 2x = 4$
   ∴與 $y + 2x = 4$ 平行之直線方程式可設為 $y + 2x = k$，
   ∵ $y + 2x = k$ 過 $(2, 3)$，代 $(2, 3)$ 入 $y + 2x = k$ 得 $k = 7$
   ∴ $y + 2x = 7$

   (4) 過 $(1, 2)$，$(1, 7)$ 之直線方程式為 $x = 1$，與 $x = 1$ 垂直之直線方程式可設 $y = k$，
   ∵過 $(3, 3)$ ∴ $y = 3$ 是為所求

   (5) 過 $(3, 5)$，$(-1, 5)$ 之直線方程式為 $y = 5$ 與 $y = 5$ 垂直之直線方程式可設為 $x = k$，
   因過 $(2, 4)$ ∴ $x = 2$ 即為所求

   (6) $\dfrac{x}{3} + \dfrac{y}{2} = 1$ ∴ $3y + 2x = 6$

   (7) 由 (6)，與 $3y + 2x = 6$ 垂直之直線方程式可設 $2y - 3x = k$，又 $2y - 3x = k$ 過 $(1, 4)$
   ∴ $k = 5$，即 $2y - 3x = 5$

2. (1)

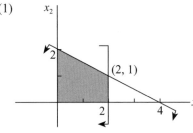

(2, 1)

得 4 個端點 $(0, 0)$，$(0, 2)$，$(2, 0)$，$(2, 1)$

	$(0, 0)$	$(0, 2)$	$(2, 0)$	$(2, 1)$
$2x_1 + 3x_2$	0	6	4	7

$\therefore$ 極大值為 7

(2)

A

$$\begin{cases} x_1 + x_2 = 3 \\ -2x_1 + x_2 = 2 \end{cases} \text{得 } x_1 = \frac{1}{3}\text{，} x_2 = \frac{8}{3}$$

$\therefore$ 4 點端點為 $(0, 0)$，$(0, 2)$，$(\frac{1}{3}, \frac{8}{3})$，$(0, 3)$

	$(0, 0)$	$(0, 2)$	$(\frac{1}{3}, \frac{8}{3})$	$(3, 0)$
$x_1 + 5x_2$	0	10	$\frac{41}{3}$	3

$\therefore$ 極大值為 $\frac{41}{3}$

3. $Q_d = Q_s \Rightarrow a - bp = c + dp$　$\therefore p = \frac{a-c}{b+d}$，對應之 $q = a - bp = \frac{ad+ac}{b+d}$

練習 2.1

1. (1) 0

(2) $\lim\limits_{x \to 1} \sqrt{1+x} = \sqrt{2}$

(3) $\lim\limits_{x \to -1^+} \sqrt{1+x} = 0$

(4) $\lim\limits_{x \to -1} \sqrt[3]{x+1} = 0$

(5) $\lim\limits_{x \to 1} \sqrt[3]{x-1} = 0$

(6) $\lim\limits_{x \to 1} \sqrt{x^2+1} = \sqrt{2}$

(7) $\lim\limits_{x \to 3^+} \frac{|x-3|}{x-3} = \lim\limits_{x \to 3^+} \frac{x-3}{x-3} = 1$

(8) $\lim\limits_{x \to 2^+} \sqrt{x-2} = 0$

(9) $\lim\limits_{x \to 5^-} \sqrt{x-2} = 3$

(10) $\lim\limits_{x \to 3^-} \sqrt{x-2} = 1$

(11) $\lim\limits_{x \to 0} \frac{|x-1|}{x-1} = \frac{|-1|}{-1} = -1$

(12) $\lim\limits_{x \to 4} \sqrt[5]{3-x} = -1$

$$x \to 1^+\text{，取 } y = \begin{cases} x-1 \text{ 時 } y \to 0^+ \\ 1-x \text{ 時 } y \to 0^- \end{cases}$$

$$x \to 1^-\text{，取 } y = \begin{cases} x-1 \text{ 時 } y \to 0^- \\ 1-x \text{ 時 } y \to 0^+ \end{cases}$$

我們可這麼看：

$x \to 1^+$，取 $x = 1.01$，那麼 $y = x - 1 = 0.01 > 0$　$\therefore y \to 0^+$

$y = 1 - x = 1 - 1.01 = -0.01 < 0$　$\therefore y \to 0^-$

$x \to 1^-$ 取 $x = 0.99$，讀者試試看 $y = x - 1$ 那麼 $y \to$？

2. 只有 (1)，(2) 成立。

3. (1)b (2)b (3)b (4) 不存在

練習 2.2

1. (1) $\lim\limits_{x \to 3}\dfrac{f(x) - x}{x[g(x) - 1]} = \dfrac{\lim\limits_{x \to 3}(f(x) - x)}{\lim\limits_{x \to 3}x[g(x) - 1]} = \dfrac{\lim\limits_{x \to 3}f(x) - \lim\limits_{x \to 3}x}{\lim\limits_{x \to 3}x[\lim\limits_{x \to 3}(g(x) - 1)]} = \dfrac{2 - 3}{3[(-1) - 1]} = \dfrac{1}{6}$

(2) $\lim\limits_{x \to 3}\dfrac{x^2 + xf(x)g(x)}{g(x) + 1} = \dfrac{\lim\limits_{x \to 3}[x^2 + xf(x)g(x)]}{\lim\limits_{x \to 3}[g(x) + 1]} = \dfrac{\lim\limits_{x \to 3}x^2 + \lim\limits_{x \to 3}x\lim\limits_{x \to 3}f(x)\lim\limits_{x \to 3}g(x)}{\lim\limits_{x \to 3}g(x) + \lim\limits_{x \to 3}1} = \dfrac{9 + 3(2)(-1)}{-1 + 1} = \dfrac{3}{0}$

不存在

(3) $\lim\limits_{x \to 3}f(x)g(x) = \lim\limits_{x \to 3}f(x)\lim\limits_{x \to 3}g(x) = 2(-1) = -2$

2. (1) $\lim\limits_{x \to 0}\dfrac{x^2 + 2x}{x} = \lim\limits_{x \to 0}(x + 2) = 2$

(2) $\lim\limits_{x \to 1}\dfrac{x^2 - 3x + 2}{x^2 - 2x + 1} = \lim\limits_{x \to 1}\dfrac{(x - 1)(x - 2)}{(x - 1)^2} = \lim\limits_{x \to 1}\dfrac{x - 2}{x - 1}$ 不存在

(3) $\lim\limits_{x \to 1}\dfrac{x^2 - 2x + 1}{x^2 - 3x + 2} = \lim\limits_{x \to 1}\dfrac{(x - 1)^2}{(x - 1)(x - 2)} = \lim\limits_{x \to 1}\dfrac{x - 1}{x - 2} = 0$

(4) $\lim\limits_{x \to 2}\dfrac{1}{x - 2}\left[\dfrac{1}{x} - \dfrac{1}{2}\right] = \lim\limits_{x \to 2}\dfrac{1}{x - 2}\dfrac{2 - x}{2x} = \lim\limits_{x \to 2}\dfrac{-1}{2x} = -\dfrac{1}{4}$

(5) $\lim\limits_{x \to 0^+}\dfrac{1}{x}\left[\dfrac{1}{x + 1} - 1\right] = \lim\limits_{x \to 0^+}\dfrac{1}{x}\dfrac{-x}{x + 1} = \lim\limits_{x \to 0^+}\dfrac{-1}{x + 1} = -1$

(6) $\lim\limits_{x \to 1}\dfrac{x^2 - 3x + 2}{x^2 - 4x + 3} = \lim\limits_{x \to 1}\dfrac{(x - 1)(x - 2)}{(x - 1)(x - 3)} = \lim\limits_{x \to 1}\dfrac{x - 2}{x - 3} = \dfrac{1}{2}$

(7) $\lim\limits_{x \to 4}\dfrac{x^2 - 16}{x - 4} = \lim\limits_{x \to 4}\dfrac{(x - 4)(x + 4)}{x - 4} = \lim\limits_{x \to 4}(x + 4) = 8$

(8) $\lim\limits_{x \to 1^-}\dfrac{x - 1}{\sqrt{x + 1} - \sqrt{2}} = \lim\limits_{x \to 1^-}\dfrac{x - 1}{\sqrt{x + 1} - \sqrt{2}} \cdot \dfrac{\sqrt{x + 1} + \sqrt{2}}{\sqrt{x + 1} + \sqrt{2}}$

$= \lim\limits_{x \to 1^-}\dfrac{x - 1}{x + 1 - 2} \cdot (\sqrt{x + 1} + \sqrt{2}) = \lim\limits_{x \to 1^-}\dfrac{x - 1}{x - 1}\lim\limits_{x \to 1^-}(\sqrt{x + 1} + \sqrt{2})$

$= 1 \cdot 2\sqrt{2} = 2\sqrt{2}$

(9) $\lim\limits_{x \to 1^+}\dfrac{2 + \sqrt{x}}{1 + \sqrt{x}} = \dfrac{3}{2}$

(10) $\lim\limits_{x \to 1}\dfrac{x^2 + 3x + 2}{x^3 - 1} = \dfrac{5}{0}$ 不存在

練習 2.3

1. (1) $\lim\limits_{x\to\infty}\dfrac{2x+1}{x^2-3x+1}=0$

   (2) $\lim\limits_{x\to-\infty}\dfrac{2x^3+7x^2+4}{3x^3-3x+5}\overset{y=-x}{=\!=\!=}\lim\limits_{y\to\infty}\dfrac{2(-y)^3+7(-y)^2+4}{3(-y)^3-3(-y)+5}=\lim\limits_{y\to\infty}\dfrac{-2y^3+7y^2+4}{-3y^3+3y+5}=\dfrac{-2}{-3}=\dfrac{2}{3}$

   (3) $\lim\limits_{x\to-\infty}\dfrac{-3x^5+4x^2-7}{x^5-2x^4-x+7}\overset{y=-x}{=\!=\!=}\lim\limits_{y\to\infty}\dfrac{-3(-y)^5+4(-y)^2-7}{(-y)^5-2(-y)^4-(-y)+7}=\lim\limits_{y\to\infty}\dfrac{3y^5+4y^2-7}{-y^5-2y^4+y+7}=-3$

   (4) $\lim\limits_{x\to\infty}\dfrac{x^4+1}{x^3+7x^2-9x+2}=\infty$

   (5) $\lim\limits_{x\to\infty}\dfrac{x^2}{x+1}=\infty$

   (6) $\lim\limits_{x\to-\infty}\dfrac{x^3-1}{x^4+x^2+1}\overset{y=-x}{=\!=\!=}\lim\limits_{y\to\infty}\dfrac{(-y)^3-1}{(-y)^4+(-y)^2+1}=\lim\limits_{y\to\infty}\dfrac{-y^3-1}{y^4+y^2+1}=0$

2. (1) $\lim\limits_{x\to\infty}\dfrac{(x+1)(2x+1)(3x+1)}{(x-1)(2x-1)(3x-1)}=\lim\limits_{x\to\infty}\dfrac{6x^3+\cdots\cdots}{6x^3+\cdots\cdots}=1$ 或

   $\lim\limits_{x\to\infty}\dfrac{(x+1)(2x+1)(3x+1)}{(x-1)(2x-1)(3x-1)}=\lim\limits_{x\to\infty}\dfrac{x+1}{x-1}\lim\limits_{x\to\infty}\dfrac{2x+1}{2x-1}\lim\limits_{x\to\infty}\dfrac{3x+1}{3x-1}=1\cdot1\cdot1=1$

   (2) $\lim\limits_{x\to\infty}\dfrac{(x-1)(x+1)(x+3)(x+4)(x+5)}{(3x+1)^5}=\lim\limits_{x\to\infty}\dfrac{x^5+\cdots\cdots}{(3x)^5+\cdots\cdots}=\dfrac{1}{3^5}$

   或 $\lim\limits_{x\to\infty}\dfrac{(x-1)(x+1)(x+3)(x+4)(x+5)}{(3x+1)^5}=\lim\limits_{x\to\infty}\dfrac{x-1}{3x+1}\lim\limits_{x\to\infty}\dfrac{x-1}{3x+1}\cdots\cdots\lim\limits_{x\to\infty}\dfrac{x+5}{3x+1}=\dfrac{1}{3^5}$

3. (1) $\lim\limits_{x\to\infty}(\sqrt{x^2+1}+x)\overset{y=-x}{=\!=\!=}\lim\limits_{y\to\infty}(\sqrt{(-y)^2+1}+(-y))$

   $=\lim\limits_{y\to\infty}(\sqrt{y^2+1}-y)=\lim\limits_{y\to\infty}(\sqrt{y^2+1}-y)\dfrac{\sqrt{y^2+1}+y}{\sqrt{y^2+1}+y}$

   $=\lim\limits_{y\to\infty}(\sqrt{y^2+1}-y)(\sqrt{y^2+1}+y)\cdot\dfrac{1}{\sqrt{y^2+1}+y}$

   $=\lim\limits_{y\to\infty}\dfrac{1}{\sqrt{y^2+1}+y}=0$

   (2) $\lim\limits_{x\to\infty}(\sqrt{x^2+x+1}-x)=\lim\limits_{x\to\infty}(\sqrt{x^2+x+1}-x)\cdot\dfrac{\sqrt{x^2+x+1}+x}{\sqrt{x^2+x+1}+x}$

   $=\lim\limits_{x\to\infty}\dfrac{(\sqrt{x^2+x+1}-x)(\sqrt{x^2+x+1}+x)}{\sqrt{x^2+x+1}+x}=\lim\limits_{x\to\infty}\dfrac{x+1}{\sqrt{x^2+x+1}+x}$

   $=\lim\limits_{x\to\infty}\dfrac{1+\dfrac{1}{x}}{\sqrt{1+\dfrac{1}{x}+\dfrac{1}{x^2}}+1}=\dfrac{1}{2}$

(3) $\lim\limits_{x\to\infty}\dfrac{3x}{\sqrt{x^2+x+1}}=\lim\limits_{x\to\infty}\dfrac{3}{\sqrt{1+\dfrac{1}{x}+\dfrac{1}{x}}}=3$

(4) $\lim\limits_{x\to-\infty}\dfrac{3x}{\sqrt{x^2+x+1}}\overset{y=-x}{=\!=\!=}\lim\limits_{y\to\infty}\dfrac{3(-y)}{\sqrt{(-y)^2+(-y)+1}}$

$=\lim\limits_{y\to\infty}\dfrac{-3y}{\sqrt{y^2-y+1}}=\lim\limits_{y\to\infty}\dfrac{-3}{\sqrt{1-\dfrac{1}{y}+\dfrac{1}{y^2}}}=-3$

練習 2.4

1. (1) $x=-4$

(2) 無不連續點

(3) $x=1$，$x=-2$

(4) 無不連續點

2. (1) $\lim\limits_{x\to1}\dfrac{x^3-1}{x-1}=\lim\limits_{x\to1}\dfrac{(x-1)(x^2+x+1)}{x-1}=\lim\limits_{x\to1}(x^2+x+1)=3$

$\therefore k=3$

(2) $\because\lim\limits_{x\to1}\dfrac{1}{x-1}$ 不存在 $\therefore$ 不存在一個 k 值使得 $f(x)$ 在 $x=1$ 處連續

(3) $\lim\limits_{x\to1^+}(x^2+1)=2$，$\lim\limits_{x\to1^-}(x+k)=1+k$，$\lim\limits_{x\to1}f(x)$ 存在必須 $1+k=2$ $\therefore k=1$

(4) $\lim\limits_{x\to1^+}(x^2+1)=2$，$\lim\limits_{x\to1^-}(x^2+x+k)=2+k$，$\lim\limits_{x\to1}f(x)$ 存在必須 $2=2+k$ $\therefore k=0$

3. 今天上午 8：30 之氣溫為 32.5℃，9：30 時之氣溫為 36.2℃

$\therefore$ 今天在上午 8：30 到 9：30 間至少有一時點之氣溫為 34℃

4. $\because f(x)$，$g(x)$ 在 $x=a$ 處為連續

$\therefore$ 可設 $\lim\limits_{x\to a}f(x)=f(a)$，$\lim\limits_{x\to a}g(x)=g(a)$

$\lim\limits_{x\to a}f(x)g(x)=\lim\limits_{x\to a}f(x)\lim\limits_{x\to a}g(x)=f(a)g(a)$

$\therefore f(x)g(x)$ 在 $x=a$ 處亦為連續。

練習 3.1

1. (1) $y'=\lim\limits_{h\to0}\dfrac{f(x+h)-f(x)}{h}=\lim\limits_{h\to0}\dfrac{3-3}{h}=0$

(2) $y'=\lim\limits_{h\to0}\dfrac{f(x+h)-f(x)}{h}=\lim\limits_{h\to0}\dfrac{[2(x+h)+1]-(2x+1)}{h}=\lim\limits_{h\to0}\dfrac{2h}{h}=2$

(3) $y'=\lim\limits_{h\to0}\dfrac{f(x+h)-f(x)}{h}=\lim\limits_{h\to0}\dfrac{(x+h)^3-x^3}{h}=\lim\limits_{h\to0}\dfrac{x^3+3x^2h+3xh^2+h^3-x^3}{h}$

$=\lim\limits_{h\to0}\dfrac{3x^2h+3xh^2+h^3}{h}=\lim\limits_{h\to0}(3x^2+3xh+h^2)=3x^2$

(4) $y' = \lim_{h \to 0} \dfrac{\sqrt[3]{x+h} - \sqrt[3]{x}}{h} = \lim_{h \to 0} \dfrac{\sqrt[3]{x+h} - \sqrt[3]{x}}{h}$

$\qquad = \lim_{h \to 0} \dfrac{\sqrt[3]{x+h} - \sqrt[3]{x}}{h} \cdot \dfrac{\sqrt[3]{(x+h)^2} + \sqrt[3]{(x+h)x} + \sqrt[3]{x^2}}{\sqrt[3]{(x+h)^2} + \sqrt[3]{(x+h)x} + \sqrt[3]{x^2}}$

$\qquad = \lim_{h \to 0} \dfrac{h}{h} \lim_{h \to 0} \dfrac{1}{\sqrt[3]{(x+h)^2} + \sqrt[3]{(x+h)x} + \sqrt[3]{x^2}} = \dfrac{1}{3\sqrt[3]{x^2}}$

2. (1) $f'(1) = 0$

　(2) $f'(1) = 2$

　(3) $f'(1) = 3$

　(4) $\dfrac{1}{3}$

3. (1) 先求 $y = \dfrac{1}{x^2}$ 在 $x = 2$ 處之切線斜率：

$\qquad m = \lim_{x \to 2} \dfrac{\dfrac{1}{x^2} - \dfrac{1}{4}}{x - 2} = \lim_{x \to 2} \dfrac{\dfrac{4 - x^2}{4x^2}}{x - 2} = \lim_{x \to 2} \dfrac{-(x+2)}{4x^2} = -\dfrac{1}{4}$

$\qquad \therefore$ 切線方程式為 $\dfrac{y - \dfrac{1}{4}}{x - 2} = -\dfrac{1}{4}$，即 $4y + x = 3$

$\qquad$ 法線方程式為 $\dfrac{y - \dfrac{1}{4}}{x - 2} = 4$，即 $y - 4x = -\dfrac{31}{4}$

　(2) 先求 $y = \sqrt{x}$ 在 $x = 1$ 處之切線斜率：

$\qquad m = \lim_{x \to 1} \dfrac{\sqrt{x} - 1}{x - 1} = \lim_{x \to 1} \dfrac{\sqrt{x} - 1}{(\sqrt{x} - 1)(\sqrt{x} + 1)} = \lim_{x \to 1} \dfrac{1}{\sqrt{x} + 1} = \dfrac{1}{2}$

$\qquad \therefore$ 切線方程式為 $\dfrac{y - 1}{x - 1} = \dfrac{1}{2}$，即 $2y - x = 1$

$\qquad$ 法線方程式為 $\dfrac{y - 1}{x - 1} = -2$，即 $y + 2x = 3$

4. 充分，必要。

5. 先判斷 $f(x)$ 在 $x = 1$ 是否可微分：

$\qquad f_+(1) = \lim_{x \to 1^+} \dfrac{f(x) - f(1)}{x - 1} = \lim_{x \to 1^+} \dfrac{(x+1) - 2}{x - 1} = 1$

$\qquad f_-(1) = \lim_{x \to 1^-} \dfrac{f(x) - f(1)}{x - 1} = \lim_{x \to 1^-} \dfrac{2x - 1 - 2}{x - 1} = \infty$

$\qquad \therefore f(x)$ 在 $x = 1$ 處不可微分，

$\qquad \Rightarrow f'(x) = \begin{cases} 1 & , x \geq 1 \\ 2 & , x < 1 \\ \text{不存在} & , x = 1 \end{cases}$

練習 3.2

1. (1) $y = x^{\frac{1}{2}} + x^{-2}$　$\therefore y' = \frac{1}{2}x^{-\frac{1}{2}} - 2x^{-3} = \frac{1}{2\sqrt{x}} - \frac{1}{2x^3}$

(2) $y' = \dfrac{(x^2+1)\dfrac{d}{dx}\sqrt{x} - \sqrt{x}\dfrac{d}{dx}(x^2+1)}{(x^2+1)^2} = \dfrac{\dfrac{x^2+1}{2\sqrt{x}} - \sqrt{x}\cdot 2x}{(x^2+1)^2} = \dfrac{x^2+1-4x^2}{2\sqrt{x}(x^2+1)^2} = \dfrac{1-3x^2}{2\sqrt{x}(x^2+1)^2}$

(3) $y' = (2x+1)(x^2-3) + (x^2+x+1)\cdot 2x = 4x^3 + 3x^2 - 4x - 3$

(4) $y' = 2x(x+1) + x^2 = 3x^2 + 2x$

(5) $y' = \dfrac{(x+1)2x - x^2 \cdot 1}{(x+1)^2} = \dfrac{x^2+2x}{(x+1)^2}$

(6) $y' = \dfrac{\sqrt{x+1}\cdot 2x - x^2\cdot \dfrac{1}{2\sqrt{x+1}}}{(\sqrt{x+1})^2} = \dfrac{3x^2+4x}{2(\sqrt{x+1})^3}$

2. (1) $dy = 3x^2 dx$

(2) $dy = (2x+1)dx$

(3) $dy = \dfrac{1}{2\sqrt{x}}dx$

3. (1) 令 $f(x) = \sqrt[3]{x}$，$x_0 = 27$，$\Delta x = -1$

$\therefore f(x_0 + \Delta x) \approx f(x_0) + f'(x_0)\Delta x$

$\therefore f(26) \approx \sqrt[3]{27} + \dfrac{1}{3}x^{-\frac{2}{3}}\Big|_{x=27}\cdot(-1) = 3 - \dfrac{1}{3\times 9} \approx 2.962$

(2) 令 $f(x) = \dfrac{1}{x}$，$x_0 = 10$，$\Delta x = 1$

$f(x_0 + \Delta x) \approx f(x_0) + f'(x_0)\Delta x = \dfrac{1}{10} - \dfrac{1}{10^2} \approx 0.09$

4. (1) $C'(x) = 6x - 2$

(2) $C'(5) = 28$ 或 $MC(5) = C(5) - C(4) = (3(5)^2 - 2(5) + 50) - (3(4)^2 - 2(4) + 50) = 25$

練習 3.3

1. (1) $y' = 10(2x+1)^9 \cdot 2 = 20(2x+1)^9$

(2) $y = (2x+3)^{\frac{1}{2}}$　$\therefore y' = \dfrac{1}{2}(2x+3)^{-\frac{1}{2}}\cdot 2 = \dfrac{1}{\sqrt{2x+3}}$

(3) $y' = 3\left(\dfrac{x-1}{x+1}\right)^2 \cdot \dfrac{d}{dx}\dfrac{x-1}{x+1} = 3\left(\dfrac{x-1}{x+1}\right)^2 \cdot \dfrac{(x+1)\cdot 1 - (x-1)\cdot 1}{(x+1)^2} = \dfrac{6(x-1)^2}{(x+1)^4}$

(4) $y = (1 + x^{\frac{1}{2}})^{\frac{1}{2}}$

$\therefore y' = \dfrac{1}{2}(1+x^{\frac{1}{2}})^{-\frac{1}{2}}\cdot\dfrac{1}{2}x^{-\frac{1}{2}} = \dfrac{1}{4}\dfrac{1}{\sqrt{x(1+\sqrt{x})}}$

(5) $y = (x^2 + 2x + x^{\frac{1}{2}})^{\frac{1}{2}}$

$$\therefore y' = \frac{1}{2}(x^2 + 2x + x^{\frac{1}{2}})^{-\frac{1}{2}}(2x + 2 + \frac{1}{2\sqrt{x}})$$

(6) $y' = 8(x^3 - 3x + 1)^7 \cdot (3x^2 - 3) = 24(x^3 - 3x + 1)^7(x^2 - 1)$

2. (1) $y = (1 + g(x))^{\frac{1}{3}}$　$\therefore y' = \frac{1}{3}(1 + g(x))^{-\frac{2}{3}} g'(x)$

(2) $y' = f'(g(x^2)) \cdot g'(x^2) \cdot 2x$

(3) $y' = f'(xg(x))(g(x) + xg'(x))$

3. (1) $y = x^{-1}$，$y' = (-1)x^{-2}$，$y'' = (-1)^2 1 \cdot 2x^{-3} = (-1)^2 2! x^{-3}$

$\qquad \therefore y^{(27)} = (-1)^{27} 27! x^{-28} = -(27!)x^{-28}$

(2) $y = x^{47}$，$y' = 47x^{46}$，$y'' = 47 \cdot 46x^{45} \cdots\cdots y^{(47)} = 47!$

$\qquad \therefore y^{(48)} = 0$

(3) $y = \dfrac{3x + 2}{(x+1)(2x+1)} = \dfrac{1}{x+1} + \dfrac{1}{2x+1}$

$\qquad \therefore y^{(n)} = (-1)^n \cdot n!/(1+x)^{n+1} + (-1)^n \cdot n! \ 2^n/(2x+1)^{n+1}$

$\qquad\quad = (-1)^n n! \left(\dfrac{1}{(1+x)^{n+1}} + \dfrac{2^n}{(2x+1)^{n+1}} \right)$

(4) $y = \dfrac{1}{a+bx} = (a+bx)^{-1}$

$\qquad y' = (-1)(a+bx)^{-2} \cdot b = (-1)b(a+bx)^{-2}$

$\qquad y'' = (-1)(-2)b(a+bx)^{-3} \cdot b = (-1)^2 2! \ b^2(a+bx)^{-3}$

$\qquad y''' = (-1)^2 2! \ b^2(-3) \cdot b(a+bx)^{-4} = (-1)^3 3! \ b^3(a+bx)^{-4}$

$\qquad \cdots\cdots$

$\qquad y^{(n)} = (-1)^n n! \ b^n/(a+bx)^{n+1}$

4. $V = \dfrac{1}{12}\pi h^3$

$\quad \dfrac{dV}{dt} = \dfrac{dV}{dh} \cdot \dfrac{dh}{dt}$：其中 $\dfrac{dh}{dt} = \dfrac{5}{16}\pi$，$\dfrac{dV}{dh} = \dfrac{\pi}{4}h^2$

$\quad \therefore \dfrac{dV}{dt}\Big|_{h=8} = \dfrac{1}{4}\pi h^2 \cdot \dfrac{5}{16}\pi \Big|_{h=8} = 5\pi^2$

練習 4.1

1. $f(x) = \dfrac{1}{x+1}$ 在 $[0, 2]$ 間為連續且在 $(0, 2)$ 間可微分

$\quad \therefore \dfrac{f(2) - f(0)}{2 - 0} = f'(x_0)$

$\quad$ 即 $\dfrac{\frac{1}{3} - 1}{2} = -\dfrac{1}{(x_0 + 1)^2}$，即 $(x_0 + 1)^2 = 3$，得 $x_0 = \sqrt{3} - 1$，$\sqrt{3} - 1 \in (0, 2)$

2. 由拉格蘭日均值定理，取 $f(x) = \sqrt{x}$，$b = 66$，$a = 64$ 則 $\dfrac{\sqrt{66} - \sqrt{64}}{66 - 64} = \dfrac{1}{2\sqrt{x_0}}$，$66 > x_0 >$

即 $\sqrt{66} = 8 + \dfrac{1}{\sqrt{x_0}} > 8 + \dfrac{1}{\sqrt{66}} > 8 + \dfrac{1}{\sqrt{81}} = 8 + \dfrac{1}{9}$

3. 取 $f(x) = x^p$，則由拉格蘭日均值定理

$\dfrac{x^p - 1}{x - 1} = px_0^{p-1}$，$x > x_0 > 1$

$\therefore px^{p-1} > px_0^{p-1} > p > 1$

得 $px^{p-1} > \dfrac{x^p - 1}{x - 1} > 1$

$\therefore px^{p-1}(x-1) > x^p - 1 > p(x-1)$

4. 假設在 $(-1, 1)$ 中有一個 x_0 滿足洛爾定理則 $\dfrac{\dfrac{1}{1^2} - \dfrac{1}{(-1)^2}}{1 - (-1)} = -\dfrac{1}{x_0^2} \Rightarrow 0 = -\dfrac{1}{x_0^2}$

因為 $f(x) = \dfrac{1}{x}$ 在 $[-1, 1]$ 不連續，$\therefore$不存在 $x_0 \in (-1, 1)$ 滿足洛爾定理。

5. $\dfrac{f(b) - f(a)}{b - a} = \dfrac{(\alpha b^2 + \beta b + r) - (\alpha a^2 + \beta a + r)}{b - a}$

$= \dfrac{\alpha(b^2 - a^2) + \beta(b - a)}{b - a} = \alpha(b + a) + \beta = 2\alpha x_0 + \beta$

$\therefore x_0 = \dfrac{a+b}{2} \in [a, 6]$

練習 4.2

1. (1) $y' = 6x^2 - 18x + 12 = 6(x^2 - 3x + 2) = 6(x - 1)(x - 2)$
   得 $y = f(x)$ 在 $(2, \infty)$，與 $(-\infty, 1)$ 為增區間，在 $(1, 2)$ 為減區間。

   (2) $y' = \dfrac{-2x}{(1 + x^2)^2}$
   $\therefore y = f(x)$ 在 $(0, \infty)$ 為減區間在 $(-\infty, 0)$ 為增區間。

   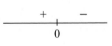

   (3) $y = (x - 1) + \dfrac{1}{x - 1}$，$y' = 1 - \dfrac{1}{(x-1)^2} = \dfrac{-x^2 + 2x}{(x-1)^2} = \dfrac{-x(x-2)}{(x-1)^2}$
   $\therefore y = f(x)$ 在 $(2, \infty)$，$(-\infty, 0)$ 為減區間在 $(0, 1) \cup (1, 2)$ 為增區間

2. 取 $f(u) = \sqrt{u}$，$f'(u) = \dfrac{1}{2\sqrt{u}} > 0$，$u > 0$ $\therefore f(u) = \sqrt{u}$ 為增函數 $y > x > 0$ $\therefore \sqrt{y} > \sqrt{x}$

3. (1) $y = (1 + x)^{-1}$ $\therefore y' = -(1 + x)^{-2}$，$y'' = 2(1 + x)^{-3}$
   $\therefore x > -1$ 時 $y'' > 0$ 為上凹
   $x < -1$ 時 $y'' < 0$ 為下凹
   因 $x = -1$ 不在定義域內 $\therefore$ 無反曲點

   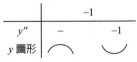

   (2) $y' = \dfrac{5}{3} x^{-\frac{2}{3}}$，$y'' = \dfrac{-10}{9} x^{-\frac{5}{3}}$
   $\therefore (0, \infty)$ 為下凹，$(-\infty, 0)$ 為上凹，$(0, 0)$ 為反曲點

   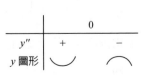

(3) $y' = 3x^2 + 6x + 9$

$y'' = 6x + 6 = 6(x + 1)$

∴ $(-1, \infty)$ 爲上凹，$(-\infty, -1)$ 爲下凹 $(-1, -6)$ 爲反曲點

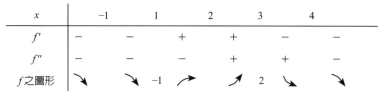

4. $y' = 3ax^2 + 2bx$

$y'' = 6ax + 2b$

∵ $y = f(x) = ax^3 + bx^2$ 在 $(1, 6)$ 處有反曲點

∴ $f(1) = a + b = 6$

$f''(1) = 6a + 2b = 0$

解之 $a = -3$，$b = 9$

5.

x		-1		1		2		3		4	
f'	$-$		$-$		$+$		$+$		$-$		$-$
f''	$-$		$-$		$-$		$+$		$+$		$-$
f 之圖形	↘		↘	-1	↗		↗	2	↘		↘

反曲點在 $x = 2, 4$ 處

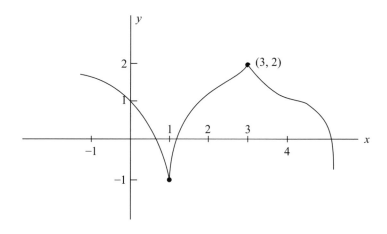

練習 4.3

1. (1) $x = 1$，$x = 2$ 爲垂直漸近線

(2) $x = 0$（即 y 軸）

(3) 無漸近線

(4) $\displaystyle\lim_{x \to \infty} \frac{x^2}{(x - 1)(x + 2)} = 1$ ∴有水平漸近線 $y = 1$

又 $x = 1$，$x = -2$ 爲垂直漸近線

2. (1) 範圍：$x \in R$，但 $x \neq -1$，$x = -1$ 爲垂直漸近線，$\lim\limits_{x \to \infty} \dfrac{x}{x^2 + 1} = 0$ 以 x 軸爲水平漸近線

(2) 無對稱性，圖形過 (0, 0)

(3) 增減表：

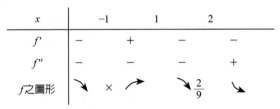

$$f'(x) = \frac{1 - x}{(x + 1)^3}$$

$$f''(x) = \frac{2(x - 2)}{(x + 1)^4}$$

以上讀者自行驗證之

x		-1		1		2	
f'	$-$		$+$		$-$		$-$
f''	$-$		$-$		$-$		$+$
f之圖形	↘	×	↗		↘ $\frac{2}{9}$		↘

∴ 反曲點在 $(2, \dfrac{2}{9})$

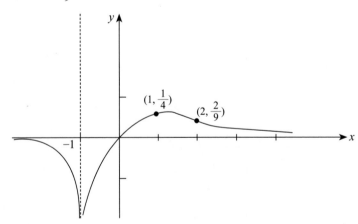

5. (1) 範圍：∵ $\lim\limits_{x \to \infty} y = \lim\limits_{x \to \infty} (2x + \dfrac{3}{x}) = \infty$

$\lim\limits_{x \to -\infty} y = \lim\limits_{x \to -\infty} (2x + \dfrac{3}{x}) = -\infty$，故範圍爲除了 0 外之整個實數域。

(2) 漸近線：由視察法易知有二條漸近線

① 斜漸近線 $y = 2x$

② 垂直漸近線 $x = 0$（即 y 軸）

(3) 不通過原點，對稱原點（因 $y = f(x)$ 爲奇函數）

(4) 作增減表

$$y' = 2 - \frac{3}{x^2} = 0 \quad \therefore x = \pm \sqrt{\frac{3}{2}}$$

$$y'' = \frac{6}{x^3}, \begin{cases} x > 0 \text{ 時 } y'' > 0 \\ x < 0 \text{ 時 } y'' < 0 \end{cases}$$

x		$-\sqrt{\frac{3}{2}}$	0	$\sqrt{\frac{3}{2}}$	
$f'(x)$		$+$	$-$	$-$	$+$
$f''(x)$		$-$	$-$	$+$	$+$
$f(x)$	$\nearrow$	$-2\sqrt{6}$ $\searrow$	$\times$	$\searrow$ $2\sqrt{6}$	$\nearrow$

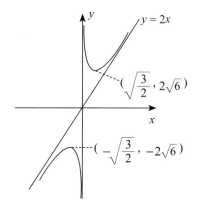

練習 4.4

1. $f'(x) = 6x^2 - 6x - 12 = 6(x - 2)(x + 1) = 0$

　　$\therefore$ 有二個臨界點 $x = 2$，$x = -1$

　(1) 相對極值

x		-1	2	
$f'(x)$		$+$	$-$	$+$
$f(x)$	$\nearrow$		$\searrow$	$\nearrow$

　　$\therefore f(x)$ 在 $x = -1$ 處有相對極大值 $f(-1) = 13$

　　　　$f(x)$ 在 $x = 2$ 處有相對極小值 $f(2) = -14$

　(2) $f(x)$ 在 $[0, 3]$

x	0	2	3
$f(x)$	6	-14	-3

∴ $f(x)$ 在 [0, 3] 有絕對極大值 $f(0) = 6$ 絕對極小值 $f(2) = -14$

2. (1) $f'(x) = 4x^3 - 12x^2 - 4x + 12 = 4(x + 1)(x - 1)(x - 3) = 0$

∴ $f(x)$ 有三個臨界點 $x = -1, 1, 3$

x		-1		1		3	
$f'(x)$	$-$		$+$		$-$		$+$
$f(x)$	↘		↗		↘		↗

∴ $f(x)$ 在 $x = -1$ 處有相對極小值 $f(-1) = -7$

$f(x)$ 在 $x = 1$ 處有相對極大值 $f(1) = 9$

$f(x)$ 在 $x = 3$ 處有相對極小值 $f(3) = -7$

(2)

x	0	1	2
$f(x)$	2	9	2

$f(x)$ 在 [0, 2] 有絕對極大值 $f(1) = 9$，絕對極小值 $f(0) = f(2) = 2$

(3)

x	4	5
$f(x)$	18	137

$f(x)$ 在 [4, 5] 有絕對極大值 $f(5) = 137$，絕對極小值 $f(4) = 18$

3. (1) $f'(x) = \dfrac{x^2 + 3 - (x - 1)2x}{(x^2 + 3)^2} = \dfrac{-x^2 + 2x + 3}{(x^2 + 3)^2} = \dfrac{-(x - 3)(x + 1)}{(x^2 + 3)^2} = 0$

有二個臨界點 $x = 3$，$x = -1$

x		-1		3	
$f'(x)$	$-$		$+$		$-$
$f(x)$	↘		↗		↘

∴ $f(x)$ 在 $x = 3$ 有相對極大值 $f(3) = \dfrac{1}{6}$

$f(x)$ 在 $x = -1$ 有相對極小值 $f(-1) = -\dfrac{1}{2}$

(2) $f(x) = x(2x - x^2)^{\frac{1}{2}}$

$\therefore f'(x) = (2x - x^2)^{\frac{1}{2}} + x\left[\dfrac{1}{2}(2x - x^2)^{-\frac{1}{2}} \cdot (2 - 2x)\right]$

$= (2x - x^2)^{\frac{1}{2}} + [(1 - x)(2x - x^2)^{-\frac{1}{2}}]$

$= \dfrac{2x - x^2 + x(1 - x)}{\sqrt{2x - x^2}}$

$= \dfrac{3x - 2x^2}{\sqrt{2x - x^2}} = 0$

$x(3 - 2x) = 0 \Rightarrow x = \dfrac{3}{2}$，$x = 0$ 為臨界點，

x		0		$\dfrac{3}{2}$	
$f'(x)$	$-$		$+$		$-$
$f(x)$	↘		↗		↘

$\therefore f(x)$ 有相對極大值 $f\left(\dfrac{3}{2}\right)=\dfrac{3\sqrt{3}}{4}$，相對極小值 $f(0)=0$

(3) $f'(x)=-\dfrac{1}{x^2}+\dfrac{1}{(x+3)^2}=0 \Rightarrow (x+3)^2=x^2$

$\therefore 6x+9=0$，得 $x=-\dfrac{3}{2}$

x		$-\dfrac{3}{2}$	
$f'(x)$	$+$		$-$
$f(x)$	↗		↘

$\therefore f(x)$ 有相對極大值 $f\left(-\dfrac{3}{2}\right)=-\dfrac{23}{21}$

4. 設繩之 x 公尺圍成正方形餘 $(24-x)$ 公尺圍成圓形，則

(1) 正方形面積 $=\left(\dfrac{x}{4}\right)^2$

(2) 圓形面積：圓周長 $2\pi r=(24-x) \Rightarrow r=\dfrac{24-x}{2\pi}$

$\therefore$ 面積和 $A(x)=\left(\dfrac{x}{4}\right)^2+\pi\left(\dfrac{24-x}{2\pi}\right)^2$

$A'(x)=\dfrac{x}{8}-\dfrac{1}{2\pi}(24-x)=0$

$\therefore x=\dfrac{96}{\pi+4}$

又 $f''(x)=\dfrac{1}{8}+\dfrac{1}{2\pi}>0$

即 $x=\dfrac{96\mathrm{m}}{\pi+4}$ 圍正方形，$\dfrac{24\pi\mathrm{m}}{\pi+4}$ 圍圓形時可使面積和為最小。

練習 5.1

1. (1) $y'=6x^2>0$　$\therefore y=f(x)$ 有反函數：

$y=2x^3+5$　$\therefore x=\sqrt[3]{\dfrac{y-5}{2}}$ 即 $f^{-1}(x)=\sqrt[3]{\dfrac{x-5}{2}}$

(2) $y'=3>0$　$\therefore y=f(x)$ 有反函數

$y=3x+6$　$\therefore x=\dfrac{y-6}{3}$，即 $f^{-1}(x)=\dfrac{x-6}{3}$

(3) $y'=4x^3$ 不為單調，$\therefore y=f(x)$ 無反函數

(4) $y=x^2+1$，$x\geq 0$，$y'=2x>0$ $\therefore y=f(x)$ 有反函數

$y=x^2+1$ $\therefore x=\sqrt{y-1}$，即 $f^{-1}(x)=\sqrt{x-1}$，$x\geq 1$

2. $x<2$ 時 $f(x)=1+x$，$x=y-1$，$y<3$ $\therefore f^{-1}(x)=x-1$，$x<3$

$x\geq 2$ 時 $f(x)=x^2-1$，$x=\sqrt{1+y}$，$y\geq 3$ $\therefore f^{-1}(x)=\sqrt{1+x}$，$x\geq 3$

即 $f^{-1}(x)=\begin{cases} x-1 \,,\, x<3 \\ \sqrt{1+x}, x\geq 3 \end{cases}$

3. $y = x^3$ 之反函數為 $f^{-1}(x) = \sqrt[3]{x}$　$\therefore f(x) = x^3$ 與 $f^{-1}(x) = \sqrt[3]{x}$ 對稱於 $y = x$

4. (1) $f'(x) = 3x^2 + 3 > 0$ $\therefore f(x)$ 有反函數 $g(x)$，又 $f(-1) = 3$

$$\therefore g'(3) = \dfrac{1}{\left.\dfrac{dy}{dx}\right|_{x=-1}} = \dfrac{1}{3x^2 + 3}\bigg|_{x=-1} = \dfrac{1}{6}$$

(2) $f'(x) = 101x^{100} + 97x^{96} + 1 > 0$

$\therefore f(x)$ 有反函數 $f^{-1}(x)$ 又 $f(0) = 3$

$$\therefore g'(3) = \dfrac{1}{\left.\dfrac{dy}{dx}\right|_{x=0}} = \dfrac{1}{101x^{100} + 97x^{96} + 1}\bigg|_{x=0} = 1$$

練習 5.2

1. (1) $\ln 8 + \ln 9 - \ln 6 = \ln \dfrac{8 \cdot 9}{6} = \ln 12 = 2\ln 2 + \ln 3 = 2a + b$

(2) $\ln 4^e + \ln 9^e = e\ln 4 + e\ln 9 = e\ln 2^2 + e\ln 3^2 = 2e\ln 2 + 2e\ln 3 = 2e(a + b)$

2. (1) $\lim\limits_{n \to \infty}\left(1 + \dfrac{1}{2n}\right)^{3n} \overset{m=2n}{=\!=\!=} \lim\limits_{m \to \infty}\left(1 + \dfrac{1}{m}\right)^{\frac{3}{2}m} = \left(\lim\limits_{m \to \infty}\left(1 + \dfrac{1}{m}\right)^{m}\right)^{\frac{3}{2}} = e^{\frac{3}{2}}$

(2) $\lim\limits_{n \to \infty}\left(1 + \dfrac{3}{n}\right)^{\frac{n}{2}} \overset{\frac{1}{m}=\frac{3}{n}}{\underset{(\text{即 } n=3m)}{=\!=\!=}} \lim\limits_{m \to \infty}\left(1 + \dfrac{1}{m}\right)^{\frac{3}{2}m} = \left(\lim\limits_{m \to \infty}\left(1 + \dfrac{1}{m}\right)^{m}\right)^{\frac{3}{2}} = e^{\frac{3}{2}}$

3. 令 $y = 2^{\log 3}$ 則 $\log_2 y = \log 3 \Rightarrow \dfrac{\log y}{\log 2} = \log 3$

即 $\log y = \log 2 \log 3$ ①

$z = 3^{\log 2}$ 則 $\log_3 z = \log 2 \Rightarrow \dfrac{\log z}{\log 3} = \log 2$

即 $\log z = \log 3 \log 2$ ②

比較①，② $2^{\log 3} = 3^{\log 2}$

4. $\dfrac{1}{2a}\ln\left(\dfrac{\sqrt{b}}{c}\right)^a = \dfrac{a}{2a}\left[\dfrac{1}{2}\ln b - \ln c\right] = \dfrac{1}{2}\left(\dfrac{1}{2} \cdot 6 - (-1)\right) = 2$

5. (1) $e^{2x-1} = 5$　$\therefore 2x - 1 = \ln 5 \Rightarrow x = \dfrac{1}{2}(1 + \ln 5)$

(2) $e^{x^2} = 9$　$\therefore x^2 = \ln 9 \Rightarrow x = \sqrt{\ln 9}$

(3) $\ln\ln x = 1$　$\therefore \ln x = e \Rightarrow x = e^e$

6. 設需 t 年投資可翻一倍：$2P = Pe^{rt}$　$\therefore 2 = e^{rt} \Rightarrow \ln 2 = rt$　$\therefore t = \dfrac{\ln 2}{r}$

7. (1) $6000 = 4000(1 + 1.5\%)^{4t}$

$\therefore 1.5 = (1.015)^{4t} \Rightarrow \ln 1.5 = 4t\ln 1.015$

得 $t = \dfrac{\ln 1.5}{4\ln 1.015} = \dfrac{0.4055}{4 \times 0.01489} \approx 6.8$ 年

(2) $6000 = 4000e^{0.06t}$，$e^{0.06t} = 1.5$

$\therefore t = \dfrac{\ln 1.5}{0.06} = 6.75$ 年

8. $\ln x^r = \underbrace{\ln x \cdot x \cdots\cdots x}_{r\,個} = \underbrace{\ln x + \ln x + \cdots\cdots + \ln x}_{r\,個} = r\ln x$

練習 5.3

1. (1) $2e^{2x}$

(2) $y' = \dfrac{x \cdot \dfrac{1}{x} - (\ln x)1}{x^2} = \dfrac{1 - \ln x}{x^2}$

(3) $y' = \ln x + x\left(\dfrac{1}{x}\right) = 1 + \ln x$

(4) $y' = \dfrac{e^x - xe^x}{e^{2x}} = \dfrac{1 - x}{e^x}$

(5) $y = e^{\ln x}$　$\therefore y' = 1$

(6) $\ln y = x\ln x$，兩邊同時對 x 微分：$\dfrac{y'}{y} = 1 + \ln x$

　　$\therefore y' = y(1 + \ln x) = (\ln x)^x(1 + \ln x)$

(7) $y' = \dfrac{1}{2\sqrt{x}}\ln x + \dfrac{\sqrt{x}}{x} = \dfrac{1}{2\sqrt{x}}\ln x + \dfrac{1}{\sqrt{x}}$

(8) $y' = \dfrac{e^x}{1 + e^x}$

2. $y' = 2xe^x + x^2e^x = e^x(x^2 + 2x) = 0$，$x = 0$，$x = -2$

(1)

x		-2		0	
$f'(x)$	$+$		$-$		$+$
$f(x)$	↗		↘		↗

$\therefore f(x)$ 在 $x = -2$ 時有相對極大值 $f(-2) = 4e^{-2}$，$x = 0$ 時有相對極小值 $f(0) = 0$

(2)

x	-1	0	4
$f(x)$	e^{-1}	0	$16e^4$

$\therefore f(x)$ 在 $x = 4$ 時有絕對極大值 $f(4) = 16e^4$，在 $x = 0$ 時有絕對極小值 $f(0) = 0$

3. $y = a^x$，$a > 1$，$y' = a^x\ln a > 0$，$y'' = a^x(\ln a)^2 > 0$

　$\therefore y = a^x$ 為全域增函數，全域上凹。

　$y = a^x$ 與 y 軸交於 $(0, 1)$，$y = a^x > 0$，$\displaystyle\lim_{x \to -\infty} a^x = 0$，$y = a^x$ 以 x 軸為漸近線。

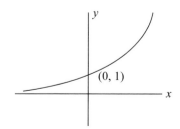

練習 5.4

1. (1) $\lim\limits_{x\to1}\dfrac{x^4+x-2}{x-1}=\lim\limits_{x\to1}\dfrac{4x^3+1}{1}=5$

(2) $\lim\limits_{x\to1}\left(\dfrac{3}{1-x^3}-\dfrac{2}{1-x^2}\right)=\lim\limits_{x\to1}\dfrac{3(1-x^2)-2(1-x^3)}{(1-x^3)(1-x^2)}$

$\quad=\lim\limits_{x\to1}\dfrac{1-3x^2+2x^3}{1-x^2-x^3+x^5}$

$\quad=\lim\limits_{x\to1}\dfrac{-6x+6x^2}{-2x-3x^2+5x^4}$

$\quad=\lim\limits_{x\to1}\dfrac{-6+12x}{-2-6x+20x^3}$

$\quad=\dfrac{6}{12}=\dfrac{1}{2}$

(3) $\lim\limits_{x\to1}\dfrac{x^n-1}{x^{n-2}-1}=\lim\limits_{x\to1}\dfrac{nx^{n-1}}{(n-2)x^{n-3}}=\dfrac{n}{n-2}$

(4) $\lim\limits_{h\to0}\dfrac{f(x+ah)-f(x-bh)}{h}=\lim\limits_{h\to0}\dfrac{af'(x+ah)+bf'(x-bh)}{1}=(a+b)f'(x)$

(5) $\lim\limits_{x\to0}\dfrac{e^x-1}{x}=\lim\limits_{x\to0}e^x=1$

(6) $\lim\limits_{x\to1}\dfrac{x-1}{\ln x}=\lim\limits_{x\to1}\dfrac{1}{\frac{1}{x}}=1$

(7) $\lim\limits_{x\to-1}\left(\dfrac{1}{x+1}-\dfrac{1}{(x+1)(x+2)}\right)=\lim\limits_{x\to1}\dfrac{x+2-1}{(x+1)(x+2)}=\lim\limits_{x\to1}\dfrac{1}{x+2}=\dfrac{1}{3}$

(8) $\lim\limits_{x\to0}\left(\dfrac{1}{x}-\dfrac{1}{e^x-1}\right)=\lim\limits_{x\to0}\dfrac{e^x-1-x}{x(e^x-1)}=\lim\limits_{x\to0}\dfrac{e^x-1}{e^x-1+xe^x}=\lim\limits_{x\to0}\dfrac{e^x}{e^x+e^x+xe^x}=\dfrac{1}{2}$

2. (1) $\lim\limits_{x\to0}\left(\dfrac{a^x+b^x}{2}\right)^{\frac{1}{x}}=e^{\lim\limits_{x\to0}\frac{1}{x}\left(\frac{a^x+b^x}{2}-1\right)}$

$\quad=e^{\lim\limits_{x\to0}\frac{a^x+b^x-2}{2x}}=e^{\lim\limits_{x\to0}\frac{a^x\ln a+b^x\ln b}{2}}=e^{\lim\limits_{x\to0}\frac{\ln a+\ln b}{2}}$

$\quad=\sqrt{ab}$

(2) $\lim\limits_{x\to\infty}\left(\dfrac{x}{x-1}\right)^{\sqrt{x}}=e^{\lim\limits_{x\to\infty}\sqrt{x}\left(\frac{x}{x-1}-1\right)}=e^{\lim\limits_{x\to\infty}\frac{\sqrt{x}}{x-1}}=e^0=1$

3. $\lim\limits_{\rho\to0}0.70(0.4K^\rho+0.6L^\rho)^{\frac{1}{\rho}}$

$\quad=0.70e^{\lim\limits_{\rho\to0}\frac{0.4K^\rho+0.6L^\rho-1}{\rho}}$

$\quad=0.70e^{\lim\limits_{\rho\to0}0.4K^\rho\ln K+0.6L^\rho\ln L}$

$\quad=0.70e^{0.4\ln k+0.6\ln L}$

$\quad=0.70k^{0.4}L^{0.6}$

（此即 Cobb-Douglas 函數）

練習 6.1

1. (1) $\dfrac{x^4}{4}+c$

(2) $\dfrac{x^4}{4}+x^2+x+c$

(3) $\displaystyle\int \dfrac{x^3+2x+1}{x}dx=\int \left(x^2+2+\dfrac{1}{x}\right)dx=\dfrac{x^3}{3}+2x+\ln|x|+c$

(4) $\displaystyle\int \left(e^{3x}+\dfrac{2}{x}\right)dx=\dfrac{1}{3}e^{3x}+\ln x^2+c$

(5) $\displaystyle\int (e^x+1)^2 dx=\int (e^{2x}+2e^x+1)dx=\dfrac{1}{2}e^{2x}+2e^x+x+c$

(6) $\displaystyle\int \left(1+\dfrac{1}{x}\right)^2 dx=\int \left(1+\dfrac{2}{x}+\dfrac{1}{x^2}\right)dx=x+\ln x^2-\dfrac{1}{x}+c$

(7) $\displaystyle\int \dfrac{x+1}{\sqrt{x}}dx=\int \left(\sqrt{x}+\dfrac{1}{\sqrt{x}}\right)dx=\dfrac{2}{3}x^{\frac{3}{2}}+2\sqrt{x}+c=\dfrac{2}{3}(\sqrt{x})^3+2\sqrt{x}+c$

(8) $\displaystyle\int x\sqrt[3]{x}\,dx=\int x^{\frac{4}{3}}dx=\dfrac{3}{7}x^{\frac{7}{3}}+c$

2. (1) $y'=2x+1$　　$\therefore y=\displaystyle\int (2x+1)dx=x^2+x+c$

又 $y(0)=0$（即 $x=0$ 時 $y=0$）$\therefore c=0$

(2) $y'=\dfrac{dy}{dx}=\dfrac{x}{y}$　　$\therefore ydy=xdx$

$\displaystyle\int ydy=\int xdx \Rightarrow \dfrac{y^2}{2}=\dfrac{x^2}{2}+c$

$x=0$ 時 $y=1$　　$\therefore c=\dfrac{1}{2}$

得 $\dfrac{y^2}{2}=\dfrac{x^2}{2}+\dfrac{1}{2}$ 或 $y^2=x^2+1$

練習 6.2

1. (1) $\displaystyle\int_1^2 x^2 dx=\dfrac{x^3}{3}\Big]_1^2=\dfrac{8}{3}-\dfrac{1}{3}=\dfrac{7}{3}$

(2) $\displaystyle\int_0^1 \dfrac{x}{2}dx=\dfrac{x^2}{4}\Big]_0^1=\dfrac{1}{4}-\dfrac{0}{4}=\dfrac{1}{4}$

(3) $\displaystyle\int_0^4 x^{\frac{1}{3}}dx=\dfrac{3}{4}x^{\frac{4}{3}}\Big]_0^4=\dfrac{3}{4}\left(4^{\frac{4}{3}}-0\right)=3\cdot 4^{\frac{1}{3}}$

(4) $\displaystyle\int_{-1}^1 (x^3-3x+5)dx=\dfrac{1}{4}x^4-\dfrac{3}{2}x^2+5x\Big]_{-1}^1$

$=\left(\dfrac{1}{4}-\dfrac{3}{2}+5\right)-\left(\dfrac{1}{4}(-1)^4-\dfrac{3}{2}(-1)^2+5(-1)\right]$

$=10$

別解

$\displaystyle\int_{-1}^1 (x^3-3x+5)dx=\int_{-1}^1 \underbrace{(x^3-3x)}_{\text{奇函數}}dx+5\int_{-1}^1 dx=5\cdot 2=10$

(5) $\int_1^2 (ax^2 + bx + c)dx = a\dfrac{x^3}{3} + b\dfrac{x^2}{2} + cx \Big]_1^2$

$\quad = \left(\dfrac{8}{3}a + 2b + 2c\right) - \left(\dfrac{1}{3}a + \dfrac{b}{2} + c\right)$

$\quad = \dfrac{7}{3}a + \dfrac{3}{2}b + c$

2. $\lim\limits_{h \to 0} \dfrac{\int_x^{x+h} t^2 dt}{h} = x^2$

別解

$\lim\limits_{h \to 0} \dfrac{\dfrac{t^3}{3}\Big]_x^{x+h}}{h} = \dfrac{1}{3}\lim\limits_{h \to 0} \dfrac{(x+h)^3 - x^3}{h}$

$\quad = \dfrac{1}{3}\lim\limits_{h \to 0} \dfrac{x^3 + 3x^2h + 3xh^2 + h^3 - x^3}{h}$

$\quad = \dfrac{1}{3}\lim\limits_{h \to 0}(3x^2 + 3xh + h^2)$

$\quad = \dfrac{1}{3} \cdot 3x^2 = x^2$

3. $\lim\limits_{x \to 0} \dfrac{\int_0^x \dfrac{t}{\sqrt{1+t^3}} dt}{x^2} \overset{L'Hospital}{=\!=\!=\!=} \lim\limits_{x \to 0} \dfrac{\dfrac{x}{\sqrt{1+x^3}}}{2x}$

$\quad = \lim\limits_{x \to 0} \dfrac{1}{2\sqrt{1+x^3}} = \dfrac{1}{2}$

4. $V = \dfrac{\int_0^3 x^3 dx}{3-0} = \dfrac{1}{3} \cdot \dfrac{x^4}{4}\Big]_0^3 = \dfrac{27}{4}$

5. $CS = \int_0^{10}(-0.6q^2 + 0.4q + 30)dq - 10 \times 3 = -0.2q^3 + 0.2q^2 + 30q\Big]_0^{10} - 10 \times 3 = 90$

6. $PS = 10 \times 10 - \int_0^{10}(0.06q^2 + 0.2q - 1)dq$

$\quad = 100 - (0.02q^3 + 0.1q^2 - 1q)\Big]_0^{10} = 100 - 20 = 80$

7. $\int_a^b cf(x)dx = \lim\limits_{n \to \infty} \sum\limits_{k=1}^{n} cf(x_k)\Delta x_k$, $\Delta x_k = \dfrac{b-a}{n} = c\lim\limits_{n \to \infty} \sum\limits_{k=1}^{n} f(x_k)\Delta x_k = c\int_a^b f(x)dx$

8. $\int_a^b f(x)dx + \int_b^c f(x)dx = [F(b) - F(a)] + [F(c) - F(b)] = F(c) - F(a) = \int_a^c f(x)dx$

練習 6.3

1. (1) $\int (2x+3)(x^2+3x+6)^3\, dx = \int (x^2+3x+6)^3 d(x^2+3x+6) = \dfrac{1}{4}(x^2+3x+6)^4 + c$

(2) $\int (3x^2+2)(4x^3+8x+1)^{12}\, dx$

$\quad = \int (4x^3+8x+1)^{12} d\left(\dfrac{1}{4}(4x^3+8x+1)\right)$

$$= \frac{1}{4 \cdot 13}(4x^3 + 8x + 1)^{13}$$

$$= \frac{1}{52}(4x^3 + 8x + 1)^{13} + c$$

(3) $\int \frac{1}{x^2}\left(1 + \frac{1}{x}\right)^4 dx = \int \left(1 + \frac{1}{x}\right)^4 d\left(-\left(1 + \frac{1}{x}\right)\right) = -\frac{1}{5}\left(1 + \frac{1}{x}\right)^5 + c$

(4) $\int \frac{e^{2x}}{1 + e^x} dx$

$$= \int \frac{e^{2x} - 1 + 1}{e^x + 1} dx$$

$$= \int \left((e^x - 1) + \frac{1}{e^x + 1}\right) dx$$

$$= e^x - x + x - \ln(1 + e^x) + c \quad （由例 4(2)）$$

$$= e^x - \ln(1 + e^x) + c$$

(5) $\int \frac{dx}{x \ln x} = \int \frac{d\ln x}{\ln x} = \ln|\ln x| + c$

(6) $\int \frac{dx}{x(1 + \ln x)} = \int \frac{d(1 + \ln x)}{1 + \ln x} = \ln|1 + \ln|x|| + c$

(8) $\int_0^2 (x+1)(x^2 + 2x + 3)^{\frac{1}{3}} dx$

$$= \int_0^2 (x^2 + 2x + 3)^{\frac{1}{3}} d\left(\frac{1}{2}(x^2 + 2x + 3)\right)$$

$$= \frac{1}{2} \cdot \frac{3}{4}(x^2 + 2x + 3)^{\frac{4}{3}} \Big]_0^2$$

$$= \frac{3}{8}(11^{\frac{4}{3}} - 3^{\frac{4}{3}})$$

(9) $\int_0^1 \sqrt{1 + 3x}\, dx$

$$= \int_0^1 \sqrt{1 + 3x}\, d\frac{1}{3}(1 + 3x)$$

$$= \frac{1}{3} \cdot \frac{2}{3}(1 + 3x)^{\frac{3}{2}} \Big]_0^1$$

$$= \frac{2}{9}\left(4^{\frac{3}{2}} - 1\right)$$

$$= \frac{2}{9} \times 7 = \frac{14}{9}$$

(10) $\int_0^1 x\sqrt{x + 2}\, dx$

$$= \int_0^1 (x + 2 - 2)\sqrt{x + 2}\, dx$$

$$= \int_0^1 (x + 2)^{\frac{3}{2}} dx - 2\int_0^1 \sqrt{x + 2}\, dx$$

$$= \frac{2}{5}(x + 2)^{\frac{5}{2}} \Big]_0^1 - 2 \cdot \frac{2}{3}(x + 2)^{\frac{3}{2}} \Big]_0^1$$

$$= \frac{2}{5}\left(3^{\frac{5}{2}} - 2^{\frac{5}{2}}\right) - \frac{4}{3}\left(3^{\frac{3}{2}} - 2^{\frac{3}{2}}\right)$$

$$= \frac{2}{5}\left(9 \cdot 3\tfrac{1}{2} - 4 \cdot 2\tfrac{1}{2}\right) - \frac{4}{3}\left(3 \cdot 3\tfrac{1}{2} - 2 \cdot 2\tfrac{1}{2}\right)$$

$$= -\frac{2}{5} \cdot 3\tfrac{1}{2} + \frac{16}{15} \cdot 2\tfrac{1}{2}$$

(11) $\int_0^1 \dfrac{x^3 + 2x}{(x^4 + 4x^2 + 1)^3}dx$

$$= \int_0^1 \frac{\tfrac{1}{4}d(x^4 + 4x^2 + 1)}{(x^4 + 4x^2 + 1)^3}$$

$$= -\frac{1}{8}\frac{1}{(x^4 + 4x^2 + 1)^2}\Big]_0^1$$

$$= -\frac{1}{8}\left(\frac{1}{6} - 1\right) = \frac{5}{48}$$

2. (1)，(2)，(3) 均爲奇函數

3. $\int_{-a}^{a} f(x)dx \int_{-a}^{0} f(x)dx + \int_{0}^{a} f(x)dx$ 　 (1)

但 $\int_{-a}^{0} f(x)dx \overset{y=-x}{=\!=\!=} \int_{a}^{0} f(-y)d(-y) = \int_{0}^{a} f(-y)dy = -\int_{0}^{a} f(y)dy = -\int_{0}^{a} f(x)dx$ 　 (2)

代 (2) 入 (1) 即得

4. $\int_{-1}^{2} x^3 |x|dx$

$$= \underbrace{\int_{-1}^{1} x^3|x|dx}_{\text{奇函數}} + \int_{1}^{2} x^3|x|dx$$

$$= 0 + \int_{1}^{2} x^3 \cdot x dx = \frac{1}{5}x^5\Big]_1^2 = \frac{32}{5} - \frac{1}{5} = \frac{31}{5}$$

練習 6.4

1. (1) $\displaystyle\int \frac{dx}{x(x+1)} = \int\left(\frac{1}{x} - \frac{1}{x+1}\right)dx = \ln|x| - \ln|x+1| + c = \ln\left|\frac{x}{x+1}\right| + c$

(2) $\displaystyle\int \frac{3x+4}{(x+1)(2x+3)}dx = \int\left(\frac{1}{x+1} + \frac{1}{2x+3}\right)dx$

$$= \int \frac{dx}{x+1} + \int \frac{\tfrac{1}{2}d(2x+3)}{2x+3} = \ln|x+1| + \frac{1}{2}\ln|2x+3| + c$$

(3) $\dfrac{x-3}{x(x-1)(x-2)} = \dfrac{A}{x} + \dfrac{B}{x-1} + \dfrac{C}{x-2}$，由視察法知 $A = -\dfrac{3}{2}$，$B = 2$，$C = -\dfrac{1}{2}$

$$\therefore \int \frac{x-3}{x(x-1)(x-2)}dx = \int\left(-\frac{3}{2}\frac{1}{x} + \frac{2}{x-1} - \frac{1}{2}\frac{1}{x-2}\right)dx$$

$$= -\frac{3}{2}\ln|x| + 2\ln|x-1| - \frac{1}{2}\ln|x-2| + c$$

(4) $\displaystyle\int \frac{3x+1}{x(x^2-1)}dx = \int \frac{3x+1}{x(x-1)(x+1)}dx$

又 $\dfrac{3x+1}{x(x-1)(x+1)} = \dfrac{A}{x} + \dfrac{B}{x-1} + \dfrac{C}{x+1}$，由視察法知 $A = -1$，$B = 2$，$C = -1$

$$\therefore \int \frac{dx}{x(x^2-1)} = \int \left(\frac{-1}{x} + \frac{2}{x-1} - \frac{1}{x+1}\right) dx = -\ln|x| + 2\ln|x-1| - \ln|x+1| + c$$

(5) $\dfrac{x+2}{(x+1)^2(x+3)} = \dfrac{A}{x+1} + \dfrac{B}{(x+1)^2} + \dfrac{C}{x+3}$

由視察法知 $C = -\dfrac{1}{4}$

$$\therefore \frac{A}{x+1} + \frac{B}{(x+1)^2} = \frac{x+2}{(x+1)^2(x+3)} + \frac{1}{4}\frac{1}{x+3}$$

$$= \frac{4(x+2)+(x+1)^2}{4(x+1)^2(x+3)} = \frac{x^2+6x+9}{4(x+1)^2(x+3)} = \frac{x+3}{4(x+1)^2}$$

$$= \frac{x+1}{4(x+1)^2} + \frac{2}{4(x+1)^2} = \frac{1}{4(x+1)} + \frac{1}{2(x+1)^2}$$

$$\therefore \int \frac{x+2}{(x+1)^2(x+3)} dx = \int \left(\frac{1}{4(x+1)} + \frac{1}{2(x+1)^2} - \frac{1}{4}\frac{1}{x+3}\right) dx$$

$$= \frac{1}{4}\ln|x+1| - \frac{1}{2(x+1)} - \frac{1}{4}\ln|x+3| + c$$

$$= \frac{1}{4}\ln\left|\frac{x+1}{x+3}\right| - \frac{1}{2(x+1)} + c$$

2. (1) $\displaystyle\int x^2 e^x dx = \int x^2 de^x = x^2 e^x - \int e^x dx^2 = x^2 e^x - \int 2xe^x dx = x^2 e^x - 2\int x de^x$

$$= x^2 e^x - 2xe^x + 2\int e^x dx = x^2 e^x - 2xe^x + 2e^x + c = (x^2 - 2x + 2)e^x + c$$

(2) $\displaystyle\int xe^{3x} dx = \int x d\frac{1}{3}e^{3x} = \frac{x}{3}e^{3x} - \frac{1}{3}\int e^{3x} dx = \frac{x}{3}e^{3x} - \frac{1}{9}e^{3x} + c$

(3) $\displaystyle\int x^2 \ln x \, dx = \int \ln x \, d\frac{x^3}{x} = \frac{x^3}{3}\ln x - \int \frac{x^3}{3} d\ln x$

$$= \frac{x^3}{3}\ln x - \int \frac{x^3}{3} \cdot \frac{1}{x} dx = \frac{x^3}{3}\ln x - \int \frac{1}{3}x^2 dx$$

$$= \frac{x^3}{3}\ln x - \frac{1}{9}x^3 + c$$

(4) $\displaystyle\int \ln^2 x \, dx = x\ln^2 x - \int x d\ln^2 x = x\ln^2 x - \int \left(x(2\ln x) - \frac{1}{x}\right) dx$

$$= x\ln^2 x - \int 2\ln x \, dx = x\ln^2 x - 2x\ln x + 2\int x d\ln x$$

$$= x\ln^2 x - 2x\ln x + 2x + c$$

(5) $\displaystyle\int x(\ln x)^2 \, dx = \int (\ln x)^2 d\frac{x^2}{2} = \frac{x^2}{2}\ln^2 x - \int \frac{x^2}{2} d(\ln x)^2$

$$= \frac{x^2}{2}\ln^2 x - \int \frac{x^2}{2} \cdot (2\ln x)\frac{1}{x} dx = \frac{x^2}{2}\ln^2 x - \int x\ln x \, dx$$

$$= \frac{x^2}{2}\ln^2 x - \int \ln x \, d\frac{x^2}{2} = \frac{x^2}{2}\ln^2 x - \frac{x^2}{2}\ln x + \int \frac{x^2}{2} d\ln x$$

$$= \frac{x^2}{2}\ln^2 x - \frac{x^2}{2}\ln x + \int \frac{x^2}{2} \cdot \frac{1}{x} dx = \frac{x^2}{2}\ln^2 x - \frac{x^2}{2}\ln x + \frac{x^2}{4} + c$$

3. (1) $x^2 \quad + \quad e^x$ $\qquad \int x^2 e^x dx = (x^2 - 2x + 2)e^x + c$

$\quad 2x \quad - \quad e^x$

$\quad 2 \quad + \quad e^x$

$\quad 0 \quad \quad e^x$

(2) $x \quad + \quad e^{3x}$ $\qquad \int xe^{3x}dx = \left(\dfrac{x}{3} - \dfrac{1}{9}\right)e^{3x} + c$

$\quad 1 \quad - \quad \dfrac{1}{3}e^{3x}$

$\quad 0 \quad \quad \dfrac{1}{9}e^{3x}$

(3) $\int x^2 \ln x dx \xlongequal[(x=e^y)]{y=\ln x} \int e^{2y} \cdot y \cdot e^y dy = \int y e^{3y} dy$

$\quad \ln x = y \quad + \quad e^{3y}$ $\qquad\qquad \therefore \int x^2 \ln x dx = \dfrac{x^3}{3}\ln x - \dfrac{x^3}{9} + c$

$\quad 1 \quad - \quad \dfrac{1}{3}e^{3y} = \dfrac{1}{3}x^3$

$\quad 0 \quad \quad \dfrac{1}{9}e^{3y} = \dfrac{1}{9}x^3$

(4) $\int x^2 \ln x dx \xlongequal[x=e^y]{y=\ln x} \int y^2 \cdot e^y dy$

$\quad (\ln x)^2 = y^2 \quad e^y$ $\qquad\qquad \therefore \int \ln^2 x dx = x(\ln x)^2 - 2x\ln x + 2x + c$

$\quad 2\ln x = 2y \quad + \quad e^y = x$

$\qquad\qquad\qquad - $

$\quad 2 \quad \quad e^y = x$

$\qquad\qquad\qquad + $

$\quad 0 \quad \quad e^y = x$

(5) $\int x(\ln x)^2 dx \xlongequal[x=e^y]{y=\ln x} \int e^y \cdot y^2 \cdot e^y dy = \int y^2 e^{2y} dy$

$\quad (\ln x)^2 = y^2 \quad + \quad e^{2y} = x^2$ $\qquad \therefore \int x(\ln x)^2 dx = \dfrac{x^2}{2}(\ln x)^2 - \dfrac{x^2}{2}\ln x + \dfrac{x^2}{4} + c$

$\quad 2(\ln x) = 2y \quad - \quad \dfrac{1}{2}e^{2y} = \dfrac{1}{2}x^2$

$\quad 2 \quad + \quad \dfrac{1}{4}e^{2y} = \dfrac{1}{4}x^2$

$\quad 0 \quad \quad \dfrac{1}{8}e^{2y} = \dfrac{1}{8}x^2$

4. $\int_1^4 \sqrt{x}e^{\sqrt{x}}dx \xlongequal{y=\sqrt{x}} \int_1^2 ye^y \cdot 2ydy = 2\int_1^2 y^2 e^y dy$

$\quad = 2(y^2 - 2y + 2)e^y \Big]_1^2 = 2(2e^2 - e)$

5. $I_{n+1} = \int_1^e (\ln x)^{n+1} dx = x(\ln x)^{n+1} \big]_1^e - \int_1^e x \, d(\ln x)^{n+1}$

$\quad = e - \int_1^e x(n+1)(\ln x)^n \cdot \dfrac{1}{x} dx$

$\quad = e - (n+1) \int_1^e (\ln x)^n dx$

$\quad = e - (n+1) I_n$

為求 I_4，首先要求 I_1：

$I_1 = \int_1^e \ln x \, dx = x \ln x \big]_1^e - \int_1^e x \, d\ln x$

$\quad = e - \int_1^e x \cdot \dfrac{1}{x} dx = e - \int_1^e dx$

$\quad = e - (e-1) = 1$

$\therefore \ I_2 = e - 2I_1 = e - 2$

$\quad I_3 = e - 3I_2 = e - 3(e-2) = -2e + 6$

$\quad I_4 = e - 4I_3 = e - 4(-2e+6) = 9e - 24$

6. (1) $\dfrac{1}{4} \ln \left| \dfrac{2+x}{2-x} \right| + c$

(2) $\dfrac{x}{2} \sqrt{x^2 - 4} - 2\ln|x + \sqrt{x^2-4}| + c$

練習 6.5

1. (1) $\displaystyle\int_1^\infty \dfrac{dx}{x^3} = \lim_{t\to\infty} \int_1^t \dfrac{dx}{x^3} = \lim_{t\to\infty} -\dfrac{1}{3t^2} = 0$

(2) $\displaystyle\int_1^2 \dfrac{dx}{x-1} = \lim_{s\to 1^+} \int_s^2 \dfrac{dx}{x-1} = \lim_{s\to 1^+} \ln|x-1| \Big|_s^x = \lim_{s\to 1^+} \ln|s-1| = 發散$

(3) $\displaystyle\int_{-5}^2 \dfrac{dx}{x^6} = \int_{-5}^0 \dfrac{dx}{x^6} + \int_0^2 \dfrac{dx}{x^6}$

$\quad$ 但 $\displaystyle\int_0^2 \dfrac{dx}{x^6} = \lim_{s\to 0^+} \int_s^2 \dfrac{dx}{x^6} = \lim_{s\to 0^+} -\dfrac{1}{5x^5} \Big]_s^2 = \lim_{s\to 0^+} \left(-\dfrac{1}{160} + \dfrac{1}{5s^5} \right) = \infty$

$\quad \therefore \displaystyle\int_{-5}^2 \dfrac{dx}{x^6}$ 發散

(4) $\displaystyle\int_0^2 \dfrac{dx}{(x-1)^3} = \int_0^1 \dfrac{dx}{(x-1)^3} + \int_1^2 \dfrac{dx}{(x-1)^3}$

$\quad$ 但 $\displaystyle\int_0^1 \dfrac{dx}{(x-1)^3} = \lim_{t\to 1^-} \int_0^t \dfrac{dx}{(x-1)^3} = \lim_{t\to 1^-} \dfrac{-1}{2(x-1)^2} \Big]_0^t = \lim_{t\to 1^-} \left(-\dfrac{1}{2} + \dfrac{1}{2(t-1)^2} \right) = \infty$

$\quad \therefore \displaystyle\int_0^2 \dfrac{dx}{(x-1)^3}$ 發散

(5) $\displaystyle\int_0^1 \dfrac{dx}{\sqrt[3]{x}} = \lim_{s\to 0^+} \int_s^1 \dfrac{dx}{\sqrt[3]{x}} = \lim_{s\to 0^+} \dfrac{3}{2} x^{\frac{2}{3}} \Big]_s^1 = \lim_{s\to 0^+} \dfrac{3}{2} \left(1 - s^{\frac{2}{3}} \right) = \dfrac{3}{2}$

(6) $\displaystyle\int_2^4 \dfrac{dx}{\sqrt{x-2}} = \lim_{s\to 2^+} \int_s^4 \dfrac{dx}{\sqrt{x-2}} = \lim_{s\to 2^+} (2\sqrt{x-2}) \Big]_s^4 = 2\sqrt{2}$

(7) $\displaystyle\int_0^3 \dfrac{dx}{x-2} = \int_0^2 \dfrac{dx}{x-2} + \int_2^3 \dfrac{dx}{x-2}$

但 $\int_0^2 \dfrac{dx}{x-2} = \lim\limits_{t\to 2^-} \int_0^t \dfrac{dx}{x-2} = \lim\limits_{t\to 2^-} \ln|x-2|\Big|_0^t = \lim\limits_{t\to 2^-}(\ln|t-2| - \ln 2) = \infty$

∴發散

(8) $\displaystyle\int_1^2 \dfrac{dx}{\sqrt[3]{x-1}} = \lim\limits_{s\to 1^+}\int_s^2 \dfrac{dx}{\sqrt[3]{x-1}} = \lim\limits_{s\to 1^+}\dfrac{3}{2}(x-1)^{\frac{2}{3}}\Big|_s^2 = \lim\limits_{s\to 1^+}\left(\dfrac{3}{2} - \dfrac{3}{2}(s-1)^{\frac{2}{3}}\right) = \dfrac{3}{2}$

2. (1) $\displaystyle\int_0^\infty xe^{-x}dx = 1! = 1$

   (2) $\displaystyle\int_0^\infty x^3 e^{-x}dx = 3! = 3\cdot 2\cdot 1 = 6$

   (3) $\displaystyle\int_0^\infty x^5 e^{-x}dx = 5! = 5\cdot 4\cdot 3\cdot 2\cdot 1 = 120$

   (4) $\displaystyle\int_0^\infty x^3 e^{-3x}dx \xlongequal{y=3x} \int_0^\infty \left(\dfrac{y}{3}\right)^3 e^{-y}\cdot\dfrac{1}{3}dy = \dfrac{1}{3^4}\int_0^\infty y^3 e^{-y}dy = \dfrac{3!}{3^4} = \dfrac{2}{27}$

   (5) $\displaystyle\int_0^\infty (xe^{-x})^3 dx = \int_0^\infty x^3 e^{-3x}dx = \dfrac{2}{27}$

   (6) $\displaystyle\int_0^\infty x\,(xe^{-x})^3 dx = \int_0^\infty x^4 e^{-3x}dy \xlongequal{y=3x} \int_0^\infty \left(\dfrac{y}{3}\right)^4 e^{-y}d\dfrac{y}{3} = \dfrac{1}{3^5}\int_0^\infty y^4 e^{-y}dy = \dfrac{4!}{3^5} = \dfrac{8}{81}$

3. (1) $c\displaystyle\int_1^\infty \dfrac{dx}{x^4} = c\left(-\dfrac{1}{3}x^{-3}\right)\Big|_1^\infty = c\cdot\dfrac{1}{3} = 1 \quad \therefore c = 3$

   (2) $P(2 < X < \infty) = \displaystyle\int_2^\infty \dfrac{3}{x^4}dx = \dfrac{1}{8}$

   (3) $E(X) = \displaystyle\int_1^\infty \dfrac{x\cdot 3}{x^4}dx = \int_1^\infty \dfrac{3}{x^3}dx = \dfrac{3}{2}$

   (4) $E(X^2) = \displaystyle\int_1^\infty \dfrac{x^2\cdot 3}{x^4}dx = \int_1^\infty \dfrac{3}{x^2}dx = 3$

   $\therefore V(X) = E(X^2) - (E(X))^2 = 3 - \dfrac{9}{4} = \dfrac{3}{4}$

4. (1) $\displaystyle\int_0^\infty cxe^{-\frac{x}{4}}dx \xlongequal{y=\frac{x}{4}} \int_0^\infty c(4y)e^{-y}4dy = 16c\int_0^\infty ye^{-y}dy = 16c\cdot 1 = 1$

   $\therefore c = \dfrac{1}{16}$

   (2) $P(X\ge 1) = \displaystyle\int_1^\infty \dfrac{x}{16}e^{-\frac{x}{4}}dx = \dfrac{1}{16}(-4x-16)e^{-\frac{x}{4}}\Big|_1^\infty = \dfrac{5}{4}e^{-\frac{1}{4}}$

   (3) $E(X) = \displaystyle\int_0^\infty \dfrac{1}{16}x^2 e^{-\frac{x}{4}}dx \xlongequal{y=\frac{x}{4}} \int_0^\infty \dfrac{1}{16}(4y)^2 e^{-y}\cdot 4dy = 4\int_0^\infty y^2 e^{-y}dy = 8$

   $E(X^2) = \displaystyle\int_0^\infty \dfrac{1}{16}x^3 e^{-\frac{x}{4}}dx \xlongequal{y=\frac{x}{4}} \int_0^\infty \dfrac{1}{16}(4y)^3 e^{-y}\cdot 4dy = 16\int_0^\infty y^3 e^{-y}dy = 96$

   $\therefore V(X) = E(X^2) - (E(X))^2 = 96 - 64 = 32$

5. $E\left(\dfrac{X-\mu}{\sigma}\right) = \dfrac{1}{\sigma}E(X-\mu) = \dfrac{1}{\sigma}(E(X) - E(\mu)) = \dfrac{1}{\sigma}(\mu - \mu) = 0$

   $V\left(\dfrac{X-\mu}{\sigma}\right) = \dfrac{1}{\sigma^2}V(x-\mu) = \dfrac{1}{\sigma^2}\cdot\sigma^2 = 1$

練習 6.6

1. (1) $\int_0^2 \frac{1}{3}x^3 dx = \frac{1}{12}x^4 \Big]_0^2 = \frac{4}{3}$

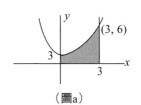

（3, 6）

3

（圖a）

(2) $\int_0^3 (x^2 - 2x + 3)dx = \frac{x^3}{3} - x^2 + 3x \Big]_0^3 = 9$ （見圖 a）

(3) $y = x(x-1)(x-2) = x^3 - 3x^2 + 2x$

$\therefore \int_0^1 (x^3 - 3x^2 + 2x)dx - \int_1^2 (x^3 - 3x^2 + 2x)dx$

$= \left(\frac{1}{4}x^4 - x^3 + x^2\right)\Big]_0^1 - \left(\frac{1}{4}x^4 - x^3 + x^2\right)\Big]_1^2$

$= \frac{1}{4} - \left(-\frac{1}{4}\right) = \frac{1}{2}$ （見圖 b）

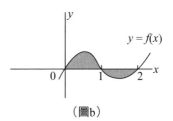

$y = f(x)$

（圖b）

2. (1) $\int_0^1 (x - x^2)dx = \frac{x^2}{2} - \frac{x^3}{3} \Big]_0^1 = \frac{1}{6}$ （圖 c）

(2) $y = x^2$ 與 $y = 1 - x^2$ 之交點 $\left(\frac{\sqrt{2}}{2}, \frac{1}{2}\right)$，$\left(-\frac{\sqrt{2}}{2}, \frac{1}{2}\right)$，

所夾區域之面積為陰影部分之面積 2 倍

$\therefore A = 2\int_0^{\frac{\sqrt{2}}{2}} ((1 - x^2) - x^2)dx$

$= 2\int_0^{\frac{\sqrt{2}}{2}} (1 - 2x^2)dx$

$= 2\left(x - \frac{2}{3}x^3\right)\Big]_0^{\frac{\sqrt{2}}{2}}$

$= \frac{2}{3}\sqrt{2}$

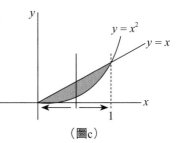

$y = x^2$

$y = x$

1

（圖c）

(3) 方法一：先求 $y = \frac{x}{4}$ 與 $y = \frac{x+2}{4}$ 交點之 x 座標，

以決定積分之上、下限：

$\frac{x^2}{4} = \frac{x+2}{4}$

$\therefore x^2 - x - 2 = (x-2)(x+1)$

得 $x = 2, -1$

$A = \int_{-1}^2 \left(\frac{x+2}{4} - \frac{x^2}{4}\right)dx$

$= \frac{1}{4}\int_{-1}^2 (x + 2 - x^2)dx$

$= \frac{1}{4}\left[\frac{x^2}{2} + 2x - \frac{x^3}{3}\right]\Big]_{-1}^2 = \frac{9}{8}$

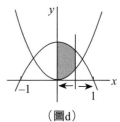

−1　　　1

（圖d）

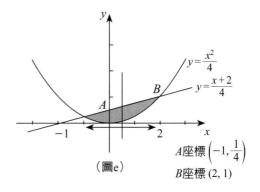

$y = \frac{x^2}{4}$

B

$y = \frac{x+2}{4}$

A

−1　　　2

A座標 $\left(-1, \frac{1}{4}\right)$

（圖e）

B座標 $(2, 1)$

方法二：

$$A = \int_0^{\frac{1}{4}} (2\sqrt{y} - (-2\sqrt{y}))dy + \int_{\frac{1}{4}}^1 (2\sqrt{y} - (4y - 2))dy$$

$$= \frac{8}{24} + \frac{19}{24} = \frac{9}{8}$$

(4) 方法一：

$$A = \int_0^2 \left(\left(1 - \frac{y}{2}\right) - \left(\frac{y}{2} - 1\right)\right) dy$$

$$= \int_0^2 (2 - y)dy = 2y - \frac{y^2}{2} \Big]_0^2 = 2$$

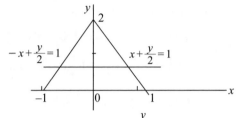

方法二：

$$A = \int_0^1 2(1 - x)dx + \int_{-1}^0 2(1 + x)dx$$

$$= 2\left(x - \frac{x^2}{2}\right)\Big|_0^1 + 2\left(x + \frac{x^2}{2}\right)\Big]_{-1}^0$$

$$= 1 + 1 = 2$$

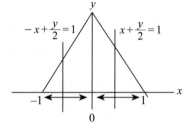

練習 7.1

1. (1) $xyz \geq 0$

  (2) $x \geq 0$，$y \geq 0$，$z \geq 0$

  (3) $xyz \geq 0$，但 $y \neq 0$

  (4) $x, z \in R$，$y \geq 0$

2. (1) $x^2 + y^2 - 1 \geq 0$ 即 $x^2 + y^2 \geq 1$

  (2) $y - x > 0$ 即 $y > x$

  (3) $x, y \in R$

3.

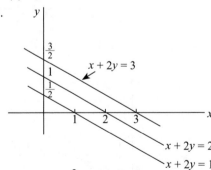

4. (1) $f(2, 3) = \frac{2}{5}$

  (2) $f(4, 1) = 4^2 \cdot 1 + \sqrt{4} = 18$

  (3) $f(3, 2, 1) = \sqrt{2 + e^3} + \ln 1 = \sqrt{2 + e^3}$

5. A 之 $I(m, a) = I(15, 12) = \dfrac{100 \times 12}{15} = 80$

B 之 $I(m, a) = I(14, 11) = \dfrac{100 \times 11}{14} = 78.57$

$\therefore A$ 之 IQ 比較高

6. $U(4, 9) = 2 \cdot 4\sqrt{9} = 24$

練習 7.2

1. (1) $\dfrac{\partial u}{\partial x} = 2x$

  (2) $\dfrac{\partial u}{\partial y} = 2y$

  (3) $\dfrac{\partial^2 u}{\partial x \partial y} = \dfrac{\partial}{\partial x}\left(\dfrac{\partial u}{\partial y}\right) = \dfrac{\partial}{\partial x}(2y) = 0$

  (4) $\dfrac{\partial^2 u}{\partial y \partial x} = \dfrac{\partial}{\partial y}\left(\dfrac{\partial u}{\partial x}\right) = \dfrac{\partial}{\partial y}(2x) = 0$

2. (1) $\dfrac{\partial u}{\partial x} = ye^{xy}$

  (2) $\dfrac{\partial u}{\partial y} = xe^{xy}$

  (3) $\dfrac{\partial^2 u}{\partial x \partial y} = \dfrac{\partial}{\partial x}\left(\dfrac{\partial u}{\partial y}\right) = \dfrac{\partial}{\partial x}(xe^{xy}) = e^{xy} + xye^{xy}$

  (4) $\dfrac{\partial^2 u}{\partial y \partial x} = \dfrac{\partial}{\partial y}\left(\dfrac{\partial u}{\partial x}\right) = \dfrac{\partial}{\partial y}(ye^{xy}) = e^{xy} + xye^{xy}$

3. (1) $\dfrac{\partial u}{\partial x} = yx^{y-1}$

  (2) $\dfrac{\partial u}{\partial y} = x^y \ln x, x > 0$

  (3) $\dfrac{\partial^2 u}{\partial x \partial y} = \dfrac{\partial}{\partial x}\left(\dfrac{\partial u}{\partial y}\right) = \dfrac{\partial}{\partial x}(x^y \ln x) = yx^{y-1}\ln x + x^{y-1}$

  (4) $\dfrac{\partial^2 u}{\partial y \partial x} = \dfrac{\partial}{\partial y}\left(\dfrac{\partial u}{\partial x}\right) = \dfrac{\partial}{\partial y}(yx^{y-1}) = x^{y-1} + yx^{y-1}\ln x, x > 0$

4. (1) $\dfrac{\partial u}{\partial r} = \dfrac{\partial u}{\partial x} \cdot \dfrac{\partial x}{\partial r} + \dfrac{\partial u}{\partial y} \cdot \dfrac{dy}{dr}$

     $= 2x \cdot \theta + 2y \cdot 2r$

     $= r\theta \cdot \theta + 2r^2 \cdot 2r$

     $= r\theta^2 + 4r^3$

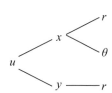

  (2) $\dfrac{\partial u}{\partial \theta} = \dfrac{\partial u}{\partial x} \cdot \dfrac{\partial x}{\partial \theta} = 2x \cdot r = 2r\theta \cdot r = 2r^2\theta$

5. $\because u(x, y) = xyf\left(\dfrac{y}{x}\right)$ 爲二階齊次函數

$$\therefore x\frac{\partial u}{\partial x}+y\frac{\partial u}{\partial y}=2u$$

6. $1+ye^{xy}+xe^{xy}\cdot y'=0$

$$\therefore y'=\frac{-1(1+ye^{xy})}{xe^{xy}}$$

7. 先求斜率：$2x+y+xy'+2yy'=0$

$$\therefore y'_{(-1,1)}=\frac{-(2x+y)}{x+2y}\bigg|_{(-1,1)}=\frac{1}{1}=1$$

得切線方程式 $\dfrac{y-1}{x-(-1)}=1$，$y=x+2$

法線方程式 $\dfrac{y-1}{x-(-1)}=-1$，$y=-x$

8. $Q(\lambda K,\lambda L)=A[\alpha(\lambda K)^{-\beta}+(1-\alpha)(\lambda L)^{-\beta}]^{-\frac{1}{\beta}}$

$$=A[\lambda^{-\beta}(\alpha K^{-\beta}+(1-\alpha)L^{-\beta}]^{-\frac{1}{\beta}}$$

$$=A(\alpha K^{-\beta}+(1-\alpha)L^{-\beta})^{-\frac{1}{\beta}}$$

$\therefore Q(K,L)$ 為規模不變。

練習 7.3

1. (1) 一階條件

$$\left.\begin{array}{l}f_x=2x+y-3=0\\f_y=x+2y-3=0\end{array}\right\}$$ 解之 $x=1$，$y=1$ 即有一臨界點 $(1,1)$

二階條件

$$\begin{vmatrix}f_{xx}&f_{xy}\\f_{yx}&f_{yy}\end{vmatrix}=\begin{vmatrix}2&1\\1&2\end{vmatrix}>0,f_{xx}>0$$

$\therefore f(x,y)$ 在 $(1,1)$ 處有一相對極小點 $f(1,1)=-3$

(2) 一階條件

$$\left.\begin{array}{l}f_x=3x^2-3=0\\f_y=3y^2-3=0\end{array}\right\}x=\pm1，y=\pm1$$

有 4 個臨界點 $(1,1)$，$(1,-1)$，$(-1,1)$，$(-1,-1)$

二階條件

$$\Delta=\begin{vmatrix}f_{xx}&f_{xy}\\f_{yx}&f_{yy}\end{vmatrix}=\begin{vmatrix}6x&0\\0&6y\end{vmatrix}$$

① $(1,1)$：$\Delta=\begin{vmatrix}6&0\\0&6\end{vmatrix}>0$，$f_{xx}>0$ $\therefore f(x,y)$ 有相對極小值 $f(1,1)=0$

② $(1,-1)$：$\Delta=\begin{vmatrix}6&0\\0&-6\end{vmatrix}<0$，$\therefore f(x,y)$ 在 $(1,-1)$ 處有鞍點

③ $(-1, 1)$：$\Delta = \begin{vmatrix} -6 & 0 \\ 0 & 6 \end{vmatrix} < 0$，$\therefore f(x, y)$ 在 $(-1, 1)$ 處有鞍點

④ $(-1, -1)$：$\Delta = \begin{vmatrix} -6 & 0 \\ 0 & -6 \end{vmatrix} > 0$，$f_{xx} < 0$，

$\quad \therefore f(x, y)$ 在 $(-1, -1)$ 處有相對極大值 $f(-1, -1) = 8$

(3) 一階條件

$\left. \begin{array}{l} f_x = 4y - 4x^3 = 0 \\ f_y = 4x - 4y^3 = 0 \end{array} \right| \begin{array}{l} y = x^3 \\ x = y^3 \end{array} \Rightarrow y = x^3 = (y^3)^3 = y^9$

$\therefore y^9 - y = y(y^8 - 1) = y(y^4 - 1)(y^4 + 1) = y(y+1)(y-1)(y^2+1)(y^4+1)$

得 $y = 0, -1, 1$，$\therefore$ 有 3 個臨界點 $(0, 0)$，$(-1, -1)$，$(1, 1)$

二階條件

$\Delta = \begin{vmatrix} f_{xx} & f_{xy} \\ f_{yx} & f_{yy} \end{vmatrix} = \begin{vmatrix} -12x^2 & 4 \\ 4 & -12y^2 \end{vmatrix}$

① $(0, 0)$：$\Delta = \begin{vmatrix} 0 & 4 \\ 4 & 0 \end{vmatrix} < 0 \quad \therefore f(x, y)$ 在 $(0, 0)$ 處有鞍點

② $(1, 1)$：$\Delta = \begin{vmatrix} -12 & 4 \\ 4 & -12 \end{vmatrix} > 0$，$f_{xx} < 0$

$\quad \therefore f(x, y)$ 在 $(1, 1)$ 處有相對極大值 $f(1, 1) = 5$

③ $(-1, -1)$：$\Delta = \begin{vmatrix} -12 & 4 \\ 4 & -12 \end{vmatrix} > 0$，$f_{xx} < 0$

$\quad \therefore f(x, y)$ 在 $(-1, -1)$ 處有相對極大值 $f(1, 1) = 5$

2. (1) $L = 2x^2 + 3y^2 + \lambda(x^2 + y^2 - 1)$

$\begin{vmatrix} f_x & f_y \\ g_x & g_y \end{vmatrix} = \begin{vmatrix} 4x & 6y \\ 2x & 2y \end{vmatrix} = 0$ 得 $xy = 0 \quad \therefore x = 0$ 或 $y = 0$

① $x = 0$ 時 $\because x^2 + y^2 = 1 \therefore y = \pm 1$，即 $(0, 1)$，$(0, -1)$ 又 $f(0, 1) = f(0, -1) = 3$

② $y = 0$ 時 $x = \pm 1 \therefore (1, 0)$，$(-1, 0)$

$\quad f(1, 0) = f(-1, 0) = 2$

綜上，$f(x, y)$ 在 $(0, \pm 1)$ 處有極大值 3，在 $(\pm 1, 0)$ 處有極小值 2

(2) $L = x^2 - 4y + \lambda(x^2 + y^2 - 9)$

$\begin{vmatrix} f_x & f_y \\ g_x & g_y \end{vmatrix} = \begin{vmatrix} 2x & -4 \\ 2x & 2y \end{vmatrix} = 4xy + 8x = 0$

$x(y + 2) = 0$，得 $x = 0$，$y = -2$

① $x = 0$ 時 $y = \pm 3$

$\quad f(0, 3) = -12$，$f(0, -3) = 12$

② $y = -2$ 時，我們有：

$$f(\sqrt{5}, -2) = 13$$
$$f(-\sqrt{5}, -2) = 13$$
$$\therefore f(x, y) \text{ 在 } (\pm\sqrt{5}, -2) \text{ 處有極大值 } 13 \text{，在 } (0, 3) \text{ 處有極小值 } -12 \text{。}$$

3. $\because \Sigma y = an + b\Sigma x$

$\therefore \dfrac{\Sigma y}{n} = a + b\dfrac{\Sigma x}{n}$，即 $\left(\dfrac{\Sigma x}{n}, \dfrac{\Sigma y}{n}\right)$ 滿足最小平方直線方程式

練習 7.4

1. (1) $\displaystyle\int_0^1 \int_0^1 xy\,dx\,dy = \int_0^1 \dfrac{x^2}{2}\Big]_0^1 y\,dy = \int_0^1 \dfrac{1}{2}y\,dy = \dfrac{y^2}{4}\Big]_0^1 = \dfrac{1}{4}$

(2) $\displaystyle\int_0^1 \int_0^1 (x+y)\,dx\,dy = \int_0^1 \left[\dfrac{x^2}{2} + xy\right]\Big|_0^1 dy = \int_0^1 \left(\dfrac{1}{2} + y\right)dy = \dfrac{y}{2} + \dfrac{y^2}{2}\Big]_0^1 = 1$

(3) $\displaystyle\int_1^3 \int_0^{\ln x} e^y\,dy\,dx = \int_1^3 \left[e^y\right]_0^{\ln x} dx = \int_1^3 (x-1)\,dx = \dfrac{x^2}{2} - x\Big]_1^3 = 2$

(4) $\displaystyle\int_0^2 \int_{-3}^3 x^2 y^5\,dy\,dx = \int_0^2 x^2\left(\underbrace{\int_{-3}^3 y^5\,dy}_{\text{奇函數}}\right)dx = 0$

(5) $\displaystyle\int_0^{\ln 2} \int_{-1}^0 2xe^y\,dx\,dy = \int_0^{\ln 2} x^2\Big]_{-1}^0 e^y\,dy = \int_0^{\ln 2} -e^y\,dy = -e^y\Big]_0^{\ln 2} = -2 + 1 = -1$

(6) $\displaystyle\int_0^1 \int_0^1 (x+y)^2\,dx\,dy = \int_0^1 \dfrac{1}{3}(x+y)^3\Big]_0^1 dy = \dfrac{1}{3}\int_0^1 ((y+1)^3 - y^3)\,dx$

$= \dfrac{1}{3}\int_0^1 (3y^2 + 3y + 1)\,dy = \dfrac{1}{3}\left(y^3 + \dfrac{3y^2}{2} + y\right)\Big]_0^1 = \dfrac{7}{6}$

2. (1)

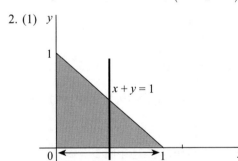

$\displaystyle\int_A \int x\,dy\,dx$
$= \displaystyle\int_0^1 \int_0^{1-x} x\,dy\,dx$
$= \displaystyle\int_0^1 x(1-x)\,dx = \dfrac{x^2}{2} - \dfrac{x^3}{3}\Big]_0^1 = \dfrac{1}{6}$

(2)

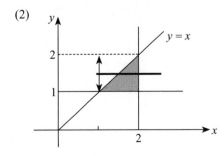

$\displaystyle\int_A \int xy\,dx\,dy$
$= \displaystyle\int_1^2 \int_x^2 xy\,dy\,dx$
$= \displaystyle\int_1^2 x \cdot \dfrac{y^2}{2}\Big]_x^2 dx$
$= \displaystyle\int_1^2 x\left(2 - \dfrac{x^2}{2}\right)dx$
$= x^2 - \dfrac{x^3}{6}\Big]_1^2 = \dfrac{11}{6}$

3. (1) $\int_0^2 \int_y^2 e^{x^2} dx dy$

$= \int_0^2 \int_0^x e^{x^2} dy dx$

$= \int_0^2 x e^{x^2} dx = \frac{1}{2} e^{x^2} \Big]_0^2 = \frac{1}{2}(e^4 - 1)$

4. (1)

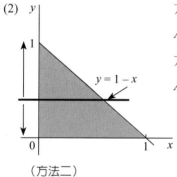

（方法一）

$y = x^2$ 與 $y = 2x$ 交於 $(0, 0)$，$(2, 4)$ 二點

方法一：

$A = \int_0^2 \int_{x^2}^{2x} dy dx = \int_0^2 (2x - x^2) dx = x^2 - \frac{x^3}{3} \Big]_0^2 = \frac{4}{3}$

方法二：

$A = \int_0^4 \int_{\frac{y}{2}}^{\sqrt{y}} dx dy = \int_0^4 \left(\sqrt{y} - \frac{y}{2}\right) dy = \frac{2}{3} y^{\frac{3}{2}} - \frac{y^2}{4} \Big]_0^4 = \frac{4}{3}$

(2)

（方法二）

方法一：

$A = \int_0^1 \int_0^{1-x} dy dx = \int_0^1 (1 - x) dx = x - \frac{x^2}{2} \Big]_0^1 = \frac{1}{2}$

方法二：

$A = \int_0^1 \int_0^{1-y} dx dy = \int_0^1 (1 - y) dy = y - \frac{y^2}{2} \Big]_0^1 = \frac{1}{2}$

國家圖書館出版品預行編目資料

圖解商用微積分／黃大偉著. －－初版.－－
臺北市：五南圖書出版股份有限公司,
2022.03
面; 公分
ISBN 978-626-317-583-9（平裝）

1.CST：微積分

314.1   111000931

5Q45

圖解商用微積分

作　　者 — 黃大偉（305.2）

發 行 人 — 楊榮川

總 經 理 — 楊士清

總 編 輯 — 楊秀麗

副總編輯 — 王正華

責任編輯 — 金明芬

封面設計 — 姚孝慈

出 版 者 — 五南圖書出版股份有限公司

地　　址：106台北市大安區和平東路二段339號4樓

電　　話：(02)2705-5066　　傳　真：(02)2706-6100

網　　址：https://www.wunan.com.tw

電子郵件：wunan@wunan.com.tw

劃撥帳號：01068953

戶　　名：五南圖書出版股份有限公司

法律顧問　林勝安律師事務所　林勝安律師

出版日期　2022年3月初版一刷

定　　價　新臺幣350元

經典永恆・名著常在

五十週年的獻禮──經典名著文庫

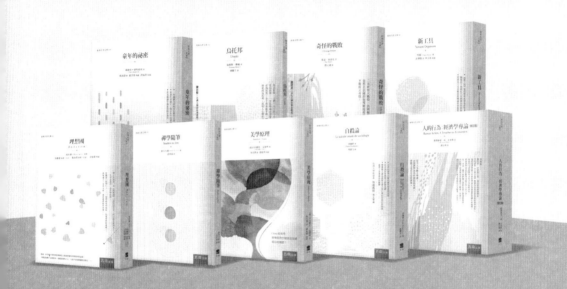

五南，五十年了，半個世紀，人生旅程的一大半，走過來了。

思索著，邁向百年的未來歷程，能為知識界、文化學術界作些什麼？

在速食文化的生態下，有什麼值得讓人雋永品味的？

歷代經典・當今名著，經過時間的洗禮，千錘百鍊，流傳至今，光芒耀人；

不僅使我們能領悟前人的智慧，同時也增深加廣我們思考的深度與視野。

我們決心投入巨資，有計畫的系統梳選，成立「經典名著文庫」，

希望收入古今中外思想性的、充滿睿智與獨見的經典、名著。

這是一項理想性的、永續性的巨大出版工程。

不在意讀者的眾寡，只考慮它的學術價值，力求完整展現先哲思想的軌跡；

為知識界開啟一片智慧之窗，營造一座百花綻放的世界文明公園，

任君遨遊、取菁吸蜜、嘉惠學子！